高等职业院校精品教材系列

校级精品课
配套教材

电子产品工艺及项目训练

黄 晴 主编

周志刚　姜国民　副主编

电子工业出版社
Publishing House of Electronics Industry
北京·BEIJING

内 容 简 介

本书按照最新的职业教育教学改革要求，结合国家示范专业建设课程改革成果以及作者多年的教学经验进行编写。全书共分6章，内容包括常用仪器仪表的使用、常用元器件检测工艺、手工焊接技术与拆焊技术、电子工艺文件的识读、电子产品的安装工艺和电子产品的调试工艺。

本书以培养学生的动手能力为目标，以小型电子产品为载体，把现代电子产品生产工艺相应的内容融入工作任务中，具体直观地介绍了电子产品安装与调试的基本工艺和操作技能。

本书根据学习规律编写学习与训练内容，学习与训练遵循由浅入深的原则，同时将一些电子产品生产中的新知识、新技术和新工艺引入教材，开拓学生视野，让学生学练结合，培养实际工作能力。

本书具有较高的实用性与可操作性，为高等职业本专科院校相应课程的教材，也可作为开放大学、成人教育、自学考试、中职学校和培训班的教材，以及电子工程技术人员的参考书。

本书配有免费的电子教学课件和练习题参考答案，详见前言。

未经许可，不得以任何方式复制或抄袭本书之部分或全部内容。
版权所有，侵权必究。

图书在版编目（CIP）数据

电子产品工艺及项目训练/黄晴主编. —北京：电子工业出版社，2015.2
全国高等职业院校规划教材. 精品与示范系列
ISBN 978-7-121-22798-1

Ⅰ.①电… Ⅱ.①黄… Ⅲ.①电子产品－生产工艺－高等职业教育－教材 Ⅳ.①TN05

中国版本图书馆 CIP 数据核字（2014）第 062573 号

策划编辑：陈健德（E-mail：chenjd@phei.com.cn）
责任编辑：谭丽莎
印　　刷：北京七彩京通数码快印有限公司
装　　订：北京七彩京通数码快印有限公司
出版发行：电子工业出版社
　　　　　北京市海淀区万寿路173信箱　邮编 100036
开　　本：787×1 092　1/16　印张：16.5　字数：422.4千字
版　　次：2015年2月第1版
印　　次：2021年8月第8次印刷
定　　价：49.00元

凡所购买电子工业出版社图书有缺损问题，请向购买书店调换。若书店售缺，请与本社发行部联系，联系及邮购电话：（010）88254888，88258888。

质量投诉请发邮件至 zlts@phei.com.cn，盗版侵权举报请发邮件至 dbqq@phei.com.cn。
本书咨询联系方式：chenjd@phei.com.cn。

前 言

随着电子技术的迅速发展,遍及各行各业的电子信息化建设浪潮为我国电子产业的发展提供了前所未有的良机,电子技术的应用领域越来越广,电子产品的生产和使用、服务等行业的新工艺、新技术、新材料和新设备不断涌现;计算机、通信与消费电子的融合预示着一个新的更为广阔的市场的来临,这些都对从事电子技术行业的技术人才提出了新的要求。

本书依据高等职业教育的人才培养目标,以培养技能型人才为出发点,参照劳动和社会保障部颁布的无线电调试工职业技能鉴定、电子仪器仪表装调工职业技能鉴定的规范,遵循实用、够用的原则,采用"工学结合、任务引领、理实一体"的教学理念,突出职业技能训练,以经典的实训操作案例反映电子产品生产过程中的装配、调试等整个综合过程,保证了教材的内容贴近实战,缩小了人才培养与市场需求的距离。

本书采用项目教学法,以工作任务书为导向,把学到的理论知识和技能知识运用到实践操作中去,通过每一个任务的实施,使学生掌握一定的操作技能,然后通过工艺实践评价表来衡量学生的掌握程度。每一个任务都采用以教师为主导,以学生为主体,以动手能力培养为中心的教学方式,强调学生将所学知识和技能在实践中应用。本书既有必要的工艺理论知识,又有实施过程中的实际动手体验,以完成工作任务为目标来激发学生的学习兴趣,调动学生主动学习的积极性。

全书内容共分为6章:第1章介绍了常用仪器仪表的使用,选择了一些基本测量、简单调试要用到的设备;第2章介绍了常用元器件检测工艺,使学生认识各种元器件并会检测运用;第3章介绍了手工焊接技术与拆焊技术,通过大量的基本训练使学生掌握一定的焊接技术与技能;第4章介绍了电子工艺文件的识读,使学生不仅能看懂工艺文件,还能学会编写工艺文件;第5章介绍了电子产品的安装工艺,通过组装具体的电子产品来了解实际生产过程及管理;第6章介绍了电子产品的调试工艺,培养学生的综合技术能力,从元器件的检测、焊接、组装到调试、维修,熟悉整个生产流程。

本书由上海电子信息职业技术学院电子工程系黄晴副教授担任主编并统稿,周志刚、姜国民副教授任副主编。其中第1章、第2章主要由姜国民提供资料并参与编写,第3章、第4章由黄晴编写,第5章、第6章主要由周志刚提供资料并参与编写。在本书编写过程中还得到了第二工业大学徐冠捷教授等的大力帮助,同时也参考了许多专家、学者的著作,在此一并表示衷心的感谢。

鉴于编者水平、经验有限,且时间仓促,书中的错误和疏漏在所难免,敬请广大读者提出宝贵意见,以便改进。

为了方便教师教学,本书还配有免费的电子教学课件和练习题参考答案等资料,请有此需要的教师登录华信教育资源网(http://www.hxedu.com.cn)免费注册后再进行下载,有问题时请在网站留言或与电子工业出版社联系(E-mail: hxedu@phei.com.cn)。

编 者

目 录

第1章 常用仪器仪表的使用 (1)
教学目标 (1)
1.1 万用表的正确使用 (2)
1.1.1 模拟万用表 (2)
1.1.2 数字万用表 (6)
项目训练1 万用表的正确使用 (10)
1.2 示波器的正确使用 (11)
1.2.1 模拟示波器 (12)
1.2.2 数字示波器 (18)
项目训练2 示波器的正确使用 (23)
1.3 信号发生器的正确使用 (24)
1.3.1 低频信号发生器 (25)
1.3.2 函数信号发生器 (29)
项目训练3 信号发生器的正确使用 (33)
1.4 直流稳压源、晶体管毫伏表的正确使用 (34)
1.4.1 直流稳压源 (35)
1.4.2 晶体管毫伏表 (36)
项目训练4 稳压源、毫伏表的正确使用 (38)
1.5 晶体管图示仪、RLC参数测试仪的正确使用 (39)
1.5.1 晶体管图示仪 (40)
1.5.2 RLC参数测试仪 (44)
项目训练5 晶体管图示仪、RLC参数测试仪的正确使用 (46)

第2章 常用元器件检测工艺 (48)
教学目标 (48)
2.1 电阻器的识读与检测 (49)
2.1.1 电阻器的基本知识 (49)
2.1.2 电阻器的识读 (52)
2.1.3 电位器的基本知识 (55)
2.1.4 敏感电阻器的基本知识 (57)
2.1.5 电阻器的检测 (58)
项目训练6 电阻器的识读与检测 (61)
2.2 电容器的识读与检测 (62)
2.2.1 电容器的基本知识 (62)

2.2.2　电容器的识读 ………………………………………………………………（65）
　　　2.2.3　常用电容器 …………………………………………………………………（68）
　　　2.2.4　电容器的检测 ………………………………………………………………（69）
　项目训练 7　电容器的识读与检测 …………………………………………………………（71）
　2.3　电感器的识读与检测 ……………………………………………………………………（72）
　　　2.3.1　电感器的基本知识 …………………………………………………………（73）
　　　2.3.2　电感器的识读 ………………………………………………………………（75）
　　　2.3.3　常用电感器 …………………………………………………………………（76）
　　　2.3.4　变压器的基本知识 …………………………………………………………（77）
　　　2.3.5　电感器的检测 ………………………………………………………………（79）
　项目训练 8　电感器的识读与检测 …………………………………………………………（80）
　2.4　半导体器件的识读与检测 ………………………………………………………………（81）
　　　2.4.1　半导体器件的命名方法 ……………………………………………………（81）
　　　2.4.2　晶体二极管的基本知识 ……………………………………………………（83）
　项目训练 9　二极管的识读与检测 …………………………………………………………（88）
　　　2.4.3　晶体三极管的基本知识 ……………………………………………………（89）
　项目训练 10　三极管的识读与检测 …………………………………………………………（96）
　2.5　表面组装元器件的识读与检测 …………………………………………………………（97）
　　　2.5.1　表面组装元器件的基本知识 ………………………………………………（98）
　　　2.5.2　表面组装元器件的识读 ……………………………………………………（99）
　项目训练 11　表面组装元器件的识读 ………………………………………………………（106）
　2.6　电声器件的识读与检测 …………………………………………………………………（107）
　　　2.6.1　传声器的基本知识 …………………………………………………………（108）
　　　2.6.2　扬声器的基本知识 …………………………………………………………（111）
　　　2.6.3　传声器与扬声器的检测 ……………………………………………………（114）
　项目训练 12　电声器件的识读与检测 ………………………………………………………（115）

第 3 章　手工焊接技术与拆焊技术 ……………………………………………………………（117）
　教学目标 …………………………………………………………………………………………（117）
　3.1　焊接材料及工具 …………………………………………………………………………（118）
　　　3.1.1　焊接材料 ……………………………………………………………………（118）
　　　3.1.2　焊接常用工具 ………………………………………………………………（124）
　项目训练 13　电烙铁的拆装与维修 …………………………………………………………（130）
　3.2　导线加工与元器件成型加工工艺 ………………………………………………………（131）
　　　3.2.1　线缆加工工艺 ………………………………………………………………（131）
　　　3.2.2　元器件成型加工工艺 ………………………………………………………（136）
　项目训练 14　导线加工及元器件引线成型加工方法 ………………………………………（140）
　3.3　通孔组装手工焊接工艺 …………………………………………………………………（141）
　　　3.3.1　手工焊接的工艺知识 ………………………………………………………（141）
　　　3.3.2　手工焊接对焊点的工艺要求 ………………………………………………（145）

3.3.3　其他手工锡焊的技巧 …………………………………………………………（147）
　　　3.3.4　印制电路板上的导线焊接技能 ……………………………………………（150）
　项目训练 15　印制电路板的焊接基本训练 …………………………………………（152）
　3.4　表面贴装手工焊接工艺 …………………………………………………………（153）
　　　3.4.1　表面贴装元器件手工焊接的基础知识 ……………………………………（153）
　　　3.4.2　手工贴片元器件焊接方法 …………………………………………………（157）
　项目训练 16　手工贴片元器件焊接训练 ……………………………………………（160）
　3.5　手工拆焊技能 ……………………………………………………………………（161）
　　　3.5.1　手工拆焊技术 ………………………………………………………………（162）
　　　3.5.2　实用拆焊方法 ………………………………………………………………（163）
　　　3.5.3　拆焊操作工艺 ………………………………………………………………（169）
　项目训练 17　元器件拆焊基本训练 …………………………………………………（170）

第 4 章　电子工艺文件的识读 …………………………………………………………（172）
　教学目标 …………………………………………………………………………………（172）
　4.1　电子电路工艺识图 ………………………………………………………………（173）
　　　4.1.1　电原理图识读 ………………………………………………………………（173）
　　　4.1.2　印制电路图识读 ……………………………………………………………（176）
　项目训练 18　电原理图与印制电路图之间的相互翻绘 ……………………………（179）
　4.2　电子工艺文件的基础 ……………………………………………………………（180）
　　　4.2.1　电子工艺的研究对象 ………………………………………………………（180）
　　　4.2.2　编制工艺文件的基本原则 …………………………………………………（181）
　　　4.2.3　工艺文件格式的标准化 ……………………………………………………（182）
　4.3　电子工艺文件的编制与识读 ……………………………………………………（184）
　　　4.3.1　编写工艺文件的方法及要求 ………………………………………………（184）
　　　4.3.2　电子工艺文件的内容及识读方法 …………………………………………（185）
　项目训练 19　根据某产品配套件编制工艺文件 ……………………………………（189）

第 5 章　电子产品的安装工艺 …………………………………………………………（191）
　教学目标 …………………………………………………………………………………（191）
　5.1　安装技术 …………………………………………………………………………（192）
　　　5.1.1　安装技术基础 ………………………………………………………………（192）
　　　5.1.2　安装工具 ……………………………………………………………………（192）
　　　5.1.3　紧固安装 ……………………………………………………………………（193）
　5.2　整机连接方式 ……………………………………………………………………（195）
　　　5.2.1　压接的加工处理 ……………………………………………………………（195）
　　　5.2.2　绕接的加工处理 ……………………………………………………………（197）
　　　5.2.3　胶接的加工处理 ……………………………………………………………（197）
　　　5.2.4　热熔胶枪 ……………………………………………………………………（198）
　5.3　整机装配 …………………………………………………………………………（199）
　　　5.3.1　装配的内容和方法 …………………………………………………………（199）

  5.3.2 装配的工艺过程 …………………………………………………………… (200)
  5.3.3 某产品的生产流程卡案例 ………………………………………………… (202)
 5.4 典型零部件装配技术 ……………………………………………………………… (202)
  5.4.1 面板零件安装 ………………………………………………………………… (202)
  5.4.2 陶瓷件、胶木件、塑料件的安装 …………………………………………… (203)
  5.4.3 功率器件的安装 ……………………………………………………………… (203)
  5.4.4 扁平电缆线的安装 …………………………………………………………… (205)
  5.4.5 某产品的装配工艺卡案例 …………………………………………………… (205)
 5.5 整机总装 …………………………………………………………………………… (206)
  5.5.1 整机装配常用文件 …………………………………………………………… (206)
  5.5.2 整机总装 ……………………………………………………………………… (207)
  5.5.3 某产品的整机装配工艺文件案例 …………………………………………… (208)
 项目训练20 光控走马灯电路的组装 ………………………………………………… (217)

第6章 电子产品的调试工艺 …………………………………………………………… (223)
 教学目标 ………………………………………………………………………………… (223)
 6.1 电子产品的调试设备与调试方案 ………………………………………………… (224)
  6.1.1 电子产品调试设备的配置 …………………………………………………… (224)
  6.1.2 调试工作的内容 ……………………………………………………………… (226)
 6.2 电子产品的调试过程与方案 ……………………………………………………… (227)
  6.2.1 调试前的准备工作 …………………………………………………………… (227)
  6.2.2 调试工艺过程 ………………………………………………………………… (228)
  6.2.3 某产品的调试工艺卡案例 …………………………………………………… (230)
 6.3 电子产品的检测方法 ……………………………………………………………… (232)
  6.3.1 观察法 ………………………………………………………………………… (232)
  6.3.2 测量电阻法 …………………………………………………………………… (234)
  6.3.3 测量电压法 …………………………………………………………………… (235)
  6.3.4 波形观察法 …………………………………………………………………… (235)
  6.3.5 信号注入法 …………………………………………………………………… (236)
  6.3.6 替代法 ………………………………………………………………………… (236)
  6.3.7 某产品的检测报告案例 ……………………………………………………… (237)
 6.4 电子产品的调整方法 ……………………………………………………………… (238)
  6.4.1 电子产品静态调整 …………………………………………………………… (238)
  6.4.2 电子产品动态调试 …………………………………………………………… (239)
 6.5 电子产品的故障检测 ……………………………………………………………… (240)
  6.5.1 引起故障的原因分析 ………………………………………………………… (241)
  6.5.2 排除故障的一般程序 ………………………………………………………… (241)
  6.5.3 排除故障的几种方法 ………………………………………………………… (241)
  6.5.4 某产品的维修工艺卡案例 …………………………………………………… (243)
 项目训练21 DT832型3位半数字万用表的组装 ………………………………… (244)

第1章 常用仪器仪表的使用

教学目标

类 别	目 标
知识要求	① 了解常用测量仪表的种类 ② 了解常用测量仪表的基本结构和用途 ③ 掌握常用测量仪表的性能
技能要求	① 熟练掌握常用仪器仪表的使用方法 ② 正确测量元器件的各参数指标 ③ 熟练应用示波器、信号发生器等进行观察并动态测试
职业素质培养	① 养成良好的职业道德 ② 具有分析问题、解决实际问题的能力 ③ 具有质量、成本、安全和环保意识 ④ 培养良好的沟通能力及团队协作精神 ⑤ 养成细心和耐心的习惯
任务实施方案	① 万用表的正确使用 ② 示波器的正确使用 ③ 信号发生器的正确使用 ④ 稳压源、毫伏表的正确使用 ⑤ 晶体管图示仪、RLC 参数测试仪的正确使用

1.1 万用表的正确使用

万用表是集电压表、电流表和欧姆表等于一体的便携式仪表,可分为模拟万用表与数字万用表两大类。万用表的功能有很多,主要用来测量电压、电流和电阻等基本参数,使用者可根据测量对象的不同,通过拨动万用表的挡位(量程)开关来进行选择。

1.1.1 模拟万用表

1. MF-47型模拟万用表概述

模拟万用表主要由表盘、挡位开关、表笔和测量电路(内部)四个部分组成,下面以MF-47型为例介绍万用表的使用方法,MF-47型万用表的外形如图1-1所示。

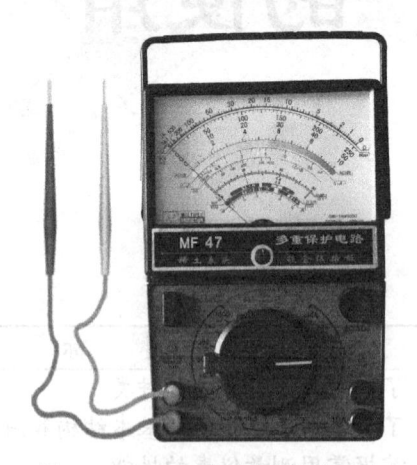

图1-1 MF-47型万用表的外形

2. MF-47型万用表的面板与刻度

如图1-2所示为MF-47型万用表的面板图。

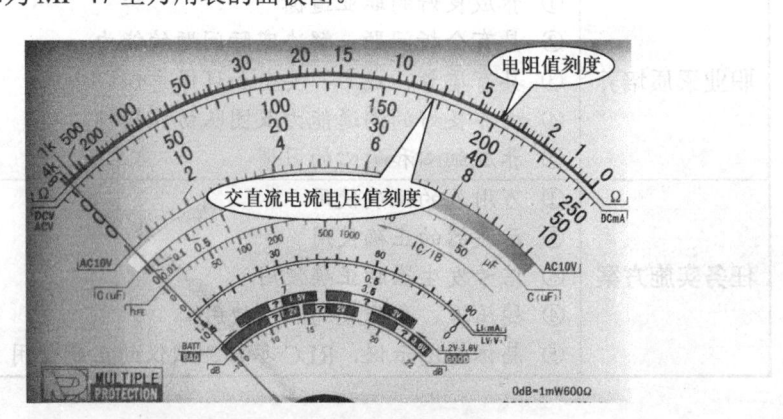

图1-2 MF-47型万用表的面板图

第一条刻度：电阻值刻度（读数时从右向左读）。
第二条刻度：交、直流电压或电流值刻度（读数时从左向右读）。
第三条刻度：交流电压 10 V 挡读此条刻度线。
第四条刻度：dB 指示的音频电平。

3．MF-47 型模拟万用表的基本操作

1）测量电阻的方法

（1）使用前的准备

① 安装电池：装上 1.5 V 和 9 V 的电池（注意电池的正负极）。

② 插好表笔：黑表笔插入"-"端口，红表笔插入"+"端口。

③ 机械调零：万用表在测量前，应注意水平放置，还要确认表头指针是否处于交、直流挡标尺的零刻度线上，否则读数会有较大的误差。若不在零位，应通过机械调零的方法（即使用小螺丝刀调整表头下方的机械调零旋钮）使指针回到零位，如图 1-3 所示。

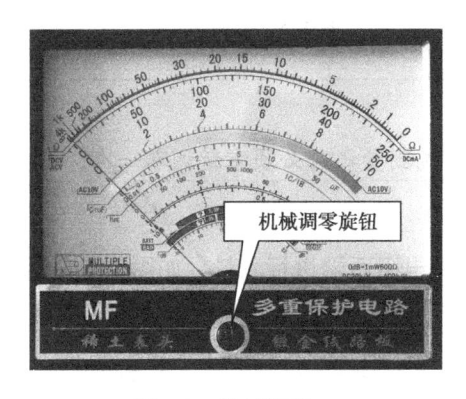

图 1-3　机械调零

（2）量程的选择

先粗略估计所测电阻的阻值，再选择合适的量程，如果不能估计被测电阻值，一般情况下，应将挡位开关拨在"R×100"或"R×1K"的位置进行初测，然后看指针是否停在中线附近，如果是说明挡位合适。如果指针太靠零，则要减小挡位；如果指针太靠近无穷大，则要增大挡位。测量时，尽量使指针停在中间或附近。指针的位置如图 1-4 所示。

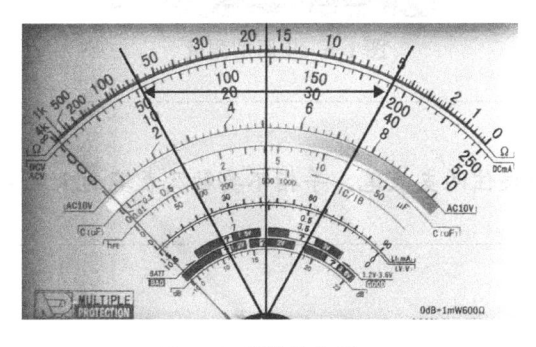

图 1-4　指针的位置

电子产品工艺及项目训练

（3）欧姆调零

量程选择以后在正式测量之前必须进行欧姆调零，否则测量值会有误差。将红、黑两支表笔短接，看指针是否指在欧姆零刻度位置，如果没有，调节欧姆调零旋钮，使其指在零刻度位置，如图1-5所示。

图1-5 欧姆调零

> **注意**
> 如果重新换挡，则在正式测量之前必须重新调零一次。

（4）电阻的测量

万用表两表笔并接在所测电阻两端进行测量，如图1-6所示。

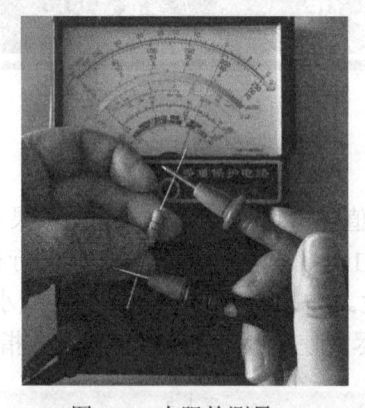

图1-6 电阻的测量

> **注意**
> 测量时，需用右手握住两支表笔，手指不要触及表笔的金属部分和被测元器件的导线部分。

（5）电阻的读数

测量值=刻度值×倍率。

如图1-7所示为万用表的测量实例，它的实际阻值=18×10 k=180 kΩ。

第 1 章　常用仪器仪表的使用

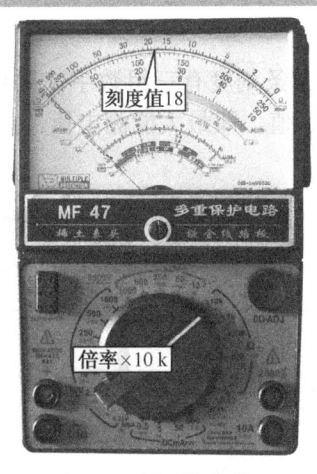

图 1-7　电阻的读数

> **注意**
> 测量完毕，必须将挡位开关打在 OFF 位置或调到交流电压最大挡。

2）测量直流电压的方法

（1）使用前的准备

① 安装电池：装上 1.5 V 和 9 V 的电池（注意电池的正负极）。

② 插好表笔：黑表笔插入"-"端口，红表笔插入"+"端口。

③ 机械调零：方法同测电阻时一样。

（2）量程的选择

将挡位开关旋至直流电压挡相应的量程进行测量。如果不知道被测电压的大致数值，需将挡位开关旋至直流电压挡的最高量程上预测，然后再旋转到适当的直流电压挡的相应量程上进行测量。

（3）电压的测量

将两支表笔并接在被测电压的两端进行测量（注意直流电压的正负极），如图 1-8 所示。

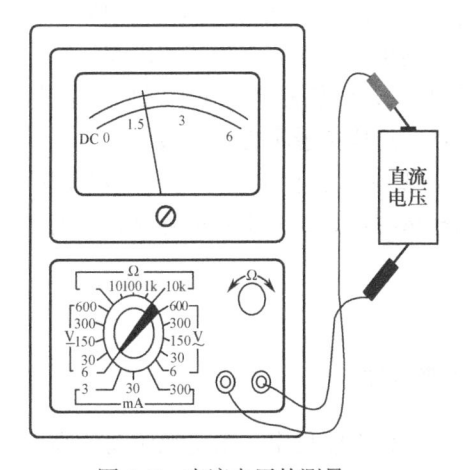

图 1-8　直流电压的测量

电子产品工艺及项目训练

（4）电压的读数

读数时选择第二条刻度，第二条刻度有三组数字，要根据所选择的量程来选择刻度读数。量程挡级选择的是满刻度显示值，即最大能测电压。如图 1-9 所示为直流电压的量程选择与读数值。

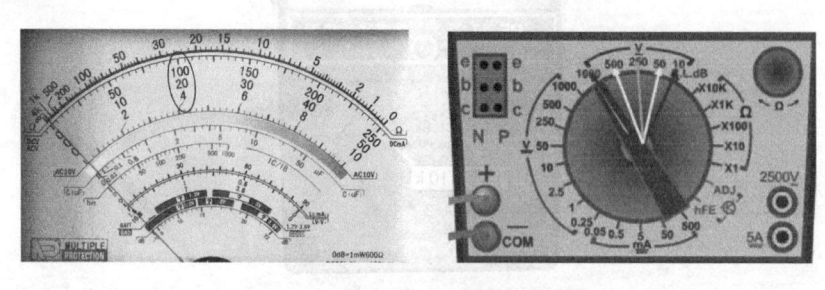

图 1-9 直流电压的量程选择与读数值

3）测量直流电流的方法

用万用表测量直流电流时，必须将万用表按照电路的极性正确地串联在电路中，挡位开关旋在"mA"或"μA"的相应量程上。其操作方法与读数和测量直流电压的方法基本相同。

> 注意
> 特别要注意的是不能用电流挡去测量电压，以免烧坏万用表。

4）测量交流电压的方法

其测量过程与测量直流电压的方法相同，只是当被测交流电压小于 10 V 时，量程挡级选 10 V 挡，读数时读第三条刻度。

4．测量的注意事项

（1）测量前，先检查红、黑表笔连接的位置是否正确，不能接反，否则在测量直流电量时会因正负极的反接而使指针反转，损坏表头部件。

（2）在表笔连接被测电路之前，一定要查看所选挡位与测量对象是否相符，否则误用挡位和量程，不仅得不到测量结果，而且还会损坏万用表。

（3）测量中若需转换量程，必须在表笔离开电路后才能进行，否则挡位开关转动产生的电弧易烧坏选择开关的触点，造成接触不良的事故。

（4）在实际测量中，经常要测量多种电量，每一次测量前要注意根据每次测量任务把挡位开关转换到相应的挡位和量程，这是初学者最容易忽略的环节。

1.1.2 数字万用表

1．UA9205 型数字万用表概述

UA9205 型数字万用表是一种性能稳定、用电池驱动的高可靠性数字万用表。它采用双积分 A/D 转换器、CMOS 技术、自动校零、自动极性选择和低电池及超量程指示。液晶显

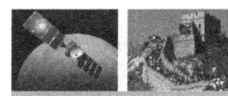

示器采用高反差 62×32 大屏幕、字幕高达 26 mm。

该仪表用来测量直流电压和交流电压、直流电流和交流电流、电阻、电容、二极管、三极管、通断测试等参数，具有自动关机功能，开机后约 5 min 未用则自动切断电源，以防止仪表使用完毕忘关电源。

2．UA9205 型数字万用表的面板

如图 1-10 所示为 UA9205 型数字万用表的面板图。

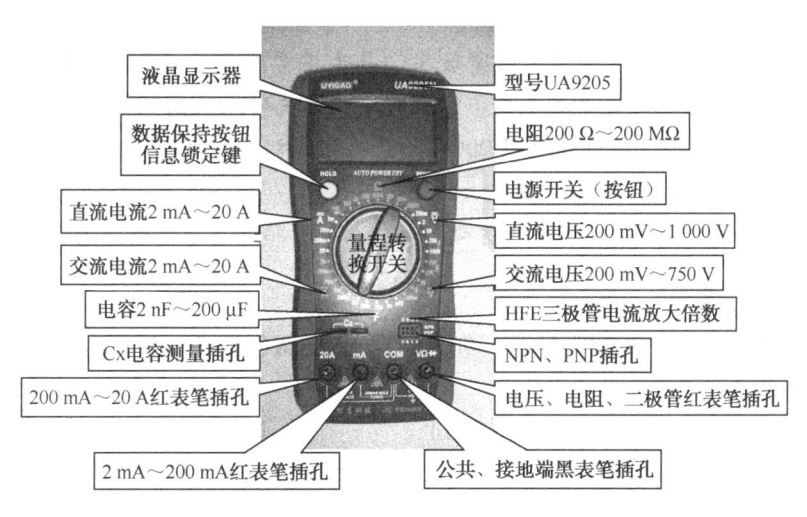

图 1-10 UA9205 型数字万用表的面板图

3．UA9205 型数字万用表的基本操作

1）直流电压的测量

（1）将黑表笔插入"COM"插孔，红表笔插入"V/Ω/Hz"插孔。

（2）将量程开关转至相应的 DCV 量程上。

（3）然后将测试表笔跨接在被测电路上，此时屏幕上显示的就是测量值。

如图 1-11 所示为测量电压的示意图。

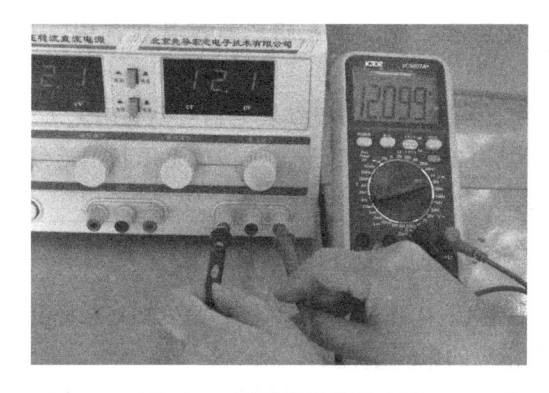

图 1-11 测量电压的示意图

2）交流电压的测量

（1）将黑表笔插入"COM"插孔，红表笔插入"V/Ω/Hz"插孔。

（2）将量程开关转至相应的ACV量程上。

（3）然后将测试表笔跨接在被测电路上，此时屏幕上显示的就是测量值。

> 🔊 **注意**
>
> （1）如果不知道被测电压的范围，应将量程开关转到最高挡位，然后根据显示值转至相应挡位上。
>
> （2）未测量时如果小电压挡有残留数字，属于正常现象，不影响测试；如果测量时高位显示"1"则表明已超过量程范围，必须将量程开关转至较高挡位上。
>
> （3）输入的直流电压切勿超过1 000 V，交流电压切勿超过700 V（rms），如超过则有损坏仪表线路的危险。
>
> （4）当测量高压电路时，注意双手避免触及高压电路。

3）直流电流的测量

（1）将黑表笔插入"COM"插孔，红表笔插入"mA"插孔（最大为2 A）或"20 A"插孔（最大为20 A）。

（2）将量程开关转至相应的DCA挡位上。

（3）然后将仪表串入被测电路中，被测电流值及红表笔的电流极性将同时显示在屏幕上。

4）交流电流的测量

（1）将黑表笔插入"COM"插孔，红表笔插入"mA"插孔（最大为2 A）或"20 A"插孔（最大为20 A）。

（2）将量程开关转至相应的ACA挡位上。

（3）然后将仪表串入被测电路中，此时屏幕上显示的就是测量值。

> 🔊 **注意**
>
> （1）如果不知道被测电流的范围，则应将量程开关转到最高挡位，然后按显示值转至相应挡位上；
>
> （2）如果测量时高位显示"1"，则表明已超过量程范围，必须将量程开关调高一挡；
>
> （3）最大输入电流为2 A或20 A（视红表笔插入位置而定），过大的电流会将熔断器（俗称保险丝）熔断。在测量20 A时要注意，该挡位无保护，连续测量大电流将会使电路发热，影响测量精度甚至损坏仪表。

5）电阻的测量

（1）将黑表笔插入"COM"插孔，红表笔插入"V/Ω/Hz"插孔。

（2）将量程开关转至相应的电阻量程上。

（3）将两表笔跨接在被测电阻上，此时屏幕上显示的就是测量值。

> **注意**
>
> （1）如果电阻值超过所选的量程值，则会显示"1"，这时应将量程开关转高一挡；当测量电阻值超过 1 MΩ 以上时，读数需几秒时间才能稳定，这在测量高电阻值时是正常的。
> （2）当输入端开路时，则显示过载情形，请勿在电阻量程输入电压。
> （3）测量在线电阻时，要确认被测电路的所有电源已关断且所有电容都已完全放电方可进行。
> （4）当量程选择 200 Ω 时，测量前应先测量线电阻，即两表笔短接一下，读数即为线电阻，测量电阻时应减去它。

6）电容的测量

（1）将量程开关置于相应的电容量程上。
（2）将测试表笔跨接在电容两端进行测量，必要时注意极性。

> **注意**
>
> （1）如果被测电容超过所选量程的最大值，显示器将只显示"1"，此时则应将开关转高一挡。
> （2）在测量电容之前，LCD 显示可能尚有残留读数，这属于正常现象，不会影响测量结果。
> （3）用大电容挡测量电容时，若电容严重漏电或击穿电容，将显示"1"且数值不稳定。
> （4）在测量电容容量之前，应对电容充分放电，以防止损坏仪表，如图 1-12 所示。
>
> 图 1-12　电容放电

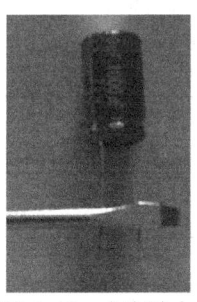

7）三极管 h_{FE} 的测量

（1）将量程开关置于 h_{FE} 挡。
（2）判断所测晶体管为 NPN 型或 PNP 型，将发射极、基极和集电极分别插入相应的插孔。

8）二极管及通断测试

（1）将黑表笔插入"COM"插孔，红表笔插入"V/Ω/Hz"插孔（注意红表笔极性为"+"）。
（2）将量程开关置于测量二极管通断挡，并将黑表笔连接待测试二极管，红表笔连接二极管正极，读数为二极管正向降压的近似值。

（3）将两支表笔连接到待测线路的两点，如果内置蜂鸣器发声，则两点之间的电阻值低于（70±20）Ω。

9）数据保持

按下"保持"开关，当前数据就会保持在液晶显示器上；弹起"保持"开关，则保持取消。

10）自动断电

当仪表停止使用约 5 min 后，仪表便自动断电进入休眠状态；若重新启动电源，再按两次"POWER"键，就可重新接通电源。

项目训练 1　万用表的正确使用

工作任务书如表 1-1 所示。技能实训评价表如表 1-2 所示。

表 1-1　工作任务书

章节	第 1 章	常用仪器仪表的使用		任务人	
课题	万用表的正确使用			日期	
实践目标	知识目标	① 了解万用表的面板结构与功能 ② 熟悉万用表的测量原理 ③ 掌握万用表的测量方法			
	技能目标	① 熟练掌握万用表测量电阻的方法 ② 会正确使用万用表测量电压与电流值 ③ 掌握万用表判断二极管、三极管的极性和质量好坏			
实践内容	器材与工具	① 模拟万用表、数字万用表各一块 ② 测量用电阻、电容、二极管和三极管等若干			
	具体要求	① 根据给出的不同阻值电阻，用万用表测量其值 ② 根据给出的电路图进行电压、电流值的测量 ③ 测量二极管的通断及三极管的放大倍数			
具体操作					
注意事项	① 注意安全用电，不损坏仪表 ② 万用表使用时要进行机械调零和欧姆调零 ③ 测量直流电压和直流电流时，要注意正负极性的方向 ④ 测量电阻时，每转换一次量程都必须调零；不能带电测量，两手不能同时触及电阻两端，以免引起测量误差				

表1-2 技能实训评价表

评价项目：万用表的正确使用				日期			
班级		姓名	学号	评分标准			
序号	项目	考核内容	配分	优	良	合格	不合格
1	熟悉面板	① 根据测量要求正确选择不同的挡位开关 ② 正确选择表笔孔	10				
2	测量电阻	① 量程挡级选择恰当 ② 测量方法正确 ③ 正确读数	20				
3	测量电压	① 量程挡级选择恰当 ② 测量方法正确 ③ 正确读数	20				
4	测量电流	① 量程挡级选择恰当 ② 测量方法正确 ③ 正确读数	20				
5	测量放大倍数	① 量程挡级选择恰当 ② 测量方法正确 ③ 正确读数	20				
6	安全文明操作	① 工作台上工具排放整齐 ② 完毕后整理好工作台面 ③ 严格遵守安全操作规程	10				
合计			100	自评（40%）		师评（60%）	
教师签名							

1.2 示波器的正确使用

示波器是利用示波管内电子束在电场或磁场中的偏转，显示随时间变化（波形）的电压信号的一种观测仪器。它不仅可以定性观察电路（或元件）的动态过程，而且还可以定量测量各种电学量，如电压、周期、波形的宽度及上升、下降时间等。用双踪示波器还可以测量两个信号之间的时间差或相位差，显示两个相关函数的图像。

自1931年美国研制出第一台示波器至今已有80余年，它在各个研究领域都取得了广泛的应用，示波器本身也发展成为多种类型，如慢扫描示波器、各种频率范围的示波器、取样示波器、记忆示波器等，已成为科学研究、实验教学、医药卫生、电工电子和仪器仪表等各个研究领域和行业最常用的仪器。

1.2.1 模拟示波器

1. 模拟示波器概述

模拟示波器采用的是模拟电路（示波管，其基础是电子枪），电子枪向屏幕发射电子，发射的电子经聚焦形成电子束，并打到屏幕上。屏幕的内表面涂有荧光物质，这样电子束打中的点就会发出光来。示波器由示波管和电源系统、同步系统、X 轴偏转系统、Y 轴偏转系统、延迟扫描系统、标准信号源组成。

如图 1-13 所示为模拟示波器的实物图。

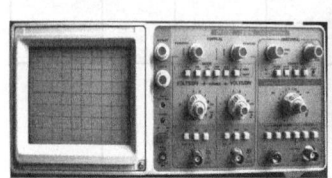

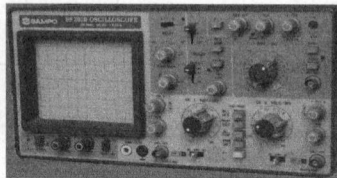

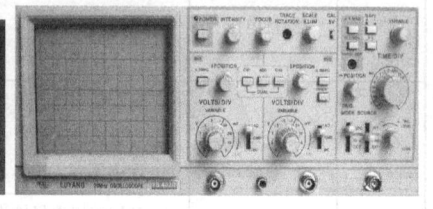

图 1-13　模拟示波器的实物图

2. YB4320 型双踪示波器面板

示波器有多种型号，面板形状也各不相同，但其结构与功能大同小异。熟练掌握示波器的使用，首先应该了解示波器面板上各个旋钮的功能。本书以 YB4320G 型示波器为例进行说明，该示波器的面板如图 1-14 所示，各部分功能介绍如下。

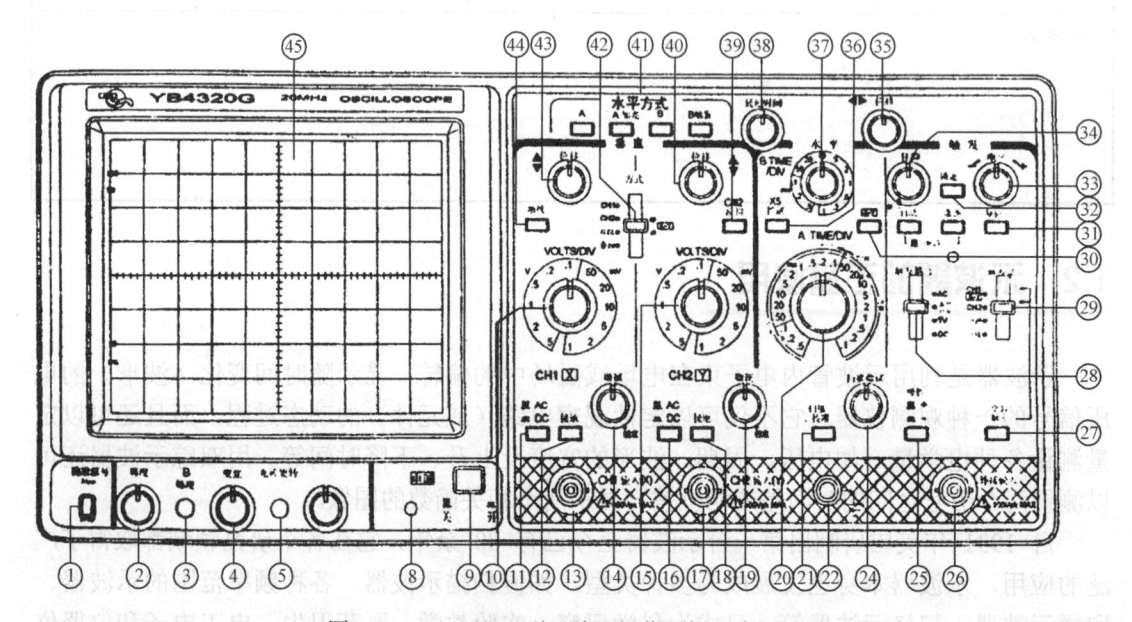

图 1-14　YB4320G 型示波器操作面板示意图

1）主机电源

⑨ 电源开关（POWER）：将电源线接入，按下电源开关，即为接通电源；将电源开关按键弹出，即为"关"位置。

⑧ 电源指示灯：电源接通时，指示灯亮。

① 校准信号输出端（CAL）。

② 辉度控制（INTENSITY）：顺时针方向旋转该旋钮，扫描线辉度增加。

③ 延迟扫描辉度控制（B INTEN）：顺时针方向旋转该旋钮，增加延迟扫描 B 显示光迹亮度。

④ 聚焦控制（FOCUS）：用辉度控制旋钮将亮度调至合适的标准，然后调节聚焦控制旋钮直至光迹达到最清晰的程度。虽然调节亮度时，聚焦电路可自动调节，但聚焦有时也会轻微变化，如果出现这种情况，需重新调节聚焦控制旋钮。

⑤ 基线旋转（TRACE ROTATION）：用于调节扫描线使其和水平刻度线平行，以克服外磁场变化带来的基线倾斜，需要使用螺丝刀调节。

㊺ 显示屏：仪器的测量显示最终端。

2）垂直系统（VERTICAL）

⑬ 通道1输入端[CH1 INPUT（X）]：被测信号由此输入 Y1 通道。当示波器为 X-Y 方式时，输入此端的信号作为 X 轴信号。

⑰ 通道2输入端[CH2 INPUT（X）]：被测信号由此输入 Y2 通道。当示波器为 X-Y 方式时，输入此端的信号作为 Y 轴信号。

⑪、⑫、⑯、⑱ 交流-直流-接地（AC、DC、GND）：输入信号与放大器连接方式选择开关。

交流（AC）：放大器输入端与信号连接，由电容器来耦合。

接地（GND）：输入信号与放大器断开，放大器的输入端接地。

直流（DC）：放大器输入端与信号输入端直接耦合。

⑩、⑮ 衰减器开关（VOLTS/DIV）：用于选择垂直偏转系数，共 12 挡。如果使用的是 10∶1 的探极，计算时将幅度×10。

⑭、⑲ 垂直微调（VARIBLE）：垂直微调用于连续改变电压偏转系数，此旋钮在正常情况下应位于顺时针方向旋到底的位置。将旋钮逆时针旋转到底，垂直方向的灵敏度下降 250%以上。

㉘ CH1 信号输出端（CH1 OUTPUT）：输出约 100 mV/DIV 的通道 1 信号。当输出端接 50Ω匹配终端时，信号衰减一半，约 50 mV/DIV，该功能可用于频率计显示等。

㊵、㊸ 垂直移位（POSITION）：调节光迹在屏幕中的垂直位置。

㊷ 垂直方式工作开关（VERTICAL MODE）：用于选择垂直偏转系统的工作方式，有四种。

通道 1 选择（CH1）：屏幕上仅显示 CH1 的信号。

通道 2 选择（CH2）：屏幕上仅显示 CH2 的信号。

双踪选择（DUAL）：屏幕上显示双踪，自动以交替或断续方式同时显示 CH1 和 CH2 上的信号。

叠加选择（ADD）：显示 CH1 和 CH2 输入信号的代数和。

㊴ CH2 极性开关（INVERT）：按此开关时 CH2 显示反相信号。

㊹ 断续工作方式开关：CH1、CH2 两个通道按断续方式工作，断续频率为 250 kHz，适用于低扫速。

3）水平系统（HORIZONTAL）

⑳ 主扫描时间系数选择开关（TIME/DIV）：用于选择扫描时间因数，从 0.1 μs～0.5 s/DIV 共 20 挡。

㉔ 扫描微调控制（VARIBLE）：此旋钮以顺时针方向旋转到底时，处于校准位置，扫描由 Time/div 开关指示。此旋钮以逆时针方向旋转到底时，扫描减慢 2.5 倍以上。当按键㉑未按下时，按钮㉔调节无效，即为校准状态。

㉟ 水平移位（POSITION）：用于调节光迹在水平方向移动。顺时针方向旋转向右移动光迹，逆时针方向旋转向左移动光迹。

㊱ 扩展控制（MAG×10）：按下去时，扫描因数×10 扩展[YB4320G 为（×5）]。扫描时间是 TIME/DIV 开关指示数值的 1/10（1/5）。

㊲ 延迟扫描 B 时间系数选择开关（B TIME/DIV）：分 12 挡，在 0.1 μs～0.5 ms/DIV 范围内选择 B 扫描速率。

㊳ 延迟时间调节旋钮。

㊶ 水平工作方式选择。

㉒ 接地端子（GND）：示波器外壳接地端。

4）触发系统（TRIGGER）

㉕ 触发极性（SLOPE）：触发极性选择，用于选择信号的上升沿和下降沿触发。

㉖ 外触发输入插座（EXT INPUT）：用于外触发信号的输入。

㉗ 交替触发（TRIG ALT）：在双踪交替显示时，触发信号来自于两个垂直通道，此方式可用于同时观察两路不相关信号。

㉙ 触发源选择开关（SOURCE）。

通道 1 触发（CH1，X-Y）：CH1 通道的输入信号为触发信号，当工作为 X-Y 方式时，开关应设置于此挡；

通道 2 触发（CH2）：CH2 通道的输入信号是触发信号。

电源触发（LINE）：电源频率信号为触发信号。

外触发（EXT）：外触发输入端的触发信号是外部信号，用于特殊信号的触发。

㉛ 触发方式选择（TRIG MODE）

自动（AUTO）：在"自动"扫描方式时，扫描电路自动进行扫描。当没有信号输入或输入信号没有被触发同步时，屏幕上仍然可以显示扫描基线。

常态（NORM）：有触发信号时才产生扫描；在没有信号和非同步状态下，没有扫描线显示。当输入信号的频率低于 50Hz 时，请用"常态"触发方式。

单次（SINGLE）：当"自动"（AUTO）、"常态"（NORM）两键同时弹出时被设置于单次触发工作状态，当触发信号来到时，准备（READY）指示灯亮，单次扫描结束后指示灯

灭，复位键（RESET）按下后，电路又处于待触发状态。

㉜ 电平锁定（LOCK）：无论信号如何变化，触发电平自动保持在最佳位置，不需人工调节电平。

㉝ 触发电平（TRIG LEVEL）：用于调节被测信号在某选定电平触发，当旋钮转向"+"时显示波形的触发电平上升，反之触发电平下降。

㉞ 释抑（HPLDOFF）：当信号波形复杂，用触发电平旋钮不能稳定触发时，可用"释抑"旋钮使波形稳定同步。

3. 模拟示波器的基本操作

1）设定各个控制键的初始位置

（1）亮度（INTENSITY）：顺时针方向旋转到底。

（2）聚焦（FOCUS）：中间、垂直移位（POSITION）。

（3）中间（×5）键弹出。

（4）垂直方式：CH1。

（5）触发方式（TRIG MODE）：自动（AUTO）。

（6）触发源（SOURCE）：内（INT）。

（7）触发电平（TREG LEVEL）：中间。

（8）时间/格（TIME/DIV）：0.5 μs/DIV。

（9）水平位置：X1（×5MAG）、（×10MAG）均弹出。

2）开启电源，调节聚焦

（1）接通"电源"开关，大约 15 s 后，出现扫描光迹。

（2）调节"垂直位移"与"水平位移"旋钮，使迹移至荧光屏观测区域的中央。

（3）调节"辉度（INTENSITY）"旋钮将光迹的亮度调至所需要的程度。

（4）调节"聚焦（FOCUS）"旋钮，使光迹清晰。

3）观察校正信号

（1）设定各个控制键的位置。

① 垂直方式：CH1。

② AC-GND-DC（CH1）：DC。

③ V/DIV（CH1）：5 mV。

④ 微调（CH1）：(CAL) 校准。

⑤ 耦合方式：AC。

⑥ 触发源：CH1。

（2）用探头将"校正信号源"送到 CH1 输入端。

（3）将探头的"衰减比"旋钮置于"×10"挡位置。

（4）调节"触发电平"旋钮使仪器触发：将触发电平调离"自动"位置，并向逆时针方向转动直至方波波形稳定，再微调"聚焦"和"辅助聚焦"旋钮使波形更清晰，并将波形移至屏幕中间。

(5) 此时标准方波应该为：在 Y 轴占 5 DIV，在 X 轴占 10 DIV，否则需校准。

4）直流电压测量

(1) 电压的定量测量。

将"V/DIV"的微调旋钮置于"CAL"位置，就可以进行电压的定量测量了。测量值可由下列公式计算后得到：

用探头的"×1 位置"进行测量时，其电压值为 U=V/DIV 设定值×信号显示幅度（DIV）；

用探头的"×10 位置"进行测量时，其电压值为 U=V/DIV 设定值×信号显示幅度（DIV）×10。

(2) 直流电压的测量。

① 将 Y 轴输入耦合选择开关"AC-GND-DC"置于"⊥"位置，"触发电平"旋钮置于"自动"位置，屏幕上形成一条水平扫描基线。

② 将"V/DIV"与"T/DIV"置于适当的位置，且"V/DIV"的微调旋钮置于校准位置，调节 Y 轴位移，使水平扫描基线处于荧光屏上标的某一特定基准（0 V）。

③ 将"扫描方式"开关置于"AUTO"（自动）位置，选择"扫描速度"使扫描光迹不发生闪烁的现象。

④ 再将 Y 轴输入耦合选择开关"AC-GND-DC"置于"DC"位置，且将被测电压加到"CH1 或 CH2"输入端。扫描线的垂直位移即为信号的电压幅度。

⑤ 如果扫描线上移，则被测电压相对地电位为正；如果扫描线下移，则该电压相对地电位为负。电压值可用上面的公式求出。

例如，将探头的"衰减比"旋钮置于"×10"位置，"垂直偏转因数"（V/DIV）旋钮置于"0.5 V/DIV"，微调旋钮置于"CAL"位置，所测得的扫描光迹偏高 5DIV。根据公式，被测电压为

$$0.5(V/DIV) \times 5(DIV) \times 10 = 25 \text{ V}$$

5）交流电压测量

当测量叠加在直流电压上的交流电压时，将 Y 轴输入耦合选择开关"AC-GND-DC"置于"DC"位置时即可测出所包含直流分量的值。如果仅需测量交流分量，则将该开关置于"AC"位置。按这种方法测得的值为峰-峰值电压（U_{P-P}）。

例如，将探头的"衰减比"旋钮置于"×1"的位置，"垂直偏转因数"旋钮（V/DIV）置于"5 V/DIV"位置，微调旋钮置于"CAL"位置，所测得波形的峰-峰值为 6 格，如图 1-15 所示。

则 U_{P-P}=5（V/DIV）×6（DIV）=30（V），有效值电压为 $U=30/2\sqrt{2}$=10.6（V）。

6）时间测量

信号波形两点间的时间间隔，可按下列公式进行计算。

时间（s）=（TIME/DIV）设定值×对应于被测时间的长度（DIV）×"5 倍扩展"旋钮设定值的倒数。

上式中置"TIME/DIV"微调旋钮于"CAL"位置。读取"TIME/DIV"及"×5 倍扩

展"旋钮的设定值。"×5 倍扩展"旋钮设定值的倒数在扫描未扩展时为"1",在扫描扩展时为"1/5"。

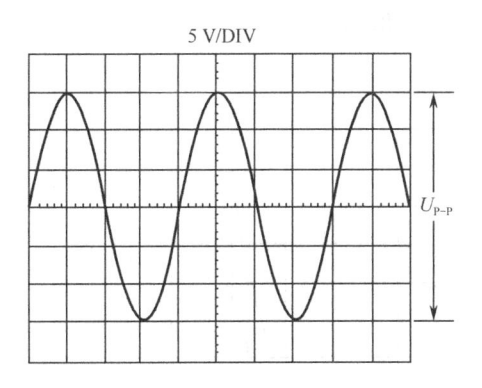

图 1-15 测量波形

（1）脉冲宽度测量方法

① 调节脉冲波形的垂直位置,使脉冲波形的顶部和底部距刻度水平线的距离相等,如图 1-16 所示。

② 调节"Time/DIV"开关到合适位置,使扫描信号光迹易于观测。

③ 读取上升沿和下降沿中点之间的距离,即脉冲沿与水平刻度线相交的两点之间的距离,然后用公式计算脉冲宽度。

例如,图 1-16 中的"TIME/DIV"设定在"10 μs/DIV"位置上,则有脉冲宽度：

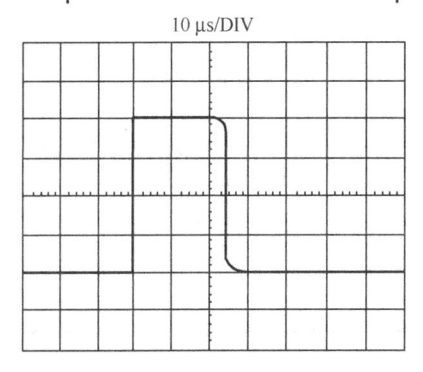

$$t_r=10（μs/DIV）×2.5（DIV）=25（μs）$$

图 1-16 脉冲宽度测量

（2）脉冲上升（或下降）时间的测量方法

① 调节脉冲波形的垂直位置和水平位置,方法和脉冲宽度测量的方法相同。

② 在图 1-17 中,读取上升沿从 10%到 90%所经历的时间 t_r,则有 t_r=50（μs/DIV）× 1.1(DIV)=55(μs)。

7）频率测量

频率测量有以下两种方法。

（1）由时间公式求出输入的周期 T（单位为 s）,然后用下式求出信号的频率：$f=1/T =1/$

周期（Hz）。

（2）数出有效区域中 10DIV 内重复的周期数 n（时间单位为 s），然后用下式计算信号的频率：$f=n/[（TIME/DIV）设定值×10（DIV）]$。

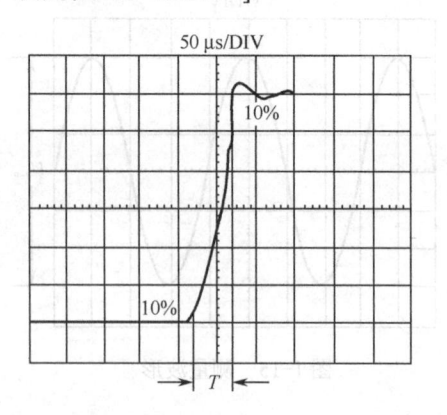

图 1-17 脉冲上升（或下降）时间的测量

当 n 很大（30～50）时，第二种方法的精确度比第一种方法高。这一精度大致与扫描速度的设计精度相等。但当 n 较小时，由于小数点以下难以数清，因此会导致较大的误差。如图 1-18 所示，示波器的"TIME/DIV"设定在"10μs/DIV"位置上，测得波形在 10 格内的重复周期数 $n=40$、则该信号的频率为：$f=\dfrac{40}{(10\,\mu s/DIV)\times 10(DIV)}=400kHz$。

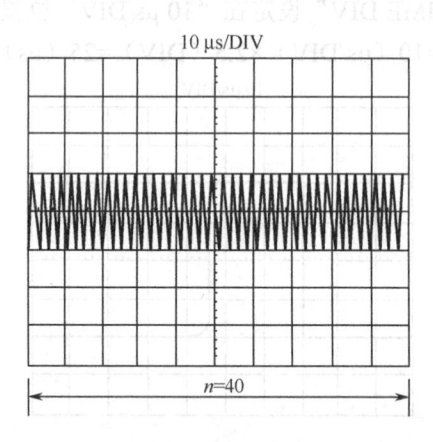

图 1-18 频率测量

1.2.2 数字示波器

1. 数字示波器概述

随着数字电路、大规模集成电路及微处理器技术的发展，尤其是高速模数（A/D）转换器及半导体存储器（RAM）技术的发展，出现了数字示波器。它将模拟信号数字化，存储于半导体存储器中，主要用于捕获和存储单次或瞬变信号。

这种数字存储示波器具有许多独特的优点和功能，能够采集、观测、处理和存储信号。与传统模拟示波器相比，数字示波器有以下两个突出的优点。

（1）尤其适合用来捕获、观测非重复性的瞬态单次脉冲信号、随机信号或缓慢变化的信号，并能将被测信号长久保存下来。

（2）具有负延迟触发这一数字存储示波器所特有的功能，可以观测触发信号到来之前的一段波形，这种功能在电路的故障诊断和电子器件的性能检测中是很需要的。

2．DS5062C 型数字示波器面板

如图 1-19 所示为 DS5062C 型数字示波器的面板图。

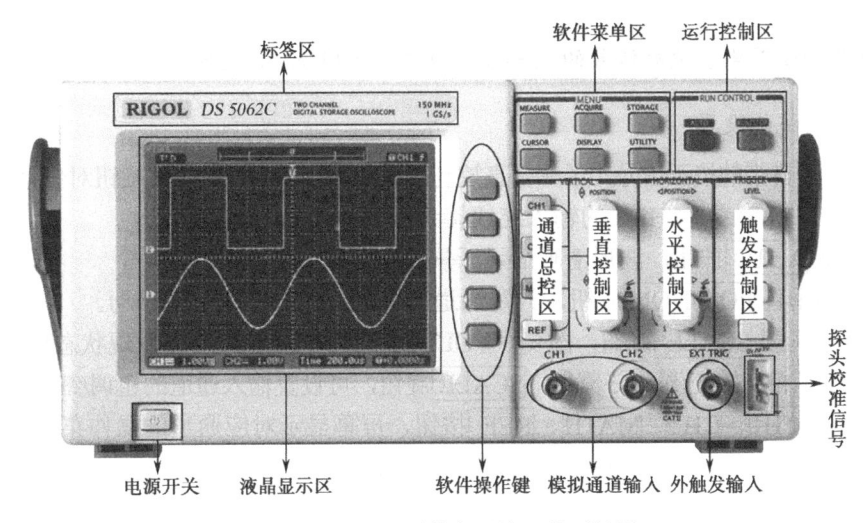

图 1-19 DS5062C 型数字示波器的面板图

3．数字示波器的基本操作

1）功能检查：做一次快速功能检查，以核实本仪器运行是否正常

（1）接通电源，仪器执行所有自检项目，并确认是否通过自检。

（2）按下 STORAGE 按钮，用菜单操作键从顶部菜单框中选择存储类型，然后调出出厂设置菜单框。

（3）接入信号到通道 1（CH1），将输入探头和接地夹接到探头补偿器的连接器上，按下 AUTO（自动设置）按钮，几秒内可见到方波显示（约 1 kHz，$3U_{P-P}$）。

（4）示波器设置探头衰减系数，此衰减系数改变仪器的垂直挡位比例，从而使得测量结果正确反映被测信号的电平（默认的探头衰减系数设定值为 10X）。

设置方法如下。

按下 CH1 功能键显示通道 1 的操作菜单，应用与"探头"项目平行的 3 号菜单操作键，选择与使用探头同比例的衰减系数。

（5）以同样的方法检查通道 2（CH2）。按下 OFF 功能按钮以关闭 CH1，按下 CH2 功能按钮以打开通道 2，重复步骤（3）和（4）。

> **提示**
> 示波器一开机，调出出厂设置，可以恢复正常运行；实验室使用开路电缆，探头衰减系数应设为1X。

2）波形显示的自动设置

（1）将被测信号（自身校正信号）连接到信号输入通道。
（2）按下 AUTO 按钮。
（3）示波器将自动设置垂直、水平和触发控制。

> **提示**
> 应用自动设置要求被测信号的频率大于或等于50 Hz，占空比大于1%。

3）垂直系统的设置

利用示波器自带的校正信号，了解垂直控制区（VERTICAL）的按键旋钮对信号的作用。
（1）将"CH1"或"CH2"的输入连线接到探头补偿器的连接器上。
（2）按下 AUTO 按钮，波形清晰显示于屏幕上。
（3）转动垂直 POSITION 旋钮，只是通道的标识跟随波形而上下移动。
（4）转动垂直 SCALE 旋钮，改变"VOLT/DIV"垂直挡位，可以发现状态栏对应通道的挡位显示发生了相应的变化。按下垂直 SCALE 旋钮，可设置输入通道的粗调/细调状态。
（5）按下 CH1、CH2、MATH、REF 按钮，屏幕显示对应通道的操作菜单、标志、波形和挡位状态信息。按下 OFF 按键，关闭当前选择的通道。

> **提示**
> OFF 按键具备关闭菜单的功能，当菜单未隐藏时，按下 OFF 按键可快速关闭菜单，如果在按下 CH1 或 CH2 后立即按下 OFF ，则可同时关闭菜单和相应的通道。

4）CH1、CH2 通道设置

（1）在"CH1"通道接入一个含有直流偏置的正弦信号，关闭"CH2"通道。
（2）按下 CH1 功能键，系统显示CH1通道的操作菜单。
（3）按下"耦合→交流"设置为交流耦合方式，被测信号含有的直流分量被阻隔，波形显示在屏幕中央，波形以零线标记上下对称，屏幕左下方出现"CH1～"交流耦合状态标志。
（4）按下"耦合→交流"设置为直流耦合方式，被测信号含有的直流分量和交流分量都可以通过，波形显示偏离屏幕中央，波形不以零线为标记上下对称，屏幕左下方出现"CH1—"直流耦合状态标志。
（5）按下"耦合→交流"设置为接地方式，被测信号都被阻隔，波形显示为一零直线，左下方出现"CH1 ⏚"接地耦合状态标志。

> **提示**
> 每次按下 AUTO 按钮，系统默认为交流耦合方式，CH2的设置同样如此。

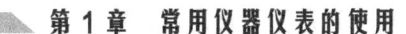

交流耦合方式方便您用更高的灵敏度显示信号的交流分量，常用于观测模电信号。

直流耦合方式可以通过观察波形与信号地之间的差距来快速测量信号的直流分量，常用于观察数电波形。

5）探头设置

（1）在 CH1 通道中接入校正信号。

（2）改变探头衰减系数分别为 1X、10X、100X 和 1000X，观察波形幅度的变化。

> **提示**
>
> 探头衰减系数的变化会带来屏幕左下方垂直挡位的变化，100X 表示观察的信号扩大了 100 倍，以此类推。这一项设置与输入电缆探头的衰减比例设定要求一致，如探头衰减比例为 10∶1，则这里应设成 10X，以避免显示的挡位信息和测量的数据发生错误；若示波器用开路电缆接入信号，则设为 1X。

6）迅速显示一未知信号

（1）将探头衰减系数设定为 10X。

（2）将 CH1 通道的探头连接到电路被测点。

（3）按下 AUTO （自动设置）按钮。

（4）按下 CH2-OFF、MATH-OFF 和 REF-OFF 按钮。

（5）示波器将自动设置，使波形显示达到最佳。

在此基础上，可以进一步调节垂直和水平挡位，直至波形显示符合要求。

> **提示**
>
> 被测信号连接到某一路进行显示时，其他应关闭，否则会有一些不相关的信号出现。

7）观察幅度较小的正弦信号

（1）将 CH1 通道的探头连接到正弦信号发生器（峰-峰值为几毫伏，频率为几 kHz）。

（2）按下 AUTO （自动设置）按钮。

（3）按下 CH2-OFF、MATH-OFF、REF-OFF 按钮。

（4）按下 信源选择 选择相应的信源 CH1。

（5）打开带宽限制为 20 MHz。

（6）采样选"平均采样"。

（7）触发菜单中的耦合选"高频抑制"。

在此基础上，可以进一步调节垂直和水平挡位，直至波形显示符合要求。

> **提示**
>
> 观察小信号时，带宽限制为 20 MHz 和高频抑制都是为了减小高频干扰；平均采样取的是多次采样的平均值，次数越多越清楚，但实时性较差。

8）自动测量信号的电压参数

（1）在 CH1 通道接入校正信号。

(2) 按下 MEASURE 按钮，以显示自动测量菜单。
(3) 按下 信源选择 选择相应的信源 CH1。
(4) 按下 电压测量 选择测量类型。

在电压测量类型下，可以进行峰-峰值、最大值、最小值、平均值、幅度、顶端值、底端值、均方根值、过冲值和预冲值的自动测量。

> **提示**
>
> 电压测量分三页，屏幕下方最多可同时显示三个数据，当显示已满时，新的测量结果会导致原显示左移，从而将原屏幕最左的数据挤出屏幕之外。按下相应的测量参数，在屏幕的下方就会有显示。信源选择指设置被测信号时的输入通道。

9）自动测量信号的时间参数

(1) 在 "CH1" 通道接入校正信号。
(2) 按下 MEASURE 按钮，以显示自动测量菜单。
(3) 按下 信源选择 按钮选择相应的信源 CH1。
(4) 按下 时间测量 按钮选择测量类型。

在时间测量类型下，可以进行频率、时间、上升时间、下降时间、正脉宽、负脉宽、正占空比、负占空比、延迟 1-2 上升沿和延迟 1-2 下降沿的测量。

> **提示**
>
> 时间测量分三页，按下相应的测量参数，在屏幕的下方就会有该显示。延迟 1-2 上升沿是指测量信号在上升沿处的延迟时间，同样，延迟 1-2 下降沿是指测量信号在下降沿处的延迟时间。若显示的数据为 "******"，则表明在当前的设置下此参数不可测，或显示的信号超出屏幕之外，需手动调整垂直或水平挡位，直到波形显示符合要求。

10）获得全部测量数值

(1) 在 "CH1" 通道接入校正信号。
(2) 按下 MEASURE 按钮，以显示自动测量菜单。
(3) 按下 全部测量 操作键，设置全部测量状态为 "打开"，18 种测量参数值显示于屏幕中央。

> **提示**
>
> 测量结果在屏幕上的显示会因为被测信号的变化而改变。有些型号的示波器不具备此功能。

4．数字示波器的测量方法

(1) 示波器接入探头补偿信号并进行探头补偿。
① 将探头与示波器的 CH1 连接。
② 设置探头上的衰减系数。将探头上的衰减系数设为 10X 或 1X。
③ 设置示波器探头衰减系数。

④ 以同样的方法检查通道 2（CH2），按下"OFF"功能按钮或再次按下"CH1"功能按钮以关闭通道 1，按下"CH2"功能按钮打开通道 2。

（2）用数字存储示波器进行手动测量（即按照普通示波器测量法进行测量）。

① 仪器连接。

② 测量正弦波信号的电压与时间参数，调节函数信号发生器，使其输出正弦波。然后改变函数信号发生器的输出电压（有效值）与频率，再用示波器对其进行测量。

（3）用数字存储示波器进行自动测量。

① 仪器连接。

② 选择被测信号通道。根据信号输入通道的不同，选择 CH1 或 CH2。按钮操作顺序为"MEASURE"→"信源选择"→"CH1"或"CH2"。

③ 调节函数信号发生器的输出频率和输出电压（由毫伏表进行监视）。

④ 获得全部测量数值。按下 5 号菜单操作键，设置"全部测量"项状态为"打开"。

⑤ 选择参数测量。按下 2 号或 3 号菜单操作键选择测量类型，查找感兴趣的参数所在的分页。按钮操作顺序为"MEASURE"→"电压测量"、"时间测量"→"最大值"、"最小值"。应用 2、3、4、5 号菜单操作键选择参数类型，在屏幕下方直接读取显示的数据，若显示的数据为"*****"，则表明在当前的设置下，此参数不可取。

项目训练 2　示波器的正确使用

工作任务书如表 1-3 所示，技能实训评价表如表 1-4 所示。

表 1-3　工作任务书

章节	第 1 章　常用仪器仪表的使用		任务人	
课题	示波器的正确使用		日期	
实践目标	知识目标	① 了解示波器的面板结构与功能 ② 熟悉示波器的测量原理 ③ 掌握示波器的测量方法		
	技能目标	① 熟练掌握模拟示波器幅值、周期等的测量 ② 学会数字示波器的操作与运用 ③ 掌握数字示波器的测量方法		
实践内容	器材与工具	数字万用表、模拟示波器、数字示波器和函数信号发生器等测量仪器		
	具体要求	① 熟悉面板，会基本调节 ② 会操作校准波形 ③ 能从示波器上读取幅值与周期等参数		
具体操作				
注意事项	① 测量前应进行方波校准，显示波形不允许超过显示屏 ② 测试电压的峰-峰值不要超过 400 V ③ 定量观测时微调旋钮必须放在校准位置 ④ 注意示波器探头的接法与衰减位置			

表 1-4 技能实训评价表

评价项目：示波器的正确使用				日期			
班级		姓名	学号	评分标准			
序号	项目	考核内容	配分	优	良	合格	不合格
1	熟悉面板	① 能了解各部分按钮的作用及性能 ② 会基本操作	10				
2	基本调节	① "辉度"和"聚焦"等调节适中 ② 基线调节到屏幕的中间位置	10				
3	信号校准	① 能将探头正确连接到"校准"位置 ② 选择正确的"电压幅度"与"扫描时间"挡级位置 ③ 在屏幕上能看见"校准"的方波波形	10				
4	测量直流电压	① 选择正确的"DC/AC"挡级位置 ② 选择合适的"扫描方式" ③ 能从屏幕上读出直流电压数值	10				
5	测量交流电压	① 选择正确的"DC/AC"挡级位置 ② 选择合适的"扫描方式" ③ 能从屏幕上读出交流电压数值	20				
	测量时间	① 选择正确的"扫描时间"挡级 ② 能从屏幕上读出两点间波形的时间值	20				
	测量相位	① 选择正确的显示方式 ② 选择正确的"扫描时间"挡级 ③ 能从屏幕上读出一个波形的相位角与两个波形的相位差	10				
6	安全文明操作	① 工作台上工具排放整齐 ② 完毕后整理好工作台面 ③ 严格遵守安全操作规程	10				
	合计		100	自评（40%）		师评（60%）	
教师签名							

1.3 信号发生器的正确使用

凡是产生测试信号的仪器，统称为信号源，也称为信号发生器，它用于产生被测电路所需特定参数的电测试信号。

信号源可以根据输出波形的不同，划分为正弦波信号发生器、矩形脉冲信号发生器、函数信号发生器和随机信号发生器四大类。正弦信号是使用最广泛的测试信号，这是因为产生正弦信号的方法比较简单，而且用正弦信号测量比较方便。正弦信号又可以根据工作频率范围的不同划分为若干种。

1.3.1 低频信号发生器

1. 低频信号发生器概述

低频信号发生器用来产生频率为 20 Hz～200 kHz 的正弦信号。除具有电压输出外,有的低频信号发生器还具有功率输出,因此其用途十分广泛,可用于测试或检修各种电子仪器设备中的低频放大器的频率特性、增益和通频带,也可用作高频信号发生器的外调制信号源。另外,在校准电子电压表时,它还可提供交流信号电压。如图 1-20 所示为低频信号发生器的实物图。

图 1-20 低频信号发生器的实物图

2. FJ-1033 型低频信号发生器面板

下面以 FJ-1033 型低频信号发生器为例介绍各旋钮的功能,如图 1-21 所示。

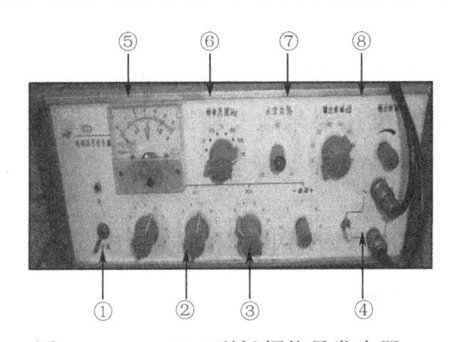

图 1-21 FJ-1033 型低频信号发生器

1) 功能介绍

① 电源开关:往上扳动打开电源,指示灯亮。

② 频率细调:分×1、×0.1 和×0.01 三挡连续可调。

③ 频率范围:分 6 挡,分别为 1～10 Hz、10～100 Hz、100 Hz～1 kHz、1～10 kHz、10～100 kHz、100 kHz～1 MHz。

④ 输出端口:可以输出不同电压和不同频率的正弦波。

⑤ 电压显示:显示输出的电压值。

⑥ 占空比:占空比为 30%～70%连续可调。

⑦ 输出衰减:可以选择输出电压衰减系数,从 0 dB～80 dB 共 9 挡。

⑧ 电压细调:连续可调,幅度范围为 0～6 V。

2）主要性能指标

（1）频率范围

频率范围是指各项指标都能得到保证时的输出频率范围，或称有效频率范围。一般为20 Hz～200 kHz，现在做到1 Hz～1 MHz并不困难。在有效频率范围内，频率应能连续调节。

（2）频率准确度

频率准确度表明实际频率值与其标称频率值的相对偏离程度，一般为±3%。

（3）频率稳定度

频率稳定度表明在一定时间间隔内，频率准确度的变化，因此实际上是频率不稳定度或漂移。没有足够的频率稳定度，就不可能保证足够的频率准确度。另外，频率的不稳定可能使某些测试无法进行。频率稳定度分为长期稳定度和短期稳定度。频率稳定度一般应比频率准确度高一至两个数量级，一般应为（0.1～0.4）%/小时。

（4）非线性失真

振荡波形应尽可能接近正弦波，这项特性用非线性失真系数表示，希望该失真系数不超过（1～3）%，有时要求低至0.1%。

（5）输出电压

输出电压必须能连续或步进调节，幅度应在0～6 V范围内连续可调。

（6）输出功率

某些低频信号发生器要求有功率输出，以提供负载所需要的功率。输出功率一般为0.5～5 W连续可调。

（7）输出阻抗

对于需要功率输出的低频信号发生器，为了与负载完美地匹配以减小波形失真和获得最大输出功率，必须有匹配输出变压器来改变输出阻抗以获得最佳匹配，如 50 Ω、75 Ω、150 Ω、600 Ω和1.5 kΩ等几种。

（8）输出形式

低频信号发生器的输出形式有平衡输出与不平衡输出。

3．低频信号发生器的基本操作

低频信号发生器虽然型号很多，但是除频率范围、输出电压和功率大小等有些差异外，它们的基本测试方法和应用范围是相同的。下面介绍低频信号发生器的面板装置、测试步骤与技巧等方面的一些共性内容，以便于使用者在此基础上适应各种不同型号的低频信号发生器。

1）面板装置

一般低频信号发生器面板上所具有的控制装置有频段（频率倍乘）开关、频率调节（调谐）度盘、频率微调旋钮、输出调节旋钮、衰减选择开关、输出阻抗选择开关、内部负载开关、电压输出插座、功率输出接线柱、电压表量程开关、电压表输入接线柱、电压表头、电源开关与指示灯等。现分别介绍如下。

（1）频段开关

频段开关也称为频率倍乘开关，通常有 4 挡：20～200 Hz（或×1），200 Hz～2 kHz

（或×10），2～20 kHz（或×100），20～200 kHz（或×1 000）。

（2）频率调节度盘

频率调节度盘也称为调谐旋钮。这是各频段内连续调节频率用的。有些仪器的 4 个频段分别对应 4 条刻度；有些仪器是一条刻度对应 4 个频段，用倍乘数计算频率值。

（3）频率微调（%）旋钮

有些仪器上具有该装置，它是对输出信号频率进行微调的旋钮。现以刻度上标有 ±1.5%Hz 符号的频率微调（%）旋钮为例，对于某一个特定频率点而言，如 1 000 Hz 频率点，微调范围为±15 Hz；100 Hz 频率点，微调范围为±1.5 Hz。

（4）输出调节旋钮

输出调节旋钮用于连续调节输出信号（电压、功率）的大小。

（5）衰减选择开关

输出信号衰减值通常用分贝（dB）表示。有些仪器有个位数（0～10 dB）和十位数（10～90 dB）两个衰减选择开关，此种情况下的实际输出信号衰减数为两开关读数之和；有些仪器只有一个衰减选择开关，此种情况下的衰减数一般仅有 0 dB（衰减倍数为 1）、20 dB（衰减倍数为 10）、40 dB（衰减倍数为 100）、60 dB（衰减倍数为 1 000）和 80 dB（衰减倍数为 10 000）数挡。后一种情况的衰减选择开关往往是与输出阻抗选择开关合二为一的。

（6）输出阻抗选择开关

输出阻抗选择开关通常具有若干个挡级。供选用的输出阻抗 8 Ω、50 Ω、75 Ω、150 Ω、600 Ω和 5 kΩ等。一般仪器根据各自的应用场合，均配备有若干挡阻抗值供选用。

（7）内部负载开关

有些仪器上备有此开关，它有通、断两挡。置于通挡时，机内负载电阻（通常是 600 Ω）与输出变压器次级抽头相连接。这种情况主要用于信号发生器外接负载为高阻抗状态（如外接示波器、电子电压表或高输入阻抗电路等）时。如果外部负载正好为 600 Ω，输出阻抗选择开关应置于 600 Ω挡，而内部负载开关应置于断挡。如果外部负载为 8 Ω、50 Ω、75 Ω、150 Ω或 5 kΩ等，输出阻抗选择开关应置于相应的阻抗挡级，内部负载开关也应置于断挡。

（8）输出端

一般低频信号发生器都具有两个输出端子：一个是电压输出插座，它通常输出 0～5 V 的小失真正弦信号电压，另一个是功率输出接线柱（有输出Ⅰ、输出Ⅱ、中心端和接地 4 个接线柱）。当用短路片连接输出Ⅱ和接地柱时，信号发生器输出为不对称（不平衡式）；当中心端和接地柱相连接时，信号发生器输出为对称式（平衡式）。两种不同的接法具体如图 1-22 所示。

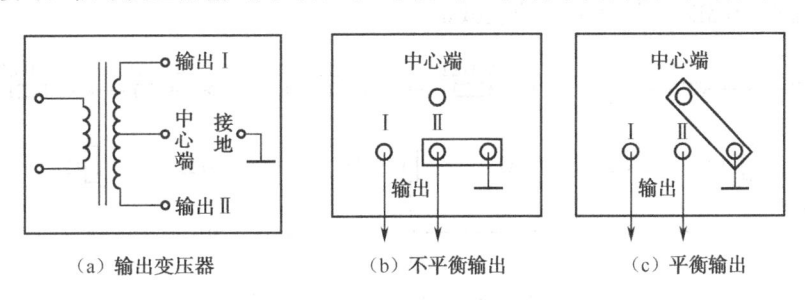

(a) 输出变压器　　(b) 不平衡输出　　(c) 平衡输出

图 1-22 低频信号发生器功率输出端及其接法

（9）电压表量程开关

有些信号发生器（如 XFD-7A 型等）的电压指示电路可单独作为电子电压表使用，通常设有若干挡量程（如 15 V、30 V、75 V、150 V 等）供选用。

（10）电压表输入接线柱

信号发生器中凡单独作为电子电压表使用的指示电路，均具有电压表输入接线柱。当测量信号发生器自身输出电压时，要用一根导线连接信号发生器的输出接线柱I（仅测量不平衡电压）。如果测量外界电压，外界电压由此接线柱和信号发生器的接地接线柱输入。

（11）电压表头及其刻度

电压表表头上有对应不同量程的刻度线若干条，有些信号发生器（如 XD-7A 型等）的电压表是读测衰减电路之前的电压值的，输出端电压值的计算要计入衰减分贝数。这一点在使用中一定要注意区分。

（12）电源开关和指示灯

2）测试步骤

（1）准备工作

先把输出调节旋钮置于逆时针旋到底的起始位置，然后开机预热片刻，在仪器稳定工作后使用。

（2）选择频率

根据测试需要调节频段开关于相应的挡级；调节频率调节度盘于相应的频率点上。例如，需要获得频率为 1 000 Hz 的正弦信号，频段开关应置于×10 挡（也有标 200~2 000 Hz 挡的），频率调节度盘应置于 100 Hz 刻度点频率，即为 100 Hz×10=1 000 Hz。在具有频率微调（%）旋钮的信号发生器上，通常该旋钮应置于零位置。

（3）输出阻抗的配接

应根据外接负载电路的实际负载值具体考虑。

若被测电路的实际输入阻抗值与信号发生器的输出阻抗选择开关有对应数值，则信号发生器的输出阻抗选择开关应置于相对应（阻抗值相等或相近）的挡级，以获得最佳负载输出，即获得功率大而失真小的输出信号。

如果信号发生器的输出阻抗与负载阻抗失配过大，则将引起输出信号的较大失真。若被测电路的输入阻抗与信号发生器的输出阻抗挡级不相符，则应在信号发生器的功率输出端与被测电路输入端之间接入阻抗变换电路。

如图 1-23 所示的阻抗匹配电路实例中，列举了 3 种由电阻组成的不平衡式匹配电路，这 3 种电路还有 20 dB（即 10 倍）的衰减量。

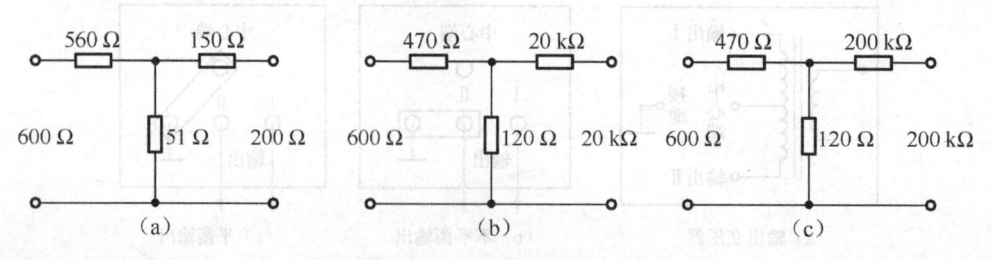

图 1-23 阻抗匹配电路

(4)输出电路形式的选择

根据外接负载电路是不对称(不平衡)输入还是对称(平衡)输入,用输出短路片变换信号发生器输出接线柱的接法,可获得不对称(不平衡)输出或对称(平衡)输出。

(5)输出电压的调节和测读

调节输出电压旋钮,可以连续改变输出信号的大小。输出电压的大小可由信号发生器的电压表读数、输出阻抗选择开关和衰减选择开关的挡级决定。一般在改变信号频率后,应重新调整输出电压的大小。

1.3.2 函数信号发生器

1. 函数信号发生器概述

函数信号发生器一般都使用 LCD 显示、微处理器(CPU)控制,其函数信号有正弦波、三角波、方波、锯齿波和脉冲五种不同的波形。信号频率可调范围为 0.1 Hz~2 MHz,分 7 个挡级,频率段、频率值和波形选择均由 LCD 显示。信号的最大幅度可达 $20V_{p-p}$。脉冲的占空比系数为 10%~90%连续可调,5 种信号均可加±10 V 的直流偏置电压。函数信号发生器具有 TTL 电平的同步信号输出、脉冲信号反向及输出幅度衰减等多种功能。除此以外,它还能外接计数输入,作为频率计数器使用,其频率范围为 10 Hz~10 MHz(50、100 MHz[根据用户需要])。计数频率等功能信息均由 LCD 显示,发光二极管指示计数闸门、占空比、直流偏置和电源,读数直观、方便、准确。如图 1-24 所示为函数信号发生器的实物图。

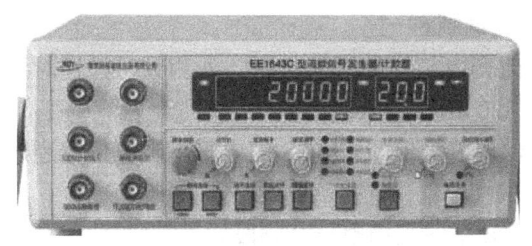

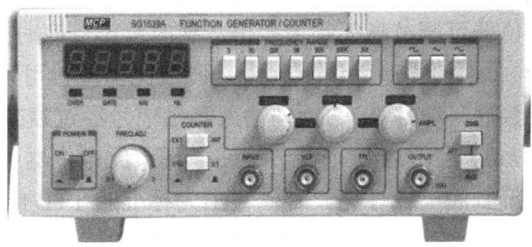

图 1-24 函数信号发生器的实物图

2. EE1640C 型函数信号发生器面板

函数信号发生器有多种型号,面板形状也各不相同,但其结构与功能大同小异。要想熟练掌握函数信号发生器的使用,首先应该了解函数信号发生器面板上各个旋钮的功能。本书以 EE1640C 型函数信号发生器为例进行说明,该发生器的面板如图 1-25 所示。

1)功能介绍

① 频率显示窗口:显示输出信号的频率或外测频信号的频率。
② 幅度显示窗口:显示输出信号的幅度。
③ 频率微调电位器:调节此旋钮可改变输出频率的 1 个频程。

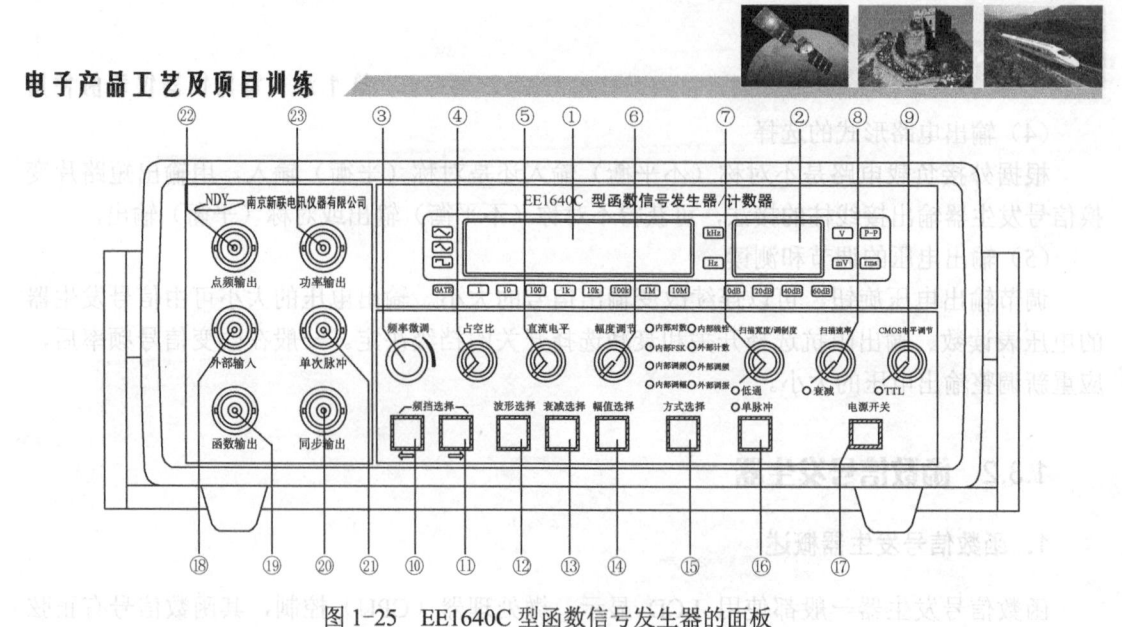

图 1-25　EE1640C 型函数信号发生器的面板

④ 输出波形占空比调节旋钮：调节此旋钮可改变输出信号的对称性。当电位器处在中心位置时，则输出对称信号。当此旋钮关闭时，也输出对称信号。

⑤ 函数信号输出直流电平调节旋钮：调节范围为-10 V～+10 V（空载），-5 V～+5 V（50Ω负载）。当电位器处在中心位置时，则为 0 电平。当此旋钮关闭时，也为 0 电平。

⑥ 函数信号输出幅度调节旋钮：调节范围为 20 dB。

⑦ 扫描宽度/调制度调节旋钮：调节此电位器可调节扫频输出的频率宽度。外测频时，逆时针旋到底（绿灯亮），为外输入测量信号经过低通开关进入测量系统。调频时，调节此电位器可调节频偏范围；调幅时，调节此电位器可调节调幅调制度；FSK 调制时，调节此电位器可调节高低频率差值，逆时针旋到底时为关调制。

⑧ 扫描速率调节旋钮：调节此电位器可以改变内扫描的时间长短。外测频时，逆时针旋到底（绿灯亮），为外输入测量信号经过衰减"20 dB"进入测量系统。

⑨ CMOS 电平调节旋钮：调节此电位器可以调节输出的 CMOS 的电平。当电位器逆时针旋到底（绿灯亮）时，输出为标准的 TTL 电平。

⑩ 左频段选择按钮：每按一次此按钮，输出频率向左调整一个频段。

⑪ 右频段选择按钮：每按一次此按钮，输出频率向右调整一个频段。

⑫ 波形选择按钮：可选择正弦波、三角波、脉冲波输出。

⑬ 衰减选择按钮：可选择信号输出的 0 dB、20 dB、40 dB、60 dB 衰减的切换。

⑭ 幅值选择按钮：可选择正弦波的幅度显示的峰-峰值与有效值之间的切换。

⑮ 方式选择按钮：可选择多种扫描方式、多种内外调制方式及外测频方式。

⑯ 单脉冲选择按钮：控制单次脉冲输出，每按动一次此按钮，单次脉冲输出电平翻转一次。

⑰ 整机电源开关：此按键按下时，机内电源接通，整机工作；此按键释放为关掉整机电源。

⑱ 外部输入端：当方式选择按钮⑮选择为外部调制方式或外部计数时，外部调制信号或外测频信号由此输入。

⑲ 函数输出端：输出多种波形受控的函数信号，输出幅度为 20 V_{p-p}（空载），10 V_{p-p}（50Ω负载）。

⑳ 同步输出端：当 CMOS 电平调节旋钮⑨逆时针旋到底时，输出标准的 TTL 幅度的脉冲信号，输出阻抗为 600 Ω；当 CMOS 电平调节旋钮打开时，则输出 CMOS 电平脉冲信号，高电平在 5～13.5 V 范围内可调。

㉑ 单次脉冲输出端：单次脉冲输出由此端口输出。

㉒ 点频输出端（选件）：提供 50 Hz 的正弦波信号。

㉓ 功率输出端（选件）：提供≥10 W 的功率输出。

2）主要性能指标

（1）函数发生器

函数发生器用于产生正弦波、三角波、方波、锯齿波和脉冲波。

① 函数信号频率范围和精度。

频率范围：由 0.1 Hz～2 MHz 分 7 个频率挡级用 LCD 显示，各挡级之间有很宽的覆盖度，如表 1-5 所示为频率挡级与频率范围的关系。

表 1-5　频率挡级与频率范围的关系

频率挡级	1	10	100	1 k	10 k	100 k	1M
频率范围（Hz）	0.1～2	1～20	10～200	100～2 k	1k～20 k	10 k～200 k	100 k～2 M

频率精度：±（1 个字±时基精度）。

② 正弦波失真度：10～30 Hz，＜3%；30 Hz～100 kHz，≤1%。

③ 方波响应：前沿/后沿≤100 ns（开路）。

④ 同步输出信号的幅度与前沿。

a. 幅度（开路）：≥3 V_{p-p}。

b. 前沿：T_r≤35 ns。

⑤ 最大输出幅度（开路）。

a. F<1 MHz 时，最大输出幅度≥20 V_{p-p}；

b. 1 MHz≤F≤2 MHz 时，最大输出幅度≥16 V_{p-p}。

⑥ 直流偏置（开路），最大直流偏置为±10 V。

⑦ 输出阻抗 Z，Z_o=50±5 Ω。

⑧ 占空比：脉冲的占空比与锯齿波的上升、下降沿可连续变化，其变化范围为 10%～90%。

⑨ 压空振荡（VCF）：外加直流电压在 0～+5 V 之间变化时，对应的频率变化为 100∶1。

（2）频率计数器

LCD 显示计数频率，发光二极管指示：闸门、占空比、直流偏置和电源。

① 计数器频率范围。

a. 计数输入（COUNT.IN）：10 Hz～10 MHz（50、100 MHz）。

b. 函数信号输出（OUTPUT）：0.1 Hz～2 MHz。

② 闸门时间：0.01 s、0.1 s、1 s、10 s，由 CPU 自动控制。

③ 计数精度：±（1个字±时基误差）。时基误差为 10 MHz±50 ppM（10 ℃、40 ℃）。

④ 计数器输入灵敏度（衰减器置 0 dB）。

正弦波：10 Hz～10 MHz，≥30 mV（rms）；

10 MHz～100 MHz，≥60 mV（rms）。

⑤ 最大计数电压幅度。

a. "ATT" 置衰减比 "0 dB"，最大正弦波计数输入为 1 V（rms）。

b. "ATT" 置衰减比 "30 dB"，最大正弦波计数输入为 5 V（rms）。

⑥ 最大允许输入电压为 400 V（DC+peak AC）。

⑦ 频率计数器输入阻抗（AC 耦合）。

电阻分量约为 500 kΩ。

并联电容约为 100 pF。

3．EE1640C 型函数信号发生器的基本操作

（1）首先将电源线插入本机后面板上的电源插座内，然后按下电源开关[POWER]，仪器面板右下角的 "电源指示灯" 亮，LCD 上有显示，待预热 5 分钟后仪器就能稳定工作。

（2）按下⑫进行正弦波、三角波和脉冲波的输出选择，根据使用的需要选择输出波形。

（3）按下⑩、⑪中的一个按键，选择频率范围段。

（4）调节③，使其输出一个和需要信号频率符合的频率。

（5）根据所需要的电压幅值，按下⑬，使得信号输出在 0 dB、20 dB、40 dB、60 dB 中切换。

（6）调节幅度控制器⑥到所需要的信号幅度。

（7）其他根据需要进行适当调节。

4．EE1640C 型函数信号发生器的输出端电缆

1）50 Ω 主函数信号输出

（1）以终端连接 50 Ω 匹配器的测试电缆，由前面板插座⑲输出函数信号。

（2）由频段选择按钮⑩和⑪选定输出函数信号的频段，由频率调节器调整输出信号频率，直到得到所需的工作频率值。

（3）由波形选择按钮⑫选定输出函数的波形，分别获得正弦波、三角波、脉冲波。

（4）由信号幅度选择器⑬和⑥选定和调节输出信号的幅度。

（5）由信号电平设定器⑤选定输出信号所携带的直流电平。

（6）输出波形占空比调节旋钮④可改变输出脉冲信号的占空比。与此类似，输出波形为三角波或正弦波时可使三角波变为锯齿波，正弦波变为正与负半周分别为不同角频率的正弦波，且可移相 180°。

2）同步输出

（1）以测试电缆（终端不加 50 Ω 匹配器），由同步输出端⑳输出 TTL/CMOS 脉冲信号。

(2) CMOS 电平调节旋钮⑨逆时针旋到底,同步输出端⑳输出 TTL 标准电平。CMOS 电平调节旋钮⑨顺时针旋转,可调节 CMOS 电平输出幅度,低电平≤4.5 V,高电平为 5~13.5 V 可调。

3)单次脉冲输出

(1) 以测试电缆(终端不加 50 Ω 匹配器),由单次脉冲输出端㉑输出单次脉冲信号。

(2) 输出信号低电平≤0.5 V,高电平≥3.5 V。单次脉冲选择按钮⑯,每按一次,单次脉冲输出的电平翻转一次。

4)点频输出

(1) 以测试电缆(终端不加 50 Ω 匹配器),由点频输出端㉒输出信号。

(2) 输出频率为 50 Hz 的正弦波信号。

5)功率输出

(1) 以双夹电缆(终端加 4 Ω 负载),由功率输出端㉓输出功率信号。

(2) 输出功率≥10 W(4 Ω 负载)的正弦波信号。

6)内扫描、内调制信号输出

(1) 方式选择按钮⑮选定为内扫描或内调制方式。

(2) 分别调节扫描宽度调节旋钮⑦和扫描速率调节旋钮⑧获得所需的内扫描或调制信号输出。

(3) 函数输出插座⑲、同步输出插座⑳均输出相应的内扫描或调制信号。

7)外调制信号输出

(1) 方式选择按钮⑮选定为外部调制方式。

(2) 由外部输入插座⑱输入相应的控制信号,即可得到相应的受控调制信号,并由函数输出端⑲输出。

项目训练3 信号发生器的正确使用

工作任务书如表 1-6 所示,技能实训评价表如表 1-7 所示。

表 1-6 工作任务书

章节	第 1 章 常用仪器仪表的使用		任务人	
课题	信号发生器的正确使用		日期	
实践目标	知识目标	① 了解信号发生器的面板结构与功能 ② 熟悉信号发生器的工作原理 ③ 掌握信号发生器的操作方法		
	技能目标	① 熟练掌握信号发生器的幅值与频率调节 ② 掌握低频信号发生器的应用 ③ 学会函数信号发生器的操作方法		

续表

实践内容	器材与工具	模拟示波器、低频信号发生器和函数信号发生器
	具体要求	① 熟悉面板，会基本调节 ② 调节函数信号发生器输出不同波形、不同电压与频率的信号，并用示波器观察 ③ 操作低频信号发生器输出不同的电压与频率信号，并用示波器观察
具体操作		
注意事项		① 输出端口有多个，要根据需要选择接口位置 ② 信号发生器与示波器应该要并联连接，并接地在同一点 ③ 信号发生器的输出端口不能短路，否则易烧坏仪器 ④ 信号发生器的输出信号是有效值，而示波器观察到的信号是峰值，要注意换算

表 1-7　技能实训评价表

评价项目：信号发生器的正确使用				日期			
班级		姓名		学号		评分标准	
序号	项目	考核内容	配分	优	良	合格	不合格
1	熟悉面板	① 能了解各部分按钮的作用及性能 ② 会基本操作	10				
2	调节前准备	① 输出探头位置不能接错 ② 正确选择"方式选择"	10				
3	波形选择	① 波形选择正确 ② "占空比、直流电平、扫描宽度"等位置选择正确	20				
4	频率调节	① 粗调范围适当 ② 微调位置正确	20				
5	电压幅值调节	① 正确选择衰减 ② 幅值调节适当	20				
6	安全文明操作	① 工作台上工具排放整齐 ② 完毕后整理好工作台面 ③ 严格遵守安全操作规程	20				
	合计		100	自评（40%）		师评（60%）	
教师签名							

1.4　直流稳压源、晶体管毫伏表的正确使用

直流稳压源是一种将 220 V 工频交流电转换成稳压输出的直流电压的装置，它需要经过变压、整流、滤波、稳压四个环节才能完成。

晶体管毫伏表是用于测量正弦交流电电压有效值的常用仪表，它具有高灵敏度、高输入阻抗及高稳定性，频率范围很宽，弥补了万用表的不足。

在实验室或电子工艺室里，这两台仪器也是常用和必备的仪器。

1.4.1 直流稳压源

直流稳压源是实验室中最常使用的直流电源，它可以将 220 V/50 Hz 的正弦交流电变换成直流电。该电源具有步进换挡和电压连续可调功能；当输出的直流电流超过最大允许值时，可进行自动载流保护；该电源内阻极小，可作为恒压源使用。该电源输出的额定电压为 0~30 V（3 V 步进、共分 10 挡），额定电流为 0~2 A。如图 1-26 所示为直流稳压源的实物图。

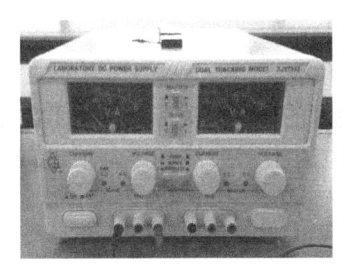

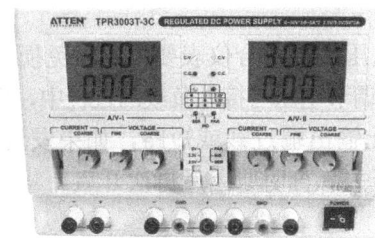

图 1-26 直流稳压源的实物图

1. JC2733D 型直流稳压源面板

下面以 JC2733D 型直流稳压源为例介绍各旋钮的功能，如图 1-27 所示。

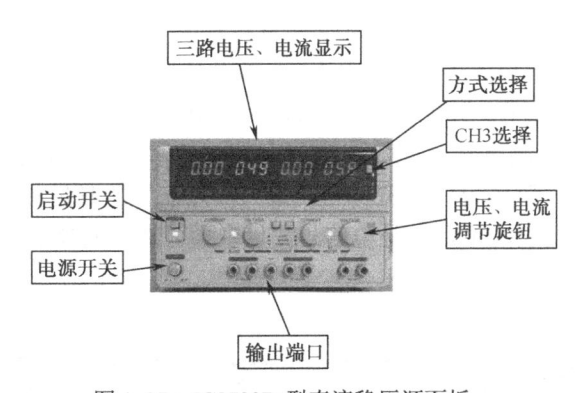

图 1-27 JC2733D 型直流稳压源面板

其功能介绍如下。

（1）电源开关：将电源开关按键按下，即为"开"状态，电源、电压指示灯亮。

（2）启动开关：启动开关按键弹出仅为有显示、无输出状态。

（3）电压、电流显示：分别显示 CH1（或 CH3）、CH2 通道的电压与电流数值。

（4）电压、电流调节旋钮：顺时针调节，电压（或电流）由小变大。

（5）输出端口：有三路输出，CH1、CH2 分别可以输出 0~30 V 的电压，CH3 可输出固定电压 5 V。

电子产品工艺及项目训练

（6）方式选择：电源独立、组合控制开关与电源串联、并联选择开关。

2. 直流稳压源的基本操作

（1）按下电源开关，电压、电流调节旋钮调至中间位置，方式选择按钮弹出，电压指示灯亮。

（2）调节电压、电流调节旋钮使其显示所需要的电压（或电流）值。

（3）输出端口接入电路中，检查无误后，按下启动开关，启动开关指示灯亮，此时有电压输出。

（4）当输出电压需要正负电源共同使用时，可以串联 CH1、CH2 端口使用。

（5）当输出电压为+5 V 固定电压时，可以启动 CH3 端口。

3. 使用注意事项

（1）通电前检查供电电压是否符合仪表要求，以免损坏仪表。

（2）打开电源开关，在调节电压与接入负载的过程中，电源的启动开关应处于关闭状态。

（3）在使用中，应防止输出端过载或短路，如果发现电压指示突然为零，或过载保护灯亮时，应立即关闭电源开关，查明原因后再次开启。

1.4.2 晶体管毫伏表

测量交流电压，你自然会想到用万用表，可是有许多交流电用普通万用表是难以测量的，因为交流电的频率范围很宽，如高到数千 MHz 的高频信号，低到几赫兹的低频信号，而万用表则是以测 50 Hz 交流电的频率为标准进行设计生产的；其次，有些交流电的幅度很小，甚至可以小到毫微伏，因此再高灵敏度的万用表也无法测量。另外，交流电的波形种类多，除了正弦波外，还有方波、锯齿波和三角波等，因此上述这些交流电必须用专门的电子电压表来测量，如 ZN2270 型超高频毫伏表、DW3 型甚高频微伏表、DA—16 型晶体管毫伏表等。

晶体管毫伏表是用于测量正弦交流电电压有效值的常用仪表。它具有高灵敏度和高输入阻抗，并且稳定性高、频率范围很宽，它的最大优点在于能测量频率为 20 Hz～500 MHz 的交流信号，弥补了万用表的不足，是电信号测量中不可缺少的仪器。如图 1-28 所示为晶体管毫伏表的实物图。

（a）DW3 型甚高频微伏表　　（b）ZN2270 型超高频毫伏表　　（c）DA—16 型晶体管毫伏表

图 1-28　晶体管毫伏表的实物图

1. GVT-417B 型晶体管毫伏表的面板

下面以 GVT-417B 型晶体管毫伏表为例介绍各旋钮的功能，如图 1-29 所示。

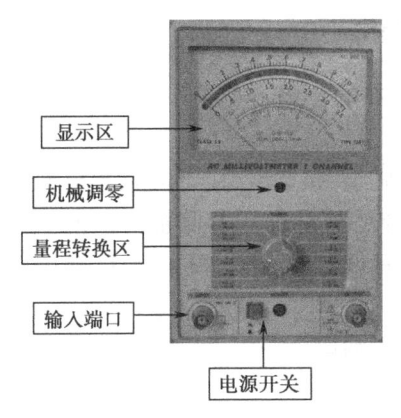

图 1-29　GVT-417B 型晶体管毫伏表面板

1）量程转换区

量程开关共分 1 mV、3 mV、10 mV、30 mV、100 mV、300 mV、1 V、3 V、10 V、30 V、300 V 十一个挡级。量程开关所指示的电压挡为该量程最大的测量电压。为减少测量误差，应将量程开关放在合适的量程，以使指针偏转的角度尽量大。如果测量前，无法确定被测电压的大小，量程开关应由高量程挡逐渐过渡到低量程挡，以免损坏设备。

2）数值读取

一般指针式表盘的晶体管毫伏表有三条刻度线，其中第一条和第二条刻度线指示被测电压的有效值。当量程开关置于"1"打头的量程位置时（如 1 mV、10 mV、0.1 V、1 V、10 V），应该读取第一条刻度线；当量程开关置于"3"打头的量程位置时（如 3 mV、30 mV、0.3 V、3 V、30 V、300 V），应读取第二条刻度线。晶体管毫伏表的刻度面板如图 1-30 所示。

例如，当量程开关指在"10"挡位时，用第一条刻度线读数，满度 10 读作 10 V，其余刻度均按比例缩小，若指针指在刻度 6 处，即读作 6 V；当量程开关指在"3"挡位时，用第二条刻度线读数，满度 3 读作 3V，其余刻度也均按比例缩小。

图 1-30　晶体管毫伏表的刻度面板

晶体管毫伏表的第三条刻度线用来表示测量电平的分贝值，它的读数与上述电压读数不同，是以表针指示的分贝读数与量程开关所指的分贝数的代数和来表示读数的。例如，量程开关置于+10 dB(3 V)，表针指在-2 dB 处，则被测电平值为+10 dB+(-2 dB)=8 dB。

2. 技术指标

（1）电压测量范围：100 μV～300 V。

（2）测量电平范围：-60 dB～+50 dB。

（3）频率范围：5 Hz～2 MHz。

（4）量程开关：编码开关360°通转。

3．晶体管毫伏表的基本操作

（1）通电前先观察表针停在的位置，如果不在表面零刻度，则需调整电表指针的机械零位。

（2）将量程开关置于高量程挡，接通电源，通电后预热5 min后使用，可保证性能可靠。

（3）根据所测电压选择合适的量程。若测量电压未知大小，应将量程开关置于最大挡，然后逐级减少量程，以表针偏转到满度2/3以上为宜，然后根据表针所指刻度和所选量程确定电压读数。

（4）将需要测量的信号接入端口。

4．使用注意事项

（1）接通电源前，应将晶体管毫伏表的测量输入端短接，或将挡位置于较大的电压挡（10 V以上）。

（2）不可以用低电压挡测量高于该挡的电压值。

（3）测量时，被测电压的直流分量应不大于250 V。

（4）测试时，仪器或电路的地线应与晶体管毫伏表的地线接在一起，使用的连接要短，最好使用屏蔽线。

（5）测量电压时，应首先接地线，再接另一根线，以免因感应电压使仪表过载，测量完毕应按照相反的次序取下。

（6）使用晶体管毫伏表测量较高电压时，一定要注意安全，尽量避免接触可能产生漏电的地方。

（7）只有在保证被测信号是标准正弦波时，才不需要示波器并联检测。否则，一定要用示波器监视被测波形，以保证其是正弦波。这样，测量的结果才有意义。

项目训练4 稳压源、毫伏表的正确使用

工作任务书如表1-8所示，技能实训评价表如表1-9所示。

表1-8 工作任务书

章节	第1章 常用仪器仪表的使用		任务人	
课题	稳压源、毫伏表的正确使用		日期	
实践目标	知识目标	① 了解直流稳压源与晶体管毫伏表的面板结构与功能 ② 能描述直流稳压源的作用及性能 ③ 能描述晶体管毫伏表的作用及性能		
	技能目标	① 能掌握直流稳压源的操作方法 ② 能掌握晶体管毫伏表的操作方法		

续表

实践内容	器材与工具	① 直流稳压源、晶体管毫伏表各一台 ② 测量用电路板一块
	具体要求	① 熟悉稳压源的面板并会操作 ② 熟悉晶体管毫伏表的面板并会操作
具体操作		
注意事项		① 稳压源的输出端口不能短路连接，否则电源将烧坏 ② 在稳压源接线过程中，应将"预置/输出"按钮放在无输出状态下进行操作 ③ 晶体管毫伏表的输入端有一端是接地的，在测量电压时，应与被测电路的公共接地点相连接 ④ 测量完毕后，晶体管毫伏表必须将"测量范围"旋钮置于最大量挡，然后关掉电源

表1-9 技能实训评价表

评价项目：稳压源、毫伏表的正确使用				日期			
班级		姓名	学号	评分标准			
序号	项目		考核内容	配分	优	良	合格	不合格

序号	项目		考核内容	配分	优	良	合格	不合格
1	稳压源	熟悉面板	了解稳压源各部分位置的作用及性能	10				
2		输出接线	根据不同需要选择不同的输出端口	10				
3		工作方式	正确选择跟踪模式	10				
4		使用方法	正确使用直流稳压源，读取输出电压	10				
5	毫伏表	熟悉面板	了解晶体管毫伏表各部分位置的作用及性能	10				
6		量程选择	量程选择适当，使指针偏转角度尽量超过2/3读数	10				
7		读数	根据量程选择确定读数位置	10				
8		使用方法	能正确使用晶体管毫伏表并能测量数值	10				
9	安全文明操作		① 工作台上工具排放整齐 ② 完毕后整理好工作台面 ③ 严格遵守安全操作规程	20				
	合计			100	自评（40%）		师评（60%）	
教师签名								

1.5 晶体管图示仪、RLC参数测试仪的正确使用

晶体管图示仪是以通用电子测量仪器为技术基础，以半导体器件为测量对象的电子仪器。用它可以测试晶体三极管（NPN型和PNP型）的共发射极、共基极电路的输入特性、

输出特性；测量各种反向饱和电流和击穿电压，还可以测量场效管、稳压管、二极管、单结晶体管、可控硅等器件的各种参数。

RLC 参数测试仪是一种高精度、宽测试范围的阻抗测量仪器，可测量电感、电容、电阻等多种参数，既能适应生产现场高速检验的需要，又能满足实验室高精确度、高稳定度的测量需要。

晶体管图示仪和 RLC 参数测试仪都是测量元器件参数的设备，在实验室或电子工艺室中是不可缺少的仪器设备。

1.5.1 晶体管图示仪

晶体管图示仪是一种能直接显示晶体管各种特性曲线的测试仪器，通过仪器示波管上的标尺刻度可以直接读出被测晶体管的各种参数。

这种仪器不仅可以测试晶体管的特性，还能显示和测量其他半导体管和各种集成电路等的多种特性和参数，而且还可以进行电路特性的测试和研究。它具有显示直观、读测简便和使用灵活多样等特点，因此成为半导体器件的试制和应用、电子电路分析和设计的一种常用仪器。如图 1-31 所示为晶体管图示仪的实物图。

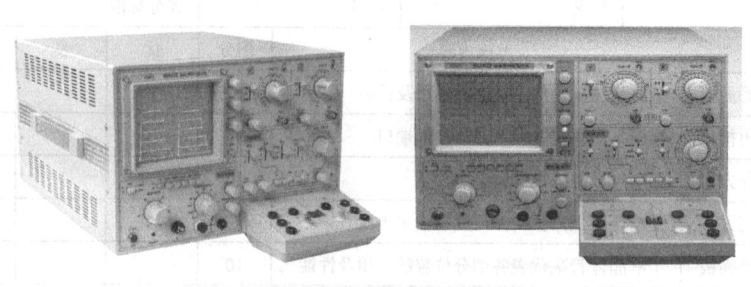

图 1-31 晶体管图示仪的实物图

1. YB4811 型晶体管图示仪面板

下面以 YB4811 型晶体管图示仪为例介绍各旋钮的功能，如图 1-32 所示。

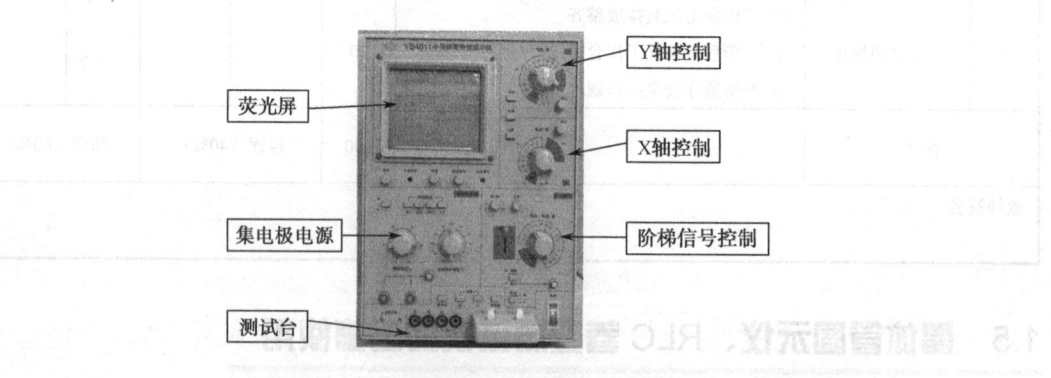

图 1-32 YB4811 型晶体管图示仪面板

（1）显示部分：由荧光屏、聚焦、辅助聚焦、辉度调节和电源开关等组成。
（2）X 轴、Y 轴显示：由电流/度、电压/度、显示开关、垂直位移和水平位移等组成。

(3) 阶梯信号：由电压-电流/级、级/簇、串联电阻、重复-关按钮和极性按钮等组成。

(4) 集电极电源：由极性按钮、峰值电压范围、峰值电压%和功耗限制电阻等组成。

(5) 测试台：由测试选择、左右测试插座和左右测试插孔等组成。

2．晶体管图示仪各旋钮的作用

1)"电压/度"旋钮开关

此旋钮开关是一个具有 4 种偏转作用共 17 挡的旋钮开关，用来选择图示仪 X 轴所代表的变量及其倍率。在测试小功率晶体管的输出特性时，该旋钮置于 V_{CE} 的有关挡。测量输入特性时，该旋钮置于 V_{BE} 的有关挡。

2)"电流/度"旋钮开关

此旋钮开关是一个具有 4 种偏转作用共 22 挡的旋钮开关，用来选择图示仪 Y 轴所代表的变量及其倍率。在测试小功率晶体管的输出特性时，该旋钮置于 I_c 的有关挡。测试输入特性时，该旋钮置于"基极电流或基极源电压"挡（仪器面板上画有阶梯波形的一挡）。

3)"峰值电压范围"开关和"峰值电压%"旋钮

"峰值电压范围"是 5 个挡位的按键开关。"峰值电压%"是连续可调的旋钮。它们的共同作用是用来控制"集电极扫描电压"的大小。不管"峰值电压范围"置于哪一挡，都必须在开始时将"峰值电压%"置于零位，然后逐渐小心地增大到一定值，否则容易损坏被测管子。一个管子测试完毕后，"峰值电压%"旋钮应回调至零。

4)"功耗限制电阻"旋钮

"功耗限制电阻"相当于晶体管放大器中的集电极电阻，它串联在被测晶体管的集电极与集电极扫描电压源之间，用来调节流过晶体管的电流，从而限制被测管的功耗。测试功率管时，一般选该电阻值为 1 kΩ。

5)"基极阶梯信号"旋钮

此旋钮能给基极加上周期性变化的电流信号。每两级阶梯信号之间的差值大小由"阶梯选择毫安/级"来选择。为方便起见，一般选 10 μA。每个周期中阶梯信号的阶梯数由"级/簇"来选择，阶梯信号每簇的级数，实际上就是在图示仪上所能显示的输出特性曲线的根数。阶梯信号每一级毫安值的大小反映了图示仪上所显示的输出特性曲线的疏密程度。

6)"零电压"、"零电流"开关

此开关是对被测晶体管基极状态进行设置的开关。当测量管子的击穿电压和穿透电流时，都需要使被测管的基极处于开路状态。这时可以将该开关设置在"零电流"挡（只有开路时，才能保证电流为零）。当测量晶体管的击穿电流时，需要使被测管的基极、发射极短路，这时可以通过将该开关设置在"零电压"挡来实现。

3. 晶体管图示仪的主要功能

晶体管图示仪可以直接读出被测管的各项参数，通过荧光屏的刻度可以直接观测半导体管的共集电极、共基极和共发射极的输入特性、输出特征、转换特征、β 参数及 α 参数等，并可根据需要，测量半导体管的其他各项极限特性与击穿特性参数，如反向饱和电流 I_{cbo}、I_{ceo} 和各种击穿电压 BV_{ceo}、BV_{cbo}、BV_{ebo} 等，还能测试二极管的正向、反向特性，以及稳压管的稳压或齐纳特性等。

可以在示波管的荧光屏上自动显示同一个半导体管的四种 h 参数，也可以同时进行两个半导体管的四种 h 参数的自动比较或任选的两种 h 参数的自动比较。

4. 晶体管图示仪的基本操作

1）电源的开启

（1）按下电源开关，接通仪器电源。

（2）调节"辉度"、"聚焦"和"辅助聚焦"等旋钮，使光点清晰、亮度适中。

2）仪器的校准

（1）调节旋钮，使光点置于荧光屏坐标刻度的左下角，即 X 轴与 Y 轴的零点，如图 1-33 所示。

（2）调节"Y 轴选择（电流/度）"开关至阶梯信号挡，此时在显示屏上可以看见 11 个光点。

（3）调节调零旋钮，将 11 个光点中最下面的一个光点调至 X 轴与 Y 轴的零点处，即与原来的光点位置重合，如图 1-34 所示。

（4）调节"X 轴选择（电压/度）"开关至阶梯信号挡，方法同上，进行 10°校准。

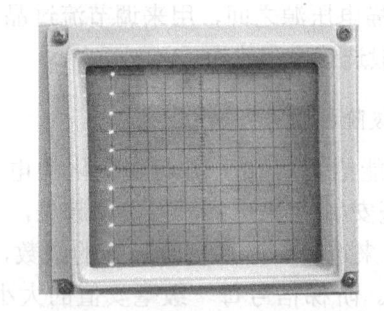

图 1-33　光点调节　　　　　图 1-34　阶梯信号调节

3）β 的测量

现以 S9013 为被测量的晶体管，设 V_{ce}=5 V 为测试条件并进行测量。

（1）各旋钮的初始位置。

集电极电源极性旋钮：正极性。

显示开关：三个开关全部置于凸起位。

转换按钮：使图像在一、三象限内相互转换。
峰值电压范围：0～10 V 挡。
峰值电压%：逆时针到底，即为零。
功耗限制电阻：250 Ω。
电压-电流/级：10 μA/级。
阶梯信号（级/簇）：10 级/簇。
Y 轴选择（电流/度）：1 mA/度。
X 轴选择（电压/度）：1V/度。
基极极性按钮：NPN 型，正极性；PNP 型，负极性。
重复/关按钮：重复。

（2）将被测晶体管 S9013 按电极插入图示仪测试台左边插座的对应插孔内。

（3）顺时针调节"峰值电压%"旋钮，逐渐增大峰值电压，适当调整"Y 轴（电流/度）"开关，使其值为 5 mA/度，此时，在荧光屏可以看到一簇满幅特性曲线，如图 1-35 所示。

图 1-35 满幅特性曲线

（4）读出 X 轴上 V_{ce}=5 V 与满幅特性曲线中最上面一根曲线交点所对应的 Y 轴上 I_c 的值。由图 1-35 可以看出 I_c=5×5.5=27.5（mA）。由于电压-电流/级取值为 10/级，则特性曲线中最上面一根曲线的基极电流为

$$I_b=10 \text{ μA/级} \div 10 \text{ 级}=100 \text{ μA}$$

根据 $\beta=I_c \div I_b$ 得 β=27.5 mA÷100 μA=275。

若被测晶体管为 PNP 型，则只需将集电极电源极性旋钮和基极极性旋钮放在负极性位置，再将显示开关中的转换开关按下，即可做上述测量操作。

> **注意**
>
> 测试完成后即刻将"峰值电压%"旋钮调至逆时针到底，即使峰值电压为零，以防损坏被测晶体管。

4）击穿电压 U_{ces} 的测量

以 S9013 为被测量晶体管进行测量。

（1）各旋钮的初始位置。

集电极电源极性旋钮：正极性。

显示开关：三个开关全部置于凸起位。
转换按钮：使图像在一、三象限内相互转换。
基极极性按钮：NPN 型，正极性；PNP 型，负极。
峰值电压范围：0～500 V 挡（100 V）。
功耗限制：电阻 25 kΩ（或 5 kΩ）。
X 轴选择（电压/度）：10 V/度。
Y 轴选择（电流/度）：0.02 mA/度（20 μA）。

（2）将测试台上的零电流按下并且按住不放，使被测晶体管的基极输入电流为零。

（3）逐渐增大峰值电压，使扫描线自开始沿 Y 轴方向向上折弯超过 5 格停止（超过 5 格是基于被测晶体管可能会出现击穿现象考虑的），荧光屏上有如图 1-36 所示的曲线。

（4）读出曲线在沿 Y 轴方向向上折弯超过 5 格时的 X 轴上的电压值。

U_{ces}=8 度×10 V/度=80 V

即被测晶体管的击穿电压为 80 V。

图 1-36 测量击穿电压

1.5.2 RLC 参数测试仪

1. TH28110 型 RLC 参数测试仪面板

如图 1-37 所示为 RLC 参数测试仪的实物图。

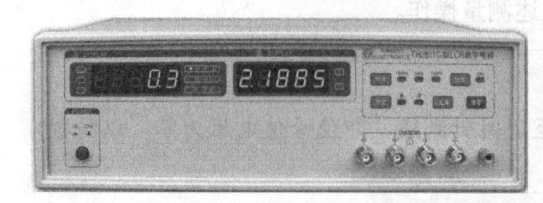

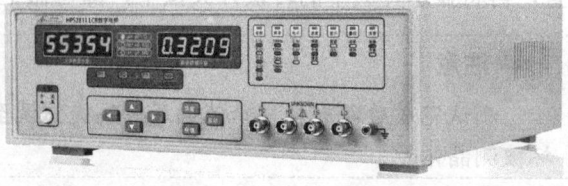

图 1-37 RLC 参数测试仪的实物图

下面以 TH28110 型 RLC 参数测试仪为例介绍各旋钮的功能，如图 1-38 所示。

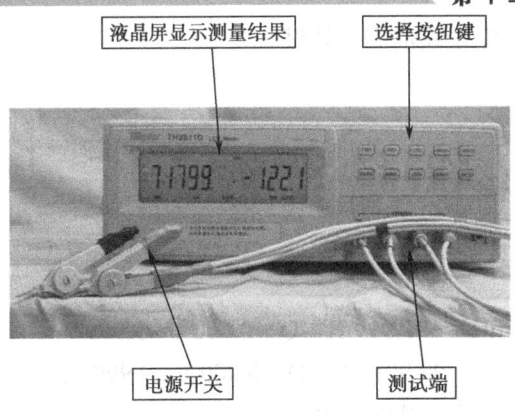

图 1-38　TH28110 型 RLC 参数测试仪面板

2. RLC 参数测试仪各按钮的作用

（1）PARA 键：测量参数选择键，有 L、C、R、Z，副参数有 D、Q（损耗因数、品质因数）。

（2）FREQ 键：频率设定键，有 100 Hz、120 Hz、1 kHz、10 kHz 供选择。

（3）LEVEL 键：电平选择键。测试信号电压有 0.3 V 和 1 V 供选择。

（4）30\100 键：信号源内阻选择键，有 30 Ω 和 100 Ω 两种选择。

在相同的测试电压下，选择不同的信号源内阻，将会得到不同的测试电流。当被测件对测试电流敏感时，测试结果将会不同。

（5）SPEED 键：测量速度选择键，有快速、中速和慢速测试，在一般情况下测试速度越慢，仪器的测试结果越稳定、越准确。

（6）SER\PAR 键：串并联等效方式选择键，有 SER 串联等效电路的模式和 PAR 并联模式。

在电容等效电路中，小容量对应高阻抗，应选择并联方式；相反，大容量对应低阻抗，应选择串联方式。

在电感等效电路中，大电感对应高阻抗，应选择并联方式；相反，小电感对应低阻抗，应选择串联方式。

一般等效电路可根据以下规则选择：大于 10 kΩ 时，选择并联方式；小于 10 Ω 时，选择串联方式；介于上述阻抗之间的，都可以采用。

（7）RANGE 键：量程锁定\自动设定键。量程可在自动和保持之间切换，当量程被保持时，LCR 下方不显示"AUTO"字符；当量程为自动时，显示"AUTO"字符。

> **注意**
>
> 如果在保持状态，量程超过范围，则显示过载标志"-----"。

（8）OPEN 键：开路清零键。它能够清除与被测元件并联的杂散导纳（G、B），如杂散电容的影响。按下（10）键开始清零测试，按下其他键取消清零操作并返回测试状态。

（9）SHORT 键：短路清零键。它能够消除与被测元件串联的残余阻抗，如引线电阻或引线电感的影响。按下（10）键开始短路清零，按下其他键则返回测试状态。

45

(10) ENTER 键：开路\短路清零确认键。

3．主要性能指标

测试参数：L/Q、C/D、R/Q、|Z|/Q。

测试频率：100 Hz、120 Hz、1 kHz、10 kHz。

测试电平：0.3 V_{rms}、1 V_{rms}。

基本准确度：0.20%。

显示范围：L—0.01 μH ～99 999 H，Q—0.000 1～9.999 9；
C—0.01 pF～99 999 μF，D—0.000 1～9 999.9；
R—0.0001 Ω～99.999 MΩ。

测量速度：4～8 次/秒、4～18 次/秒、4～12 次/秒。

等效电路：串联、并联。

量程方式：自动、保持。

清零功能：开路/短路。

测量端：5 端。

显示方式：直读。

4．RLC 参数测试仪的基本操作

（1）按下电源开关，即接通电源。

（2）选择测量对象，反复按动测量参数选择键"PARA"，来确定是测量电阻、电感还是电容等。

（3）选择信号的频率、电平与内阻，反复按动"FREQ"、"LEVEL"、"30\100"键，来确定所需要的频率、电平与内阻。

（4）"SPEED"键放在慢速测试。

（5）"SER\PAR"键：根据测量对象，选择串并联等效方式。

（6）"RANGE"键：选择自动设定。

（7）将被测元件夹在测试两端，从显示屏上可以读出主参数与副参数。

项目训练 5　晶体管图示仪、RLC 参数测试仪的正确使用

工作任务书如表 1-10 所示，技能实训评价表如表 1-11 所示。

表 1-10　工作任务书

章节	第 1 章	常用仪器仪表的使用	任务人
课题	晶体管图示仪、RLC 参数测试仪的正确使用		日期
实践目标	知识目标	① 了解晶体管图示仪的面板结构与功能 ② 了解 RLC 参数测试仪的面板结构与功能 ③ 熟悉晶体管图示仪的测量原理	
	技能目标	① 掌握晶体管图示仪的旋钮操作 ② 学会用晶体管图示仪测量二极管、三极管的特性参数 ③ 掌握 RLC 参数测试仪的按键操作及读数	

续表

实践内容	器材与工具	① 晶体管图示仪、RLC 参数测试仪 ② 测量用电阻、电容、电感,以及二极管、三极管等若干
	具体要求	① 用晶体管图示仪检测二极管、三极管的特性参数 ② 用 RLC 参数测试仪测量电阻、电容和电感的参数
具体操作		
注意事项		① 用晶体管图示仪测量晶体管的击穿电压,在增大"峰值电压%"时,不能使被测晶体管的基极有电流输入,不然会损坏晶体管 ② 晶体管图示仪测试完成后,应即刻将"峰值电压%"旋钮调至逆时针到底,使峰值电压为零,以防损坏被测晶体管 ③ RLC 参数测试仪清零过后如果改变了测试条件,请重新清零 ④ RLC 参数测试仪量程保持时,测试元件大小超出量程测量范围,或超出仪器显示范围也将显示过载标志"-----"

表 1-11 技能实训评价表

评价项目:晶体管图示仪、RLC 参数测试仪的正确使用				日期			
班级		姓名	学号	评分标准			
序号	项目		考核内容	配分	优	良	合格	不合格
1	晶体管图示仪	熟悉面板	了解晶体管图示仪各部分位置的作用及性能	10				
2		打开电源	辉度、聚焦等调节合适	5				
3		校准仪器	水平、垂直位置校准正确	5				
4		初始位置	设置初始位置正确	10				
5		测量放大倍数	① 极性判断正确 ② 会基本操作与读数	10				
6		测量击穿电压	① 各旋钮位置正确 ② 会基本操作与读数	10				
7	RLC 参数测试仪	熟悉面板	了解 RLC 参数测试仪各部分位置的作用及性能	10				
8		量程设置	根据不同需要选择不同的参数设定	5				
9		信号参数设置	根据被测元件参数,选择不同信号的内阻、频率和电压值	5				
10		使用方法	能正确使用 RLC 参数测试仪,并能测量数值	10				
11	安全文明操作		① 工作台上工具排放整齐 ② 完毕后整理好工作台面 ③ 严格遵守安全操作规程	20				
	合计			100	自评(40%)		师评(60%)	
教师签名								

第2章 常用元器件检测工艺

教学目标

类　　别	目　　标
知识要求	① 掌握各元器件的命名方法及材料组成 ② 了解各元器件的特点及用途 ③ 熟知各元器件的测量方法与选用 ④ 理解各元器件在不同电路中的应用
技能要求	① 能够识别各类电子元器件 ② 掌握用万用表检测并判断它们的质量 ③ 熟悉各元器件的作用并会应用
职业素质培养	① 养成良好的职业道德 ② 具有分析问题、解决实际问题的能力 ③ 具有质量、成本、安全和环保意识 ④ 培养良好的沟通能力及团队协作精神 ⑤ 养成细心和耐心的习惯
任务实施方案	① 电阻器的识读与检测 ② 电容器的识读与检测 ③ 电感器的识读与检测 ④ 二极管的识读与检测 ⑤ 三极管的识读与检测 ⑥ 表面组装元器件的识读与检测 ⑦ 电声器件的识读与检测

2.1 电阻器的识读与检测

电子电路中无处不在的元器件就是电阻器。它不仅可以单独使用,还可以和其他元器件一起构成各种功能电路。统计表明,电阻器在一般电子产品中要占到全部元器件总数的35%以上。

2.1.1 电阻器的基本知识

1. 电阻器的基本概念

1)电阻器的定义

物体对电流通过的阻碍作用称为电阻,利用这种阻碍作用制成的元件称为电阻器,简称电阻。

不同材料的物体对电流的阻力是不同的,同时电阻还与物体的长度成正比,且与其横截面积成反比,电阻的计算公式为

$$R=\rho L/S$$

式中 ρ——物体的电阻系数或电阻率;

L——物体的长度(m);

S——物体的横截面积(m^2)。

电阻率与物体材料的性质有关,在数值上等于单位长度、单位面积的物体在20℃时所具有的阻值。相同材料制成的导体,其横截面积越大,阻值越小,反之则越大;长度越长,阻值越大,反之则越小。此外,导体的阻值大小还与温度有关系,对于金属材料,其阻值随着温度的升高而增大;对于石墨和碳,其阻值随温度的升高而减小。

2)电阻器的单位

电阻器的基本单位为欧姆,用符号"Ω"表示。除欧姆外,电阻器的单位还有千欧(kΩ)和兆欧(MΩ)等,常用的级数单位如表2-1所示。

表2-1 常用的级数单位

数量级	10^{15}	10^{12}	10^9	10^6	10^3	1	10^{-3}	10^{-6}	10^{-9}	10^{-12}	10^{-15}
单位	拍	太	吉	兆	千		毫	微	纳	皮	飞
字母	P	T	G	M	K		m	μ	n	p	f

3)电阻器的作用

在电路中,电阻器主要用来控制电压和电流,即起降压、分压、限流、分流、隔离、匹配和信号幅度调节等作用。

在远距离传输电能的强电工程中，电阻器是十分有害的，它消耗了大量的电能。然而在无线电工程中，在电子仪器中，尽管电阻器同样会消耗电能，但在许多情况下，它具有特殊的作用。

4）电阻器的分类

电阻器按结构、外形、材料和用途等可以分成如表 2-2 所示的几种。

表 2-2 电阻器的分类

按结构分	按外形分	按组成的材料分	按用途分
固定电阻器	圆柱形	碳膜电阻器	普通型
可变电阻器（电位器）	管形	金属膜电阻器	精密型
微调电阻器	方形	氧化膜电阻器	功率型
敏感电阻器	片状	合成膜电阻器	高压型
	集成电阻	线绕电阻器	高频型
			保险型

2. 常用电阻器的外形与符号

常用电阻器的外形与符号如表 2-3 所示。

表 2-3 常用电阻器的外形与符号

类型	电路符号	外形图
固定电阻器	—▭—	碳膜电阻器　金属膜电阻器　线绕电阻器　水泥电阻器
可变电阻器		微调电阻器
敏感电阻器		光敏电阻器　热敏电阻器　压敏电阻器　湿敏电阻器

续表

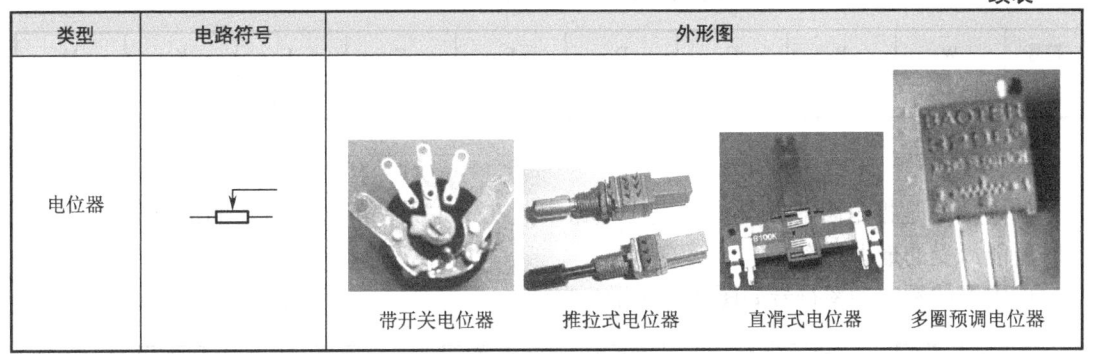

类型	电路符号	外形图
电位器		带开关电位器　推拉式电位器　直滑式电位器　多圈预调电位器

3. 电阻器的主要参数

1）标称阻值

标称阻值通常是指电阻器上标注的阻值。电阻器的规格要求是没有限制的，但工厂生产的电阻器不可能满足使用者对电阻器的所有要求。为了保证使用者能在一定的范围内选择合适的电阻器，就需要按一定的规律科学地设计其阻值。由于工厂商品化生产的需要，所以电阻器产品的规格是按一种特定数列提供的，考虑到技术上和经济上的合理性，目前主要采用 E 系列作为电阻器元件的规格。

电阻器的标称阻值包括 E6、E12、E24、E48、E96 和 E192 系列，它们分别适用于允许偏差为±20%、±10%、±5%、±2%、±1%和±0.5%的电阻器。电阻器的精度越高，制造成本越高，在一般场所，为了节约成本常使用 E6、E12、E24 系列的电阻器。普通电阻器的标称阻值系列如表 2-4 所示。

表 2-4　普通电阻器的标称阻值系列

系　列	偏　差	标称阻值（Ω）
E24	Ⅰ级±5%	1.0、1.1、1.2、1.3、1.5、1.6、1.8、2.0、2.2、2.4、2.7、3.0
		3.3、3.6、3.9、4.3、4.7、5.1、5.6、6.2、6.8、7.5、8.2、9.1
E12	Ⅱ级±10%	1.0、1.2、1.5、1.8、2.2、2.7、3.3、3.9、4.7、5.6、6.8、8.2
E6	Ⅲ级±20%	1.0、1.5、2.2、3.3、4.7、6.8

电阻器的标称阻值应为表 2-4 所列数值的 10^n 倍，其中 n 为正整数、负整数或零。

E48、E96、E192 系列属于精密电阻器的标称阻值系列，其内容较多，读者可自行查阅《电子实用大全》等相关资料。

2）允许偏差

实际阻值与标称阻值之间允许的最大偏差范围叫作阻值的允许偏差，一般用标称阻值与实际阻值之差除以标称阻值所得的百分数表示，又称为阻值误差。

有时允许偏差也可以用文字符号来表示，如表 2-5 所示。

表2-5 文字符号与允许偏差的关系

符号	W	B	C	D	F	G	J	K	M
偏差	±0.05%	±0.1%	±0.2%	±0.5%	±1%	±2%	±5%	±10%	±20%

3）额定功率

额定功率是指电阻器在交流和直流电路中，在一定条件下（如规定的温度下）长期工作时所能承受的最大功率。

电阻器的额定功率符号如图2-1所示。

0.125 W　　0.25 W　　0.5 W　　1 W　　3 W　　5 W

图2-1　电阻器的额定功率符号

2.1.2 电阻器的识读

1. 电阻器的型号

根据我国国家标准规定，电阻器和电位器的型号由四部分组成，如图2-2所示。

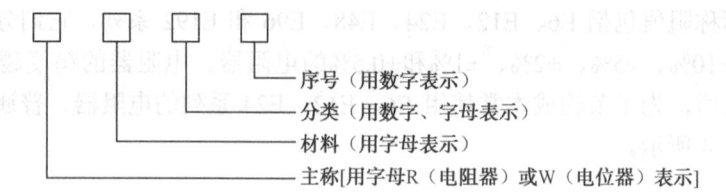

序号（用数字表示）
分类（用数字、字母表示）
材料（用字母表示）
主称[用字母R（电阻器）或W（电位器）表示]

图2-2　电阻器和电位器的型号组成

各部分字母和数字的意义如表2-6所示。

表2-6　电阻器型号命名组成部分的含义

主　称		材　料		分　类		序　号
符号	意义	符号	意义	符号	意义	
R	电阻器	T	碳膜	1	普通	
W、R_P	电位器	P	硼碳膜	2	普通或阻燃	
M	敏感电阻	U	硅碳膜	3	超高阻	
		H	合成膜	4	高阻	用个位数或无数字表示
		I	玻璃釉膜	5	高温	
		J	金属膜	7	精密	
		Y	氧化膜	8	高压	
		S	有机实心	9	特殊	
		N	无机实心	G	高功率	

续表

主　称	材　料		分　类		序　号
	X	线绕	T	可调	用个位数或无数字表示
	C	沉积膜	X	小型	
	G	光敏	L	测量用	
			W	微调	
			D	多圈	

例如：RJ71——精密金属膜电阻器；

　　　WSW1——微调有机实心电位器。

2．电阻器的标注方法

1）直标法

用数字和单位符号在电阻体表面直接标出阻值，用百分比直接标出允许偏差的方法，称为直标法，如图2-3所示。

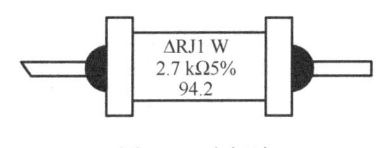

图2-3　直标法

例如：10 kΩ±5%，表示这个电阻的阻值为10 kΩ，偏差为±5%；

　　　5.1 kΩ±10%，表示这个电阻的阻值为5.1 kΩ，偏差为±10%。

2）文字符号标注法

用数字和文字符号有规律的组合，表示标称阻值和允许偏差的方法称为文字符号标注法。阻值的整数部分写在阻值单位标注符号的前面，阻值的小数部分写在阻值单位标注符号的后面，允许偏差用文字符号表示。文字符号标注法如图2-4所示。

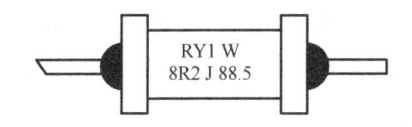

图2-4　文字符号标注法

例如：1R5J，表示这个电阻的阻值为1.5 Ω，偏差为±5%；

　　　2K7D，表示这个电阻的阻值为2.7 kΩ，偏差为±0.5%；

　　　R1F，表示这个电阻的阻值为0.1 Ω，偏差为±1%。

3）数码标注法

用三位数字来表示其阻值大小的统称为数码标注法，其中前两位数字表示阻值的有效

数字，第三位数字表示有效数字后零的个数，但当第三位数字为 9 时，表示倍乘率为 0.1，即 10^{-1}。电阻的默认单位为Ω，其允许偏差通常用字母符号表示。数码标注法如图 2-5 所示。

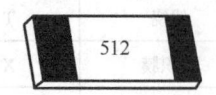

图 2-5 数码标注法

例如：103K，表示这个电阻的阻值为 10 kΩ，偏差为±10%；
　　　222J，表示这个电阻的阻值为 2.2 kΩ，偏差为±5%；
　　　100 表示 10 Ω；221 表示 220 Ω；504 表示 500 kΩ。
　　　当阻值小于 10 Ω时，以×R×表示。

4）色标法（色环标注法）

用不同颜色的色环或点在电阻器表面标出标称阻值和偏差值的方法称为色标法，常用于电阻的标志。国外也有用色环标注电容与电感的。现在，能否识别色环电阻，已是考核电子行业人员的基本项目之一。色环表示的意义如表 2-7 所示。

表 2-7 色环表示的意义

颜色	有效数字	乘数	允许偏差	颜色	有效数字	乘数	允许偏差
黑	0	10^0	—	紫	7	10^7	±0.1%
棕	1	10^1	±1%	灰	8	10^8	—
红	2	10^2	±2%	白	9	10^9	+50%，-20%
橙	3	10^3	—	金	—	10^{-1}	±5%
黄	4	10^4	—	银	—	10^{-2}	±10%
绿	5	10^5	±0.5%	无色	—	—	±20%
蓝	6	10^6	±0.2%				

普通电阻一般用四条色环来表示，第一、二条色环表示有效数字（最靠近电阻端部的色环），第三条色环表示倍乘率，单位为Ω，第四条色环表示允许偏差（通常为金色或银色）。

精密电阻用五条色环来表示，第一、二、三条色环表示有效数字，第四条色环表示倍乘，单位为Ω，第五条色环表示允许偏差（通常最后一条与前面四条之间的距离较大）。色环电阻的表示如图 2-6 所示。

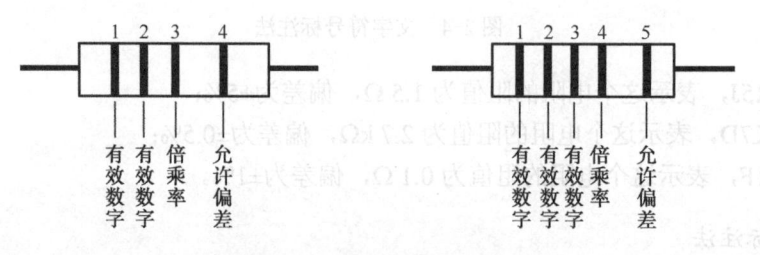

图 2-6 色环电阻的表示

例如：黄紫红银，表示这个电阻的阻值为 4.7 kΩ，偏差为±10%；
　　　绿蓝黑橙棕，表示这个电阻的阻值为 560 kΩ，偏差为±1%。

3．色环电阻识读的技巧

（1）金、银色对于四色环来说，只能出现在色环的第三或第四位置上；对于五色环来说，只能出现在色环的第四位置上，而不能出现在其他位置上。

（2）橙、黄、灰、白一定是第一色（没有误差）。

（3）从色环间的距离看，距离最远的一环是允许偏差环。

（4）从色环距电阻引线的距离看，离引线较近的一环是第一环。

（5）若均无以上特征，且能读出两个电阻值，则可根据电阻的标称系列标准，剔除不在标称阻值系列范围内的值。

（6）若两者都在标称系列范围中，则只能借助于万用表来加以识别。

（7）如果左边读一个数，右边读一个数，两数都在系列标准中，还可以根据电路应用凭经验来判断其阻值。

2.1.3 电位器的基本知识

1．电位器的基本概念

1）电位器的定义

电位器是一种机电元件，它靠电刷在电阻体上的滑动，取得与电刷位移成一定关系的输出电压。

2）电位器的结构

电位器有一个滑动接触端和两个固定端，如图 2-7（a）所示。在直流和低频工作时，电位器可用两个可变电阻串联来模拟，如图 2-7（b）所示。电位器的滑动端和任一固定端间的电阻值，可以从零到标称值间连续变化，电位器的基本用途是用作变阻器和分压器。

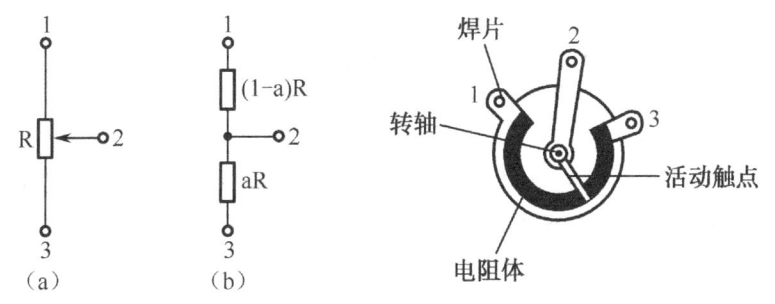

图 2-7　电位器的结构

2．电位器的主要参数

1）标称阻值

标注在电位器上的阻值，其值等于电位器两固定引出线之间的阻值。

2) 允许误差

常见误差等级用Ⅰ、Ⅱ、Ⅲ表示。

3) 动噪声

在外加电压的作用下，电位器的动触点在电阻体上滑动时产生的电噪声称为电位器的动噪声。

4) 额定工作电压

额定工作电压，指电位器在规定的条件下，长期允许承受的最高电压。

5) 电位器的阻值变化规律

电位器在旋转时，其相应的阻值依旋转角度而变化，变化规律有三种不同形式。如图 2-8 所示为电位器阻值变化的特性曲线规律。

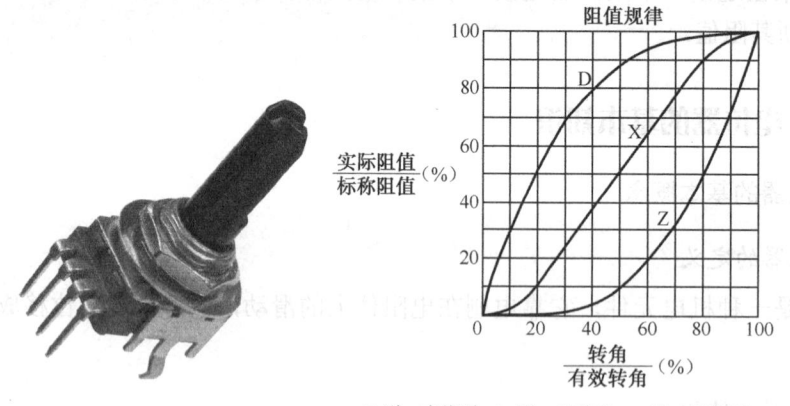

X 型—直线型　D 型—对数型　Z 型—指数型

图 2-8　电位器阻值变化的特性曲线规律

X 型为直线型，其阻值按角度均匀变化。它适用于作分压、调节电流等用，如在电视机中进行场频调整。

Z 型指数型电位器是开始转动时，阻值变化较小，在转角接近最大转角一端时，阻值的变化则比较陡。这种电位器单位面积允许承受的功率不同，阻值较小的一端承受功率较大，适用于音量控制电路。

D 型对数型电位器是开始转动时，阻值变化很大，而在转角接近最大转角一端时，阻值变化比较缓慢。这种电位器适用于要求与指数型电位器相反的电路中，如音调控制电路。

3. 电位器的识读

1) 电位器的型号

在电位器的型号中，其材料代号和类别代号与电阻器有所不同，分别如表 2-8 和表 2-9 所示。

第 2 章 常用元器件检测工艺

表 2-8 电位器材料代号表示的意义

代号	H	S	N	I	X	J	Y	D	F	P	M	G
材料	合成碳膜	有机实心	无机实心	玻璃釉膜	线绕	金属膜	氧化膜	导电塑料	复合膜	硼碳膜	压敏	光敏

表 2-9 电位器类别代号表示的意义

代号	G	H	B	W	Y	J	D	M	X	Z	P	T
类别	高压类	组合类	片式类	螺杆驱动预调类	旋转预调类	单圈旋转精密类	多圈旋转精密类	直滑式精密类	旋转低功率类	直滑式低功率类	旋转功率类	特殊类

2）电位器的标注方法

电位器的标注方法一般采用直标法，即用字母和阿拉伯数字直接将电位器的型号、类别、标称阻值和额定功率等标志在电位器上。目前用得较多的还有数码标注法，其方法同电阻器，可以查看电阻器的介绍。

例如：WH112 470——合成碳膜电位器，阻值为 470 Ω；

WS-3A 220——有机实芯电位器，阻值为 220 Ω。

2.1.4 敏感电阻器的基本知识

敏感电阻器是使用不同材料及工艺制造的半导体电阻器，具有对温度、光照度、湿度、压力、磁通量和气体浓度等非电物理量敏感的性质。通常有热敏、压敏、光敏、湿敏、磁敏、气敏和力敏等不同类型的敏感电阻器。

利用这些敏感电阻器，可以制作用于检测相应物理量的传感器及无触点开关，它们常用于检测和控制相应物理量的装置中，是自动检测和自动控制中不可缺少的组成部分。按输入、输出关系，敏感电阻器可分为"缓变型"和"突变型"两种。

敏感电阻器的种类与符号如表 2-10 所示。

表 2-10 敏感电阻器的种类与符号

名称	热敏电阻	光敏电阻	压敏电阻	磁敏电阻
代号	MT	MG	MY	MC
电路符号	⌀θ	⌀	⌀U	⌀×

1）热敏电阻

热敏电阻通常由单晶或多晶等半导体材料构成，是以钛酸钡为主要原料，辅以微量的锶、钛、铝等化合物加工制成的。它是一种电阻值随温度变化的电阻，可分为阻值随温度升高而减小的负温度系数热敏电阻（MF）和阻值随温度升高而升高的正温度系数热敏电阻（MZ），有缓变型和突变型。它主要用于温度测量、温度控制（电磁灶控温）、火灾报警、气象探空、微

57

波和激光功率测量、在收音机中进行温度补偿，以及在电视机中作为消磁限流电阻。

2）光敏电阻

光敏电阻是将对光敏感的材料涂在玻璃上，引出电极制成的。根据材料不同，可制成对某一光源敏感的光敏电阻。它是利用半导体光敏效应制成的一种元件。其电阻值随入射光线的强弱而变化，光线越强，阻值越小。无光照射时，它呈现高阻抗，阻值可达 1.5 MΩ 以上；有光照射时，材料激发出自由电子和空穴，其电阻值减小，随着光强度的增加，阻值可小至 1 kΩ 以下。例如：可见光敏电阻，主要材料是硫化镉，应用于光电控制；红外光敏电阻，主要材料是硫化铅，应用于导弹和卫星监测等。

3）压敏电阻

压敏电阻是以氧化锌为主要材料制成的半导体陶瓷元件，其阻值随加在两端电压的变化按非线性特性变化。当加在其两端的电压不超过某一特定值时，压敏电阻呈高阻抗，流过的电流很小，相当于开路。当电压超过某一值时，其阻值急骤减小，流过的电流急剧增大。压敏电阻在电子和电气线路中得到较多的应用，主要用于过压保护和用来作为稳压元件。

4）磁敏电阻

磁敏电阻是采用砷化铟或锑化铟等材料，根据半导体的磁阻效应制成的，其阻值随穿过它的磁通量增大而增大。它是一种对磁场敏感的半导体元件，可以将磁感应信号转变为电信号。它主要用于测磁场强度、磁卡文字识别、磁电编码和交直流变换等。

5）力敏电阻

力敏电阻是一种能将力转变为电信号的特殊元件。其阻值随外加应力的变化而变化。它常用于张力计、加速度计和半导体话筒等传感器中。

6）气敏电阻

气敏电阻采用二氧化锡等半导体材料制成。它利用半导体表面吸收某种气体后，发生氧化或还原反应，其阻值随被测气体的浓度而变化。它常用于气体探测器中。抽油烟机上所装的电子鼻，便利用了气敏电阻；测汽车尾气、司机是否喝酒等装置也都利用了气敏电阻。

2.1.5 电阻器的检测

电阻器在使用前要进行检查，检查其性能好坏就是测量其实际阻值与标称值是否相符，以及误差是否在允许范围之内。方法就是用万用表的电阻挡进行测量。

1. 固定电阻器的检测

1）外观检查

对于固定电阻器，首先查看其标志是否清晰，保护漆是否完好，有无烧焦、伤痕、裂痕、腐蚀，以及电阻体与引脚是否紧密接触等。对于电位器，还应检查转轴是否灵活，松紧是否适当，手感是否舒适。有开关的要检查开关动作是否正常。

2）万用表检测

（1）根据被测电阻器标称阻值的大小，将万用表的挡位开关转到适当量程的电阻挡。

（2）对于模拟万用表，要先进行欧姆调零，即两表笔短接，调节欧姆调零旋钮，并且每转换一次量程，都必须重新调零后再使用。

（3）左手拿电阻，右手拿两表笔，将两表笔（不分正负）分别与电阻器的两端相连接，即测出其实际阻值，如图 2-9（a）所示为正确的测量方法。如图 2-9（b）所示为不正确的测量方法。

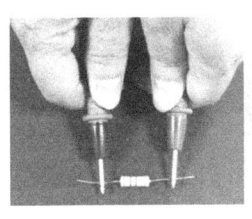

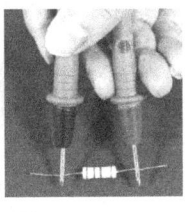

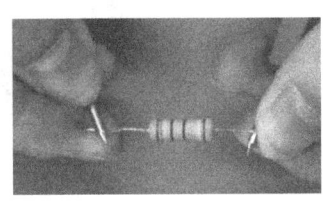

（a）正确　　　　　　　　（b）错误

图 2-9　电阻器的检测

（4）对于模拟万用表，由于电阻挡的示数是非线性的，阻值越大，示数越密，所以应选择合适的量程，使表针偏转角大些，指示于 1/3～2/3 满量程，这样读数才更为准确。

（5）测量实际电阻的值时，要正视面板，读出指针在欧姆刻度线上所指的读数，该读数与所选量程的倍乘率相乘就是实际的阻值。

（6）若测得阻值超过该电阻的误差范围、阻值无限大、阻值为零或阻值不稳，则说明该电阻器已坏。

2. 电位器的检测

1）外观检查

在检测电位器之前，可先转动其旋柄，检查旋柄转动是否平滑，开关是否灵活，开关通断时的"咯哒"声是否清脆，并听一听电位器内部接触点和电阻体摩擦的声音，如有"沙沙"声，则说明质量不好。经确认无问题后，再用万用表对其进行检测。

2）万用表检测

（1）首先测量两固定端之间的阻值是否正常，若为无限大或零，或与标称阻值相差较大，超过误差允许范围，都说明已损坏，如图 2-10（a）所示。

（2）电阻阻值正常，再将万用表的一支表笔接电位器滑动端，另一支表笔接电位器（可调电阻）的任一固定端，缓慢旋动轴柄，观察表针是否平稳变化。

（3）当从一端旋向另一端时，阻值从零变化到标称阻值（或相反），并且无跳变或抖动等现象，则说明电位器正常，如图 2-10（b）所示。

（4）若在旋转的过程中有跳变或抖动现象，说明滑动点的电阻体接触不良。

（5）对于带有开关的电位器，检测时可用万用表的 R×1 挡测开关的两焊片间的通、断情况是否正常，如图 2-10（c）所示。

将电位器的转轴旋至"关"的位置，万用表应显示为无穷大；若电阻值不为无穷大，说明内部开关失控。将电位器的转轴旋至"开"的位置，万用表应显示为零；若电阻值不为零，说明内部开关触点接触不良；要开、关多次，并观察是否每次都反应正常。

（6）检查外壳与引脚的绝缘：将万用表拨至最大挡，一支表笔接电位器外壳，另一支表笔逐个接触 5 个焊片，阻值均应为无穷大，如果阻值为一定值或零，说明外壳与引脚某处有短路的情况，如图 2-10（d）所示。

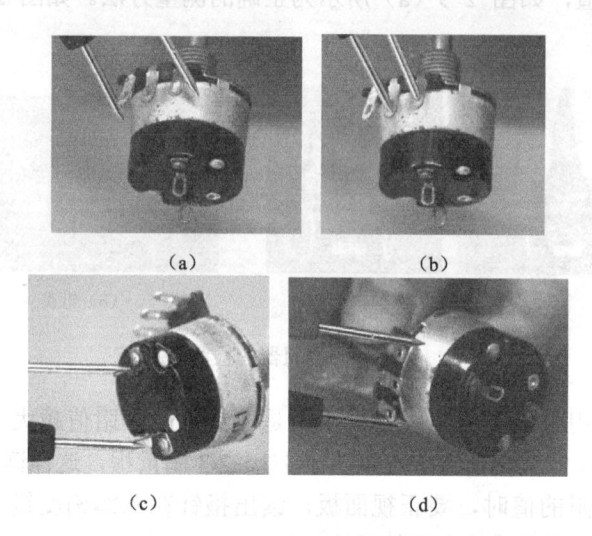

(a)　(b)

(c)　(d)

图 2-10　电位器的检测

3．保险丝电阻的检测

保险丝电阻一般阻值只有几欧到几十欧，若测得阻值为无限大，则已熔断。也可在线检测保险丝电阻的好坏，即分别测量其两端的对地电压，若一端为电源电压，一端电压为 0 V，则说明保险丝电阻已熔断。

4．敏感电阻器的检测

敏感电阻器种类较多，以热敏电阻为例，对于正温度系数（PTC）热敏电阻，在常温下一般阻值不大，在测量中用烧热的电烙铁靠近电阻，这时阻值明显增大，则说明该电阻正常，若无变化说明电阻损坏，负温度系数热敏电阻则相反。

光敏电阻在无光照（用手或物遮住光）的情况下用万用表测得的阻值较大，有光照时则电阻值有明显减小。若无变化，则说明电阻损坏。

5．测量电阻器的注意事项

（1）在测量中注意拿电阻器的手不要与电阻器的两个引脚相接触，这样会使手所呈现的电阻与被测电阻并联，影响测量的准确性。

（2）不能在带电情况下用万用表的电阻挡检测电路中电阻器的阻值。在线检测应首先断电，再将电阻器从电路中断开，然后进行测量。

项目训练 6　电阻器的识读与检测

工作任务书如表 2-11 所示，技能实训评价表如表 2-12 所示。

表 2-11　工作任务书

章节	第 2 章　常用元器件检测工艺		任务人	
课题	电阻器的识读与检测		日期	
实践目标	知识目标	① 了解各种电阻器与它们的不同作用 ② 理解电阻器的特性及用途 ③ 掌握识别和检测电阻器的方法		
	技能目标	① 识别不同种类的电阻器 ② 熟练掌握色环电阻的识别方法 ③ 学会用万用表检测各类电阻器的质量		
实践内容	器材与工具	① 模拟万用表和数字万用表各一块 ② 各种测量用色环电阻和电位器等若干		
	具体要求	① 认识并识读各种电阻器 ② 用万用表检测电阻器的质量 ③ 认识电位器并检测它们的质量 ④ 认识敏感电阻器并检测它们的质量		
具体操作				
注意事项	① 色环电阻的识别先要认清第一环 ② 万用表使用前先要调零，测量中手不应接触到电阻器的引脚 ③ 测量过程中不能损坏电阻器及万用表			

表 2-12　技能实训评价表

评价项目：电阻器的识读与检测				日期			
班级		姓名		学号		评分标准	
序号	项目	考核内容	配分	优	良	合格	不合格
1	认识电阻器	① 根据外形能辨别出各种电阻器 ② 了解电阻器的特性与作用	10				
2	色环电阻的识读	① 根据给定的色环电阻读出它的标称值和误差 ② 按读出的阻值大小从小到大进行排列	20				
3	电阻检测	① 用万用表检测电阻器的实际值，并会计算测量误差 ② 根据测量结果判断其质量好坏	20				

续表

				自评（40%）	师评（60%）
4	认识电位器	① 根据外形能辨别出各种电位器 ② 了解电位器的特性与作用	10		
5	电位器检测	① 正确选择万用表的量程 ② 根据测量结果判断其质量好坏	10		
6	认识敏感电阻器	① 根据外形能辨别出各种敏感电阻器 ② 了解各种敏感电阻器的特性与作用	10		
7	敏感电阻器检测	① 正确选择万用表的量程 ② 根据测量结果判断其质量好坏	10		
8	安全文明操作	① 工作台上工具排放整齐 ② 完毕后整理好工作台面 ③ 严格遵守安全操作规程	10		
	合计		100	自评（40%）	师评（60%）

教师签名

2.2 电容器的识读与检测

在电子产品的制作中，电容器也是一种必不可少的重要元件，它在电路中分别起着不同的作用。它是一种能储存电荷的容器。与电阻器相似，通常简称其为电容，用字母 C 表示。

2.2.1 电容器的基本知识

1. 电容器的基本概念

1）电容器的构造

它是由两个相互靠近的金属电极板，中间夹一层电介质构成的。在两个极板上加上电压，电极板上就可以储存电荷。两极板所储存的电荷量相同，极性相反。储存的电荷还可以通过外电路向外释放，即电容器是充、放电荷的电子元件。而电容量的大小，取决于电容器的极板面积、极板间距及电介质常数：

$$C = \frac{\varepsilon S}{d}$$

电容器储存电荷量的多少，取决于电容器两极板所加的电压。当电容器电容量一定时，两极板所加的电压越高，储存的电荷越多。

2）电容器的单位

电容器电容量的基本单位为法拉，用 F 表示。在实用中，法拉的单位太大，常用单位有毫法（mF）、微法（μF）、纳法（nF）和皮法（pF）等，其换算公式如下：

$$1F=10^3\,mF=10^6\,\mu F=10^9\,nF=10^{12}\,pF$$

其中，微法（μF）和皮法（pF）最常用。

在实际应用时，电容量在 1 万皮法以上的电容器通常用微法作为单位，如 0.047 μF、0.1 μF、2.2 μF、47 μF、330 μF 和 4 700 μF 等。电容量在 1 万皮法以下的电容器通常用皮法作为单位，如 2 pF、68 pF、100 pF、680 pF 和 5 600 pF 等。

3）电容器的主要作用

（1）并联于电源两端用于滤波。

（2）并联于电阻两端旁路交流信号。

（3）串联于电路中，隔断直流通路，耦合交流信号。

（4）与其他元件配合，组成谐振回路，产生锯齿波、定时等。

4）电容器的分类

电容器的种类有很多，可以按表2-13来分类。

表2-13 电容器的分类

按极性分	按结构分	按电解质分	按用途及作用分	按封装外形分
无极性	固定电容器	有机介质电容器	高频电容器	圆柱形电容器
有极性	可变电容器	无机介质电容器	低频电容器	圆片形电容器
	微调电容器	电解电容器	耦合电容器	管形电容器
		液体介质电容器	旁路电容器	叠片电容器
		气体介质电容器	滤波电容器	长方形电容器
			中和电容器	

2．常用电容器的外形与符号

电容器的外形各异，常见的电容器外形与电路符号如表2-14所示。

表2-14 常见的电容器外形与电路符号

类型	电路符号	外形图
非极性电容器	─┤├─	陶瓷片电容器　金属化纸介电容器　云母电容器　玻璃釉电容器　涤纶电容器

续表

类型	电路符号	外形图
有极性电容器	─┤┠─	铝电解电容器　钽电解电容器　铌电解电容器
微调电容器	─┤╱┠─	瓷片质微调电容器　拉线微调电容器　有机薄膜微调电容器
可调电容器		单连可变电容器　双连可变电容器　可调电容器

3. 电容器的主要参数

1）标称容量与允许偏差

标称容量是指标注在电容器上的电容量。电容器的标称容量系列与电阻器采用的系列基本相同,但不同种类的电容器会使用不同系列,如电解电容使用的是 E9 系列。

电容器的允许偏差在一般情况下采用±10%、±20%等几种,通常容量越小,允许偏差越小。如表 2-15 所示为电容器的允许偏差等级。

表 2-15　电容器的允许偏差等级

级别	01	02	I	II	III	IV	V	VI
允许偏差	±1%	±2%	±5%	±10%	±20%	+20%～-10%	+50%～-20%	+100%～-30%

电解电容器的容量较大,偏差范围大于±10%;而云母电容器、玻璃釉电容器、瓷介电容器及各种无极性高频有机薄膜介质电容器(如涤纶电容器、聚苯乙烯电容器、聚丙烯电容器等)的容量相对较小,偏差范围小于±10%。

2）额定工作电压

电容器中的电介质能够承受的电场强度是有限的,当施加在电容器上的电压超过一

定值时，电介质有可能被击穿而损坏。额定工作电压是指在规定的工作温度范围内，电容器在电路中连续工作而不被击穿的加在电容器上的最大有效值，习惯上称为电容器的耐压。

若电容器工作于脉动电压下，则交、直流分量的总和必须小于额定工作电压。在交流分量较大的电路中（如滤波电路），电容器的耐压应留有充分余量。使用时绝对不允许超过这个耐压，否则电容器就要被损坏或击穿，甚至电容器本身会爆裂。

电容器常用的额定直流工作电压有 6.3 V、10 V、16 V、25 V、63 V、100 V、160 V、250 V、400 V 和 630 V 等。

3）漏电流及绝缘电阻

由于电容器中的介质并非完全的绝缘体，因此任何电容器工作时都存在漏电流。漏电流过大，会使电容器发热，性能变坏，甚至失效。

电解电容器由于采用电解质（液）和金属板作为负、正极，并以金属氧化膜作为介质（厚度只有几纳米至几十纳米），所以漏电流较大。一般电解电容器的漏电流略大一些，可达 mA 数量级（与容量、耐压成正比），而其他类型电容器的漏电流较小。

绝缘电阻也称漏电阻，它与电容器的漏电流成反比。漏电流越大，绝缘电阻越小。绝缘电阻越大，表明电容器的漏电流越小，质量也越好。常用绝缘电阻表示绝缘性能，一般电容器的绝缘电阻都在数百 MΩ 到数 GΩ 数量级。

4）频率特性

频率特性是指电容器对各种不同高低频率所表现出的性能（即电容量等电参数随着电路工作频率的变化而变化的特性）。不同介质材料的电容器，其最高工作频率也不同。例如，容量较大的电容器（如电解电容器）只能在低频电路中正常工作，高频电路中只能使用容量较小的高频瓷介电容器或云母电容器等。

2.2.2 电容器的识读

1. 电容器的型号

根据我国国家标准规定，电容器的型号由以下几部分组成，如图 2-11 所示。

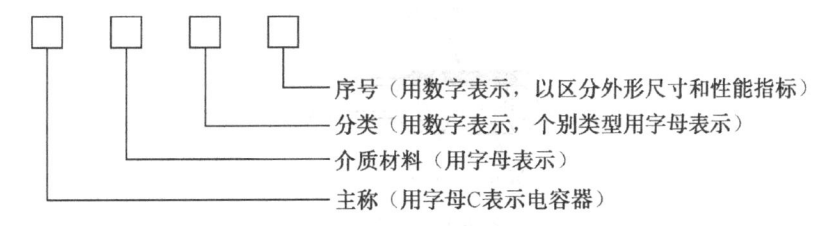

序号（用数字表示，以区分外形尺寸和性能指标）
分类（用数字表示，个别类型用字母表示）
介质材料（用字母表示）
主称（用字母C表示电容器）

图 2-11 电容器的命名方法

电容器命名方法中的介质材料和分类如表 2-16 所示。

表2-16 电容器命名方法中的介质材料和分类

介质材料		分类				
符号	意义	意义				
		符号	瓷介	云母	电解	有机
A	钽电解	1	圆形	非密封	箔式	非密封
B	聚苯乙烯等非极性薄膜	2	管形	非密封	箔式	非密封
C	高频陶瓷	3	叠片	密封		
D	铝电解	4	独石	密封		密封
E	其他材料电解	5	穿心			穿心
G	合金电解	6	支柱等			
H	纸膜复合	7			无极性	
I	玻璃釉	8	高压	高压		高压
J	金属化纸	9			特殊	非密封
L	涤纶薄膜	10			卧式	卧式
N	铌电解	11			立式	立式
O	玻璃膜	12				无感式
Q	漆膜					
ST	低频陶瓷	G	高功率			
VX	云母纸	W	微调			
Y	云母					
Z	纸					

2. 电容器的标注方法

1）直标法

直标法是指将电容器的容量、偏差和额定电压等参数直接标注在电容体上，有时因面积小而省略单位，但存在这样的规律，则小数前面为 0 时，则单位为μF；小数前不为 0 时，则单位为pF。偏差也用Ⅰ、Ⅱ、Ⅲ三级来表示。直标法如图 2-12 所示。

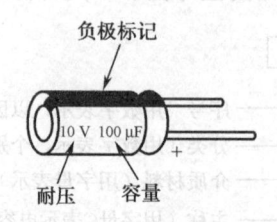

图 2-12 直标法

例如：47 μF/16 V，表示电容量是 47 μF，额定电压是 16 V；
220 μF/50 V，表示电容量是 220 μF，额定电压是 50 V。

2）文字符号标注法

文字符号是指数字和字母两者有规律的组合，容量的整数部分写在容量单位符号的前面，容量的小数部分写在容量单位符号的后面。允许偏差用文字符号来表示。文字符号标注法如图 2-13 所示。

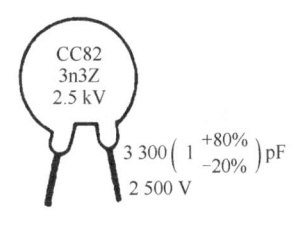

图 2-13　文字符号标注法

例如：1P5J 表示容量是 1.5 pF，允许偏差为±5%的电容；
　　　6n8 K 表示容量是 6 800 pF，允许偏差为±10%的电容；
　　　P82 表示 0.82 pF；
　　　6n8 表示 6 800 pF；
　　　2 μ2=2.2 μF。

3）数码表示法

一般用三位数字表示电容器容量的大小，其中第一、第二位为有效数字，第三位表示倍乘，即表示有效值后"零"的个数，但当第三位数为"9"时，表示的是 10^{-1}，默认单位为 pF，如图 2-14 所示。

图 2-14　数码表示法

例如：103 表示 $10×10^3$ pF，即 0.01 μF；
　　　224 表示 $22×10^4$ pF，即 0.22 μF。

4）色标法

这种表示法与电阻器的色环标注法类似，对于轴式电容器，颜色涂在电容器的一端，对于立式电容器，色环从顶端向引线排列。

在进口电器中，有的用色点表示电容器的容量，常见有七个色点，顺时方向依次为：前两环为有效数字；第三环为倍乘率，单位为 pF；第四环为误差，常用黑色表示±20%，蓝色表示±10%；第五、六环表示工作电压，常用红色表示 250 V，绿色表示 500 V；第七环表示等级。有时色环较宽，如红红橙，两个红色环涂成一个宽环，表示 2 200 pF。色标法如图 2-15 所示。

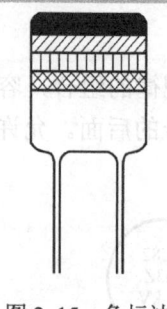

图 2-15 色标法

2.2.3 常用电容器

1. 瓷介电容器（型号为 CC）

其特点是介电常数 ε 很大，体积很小，稳定性好，耐热性高，绝缘性能良好，温度系数范围宽，但机械强度低，易碎易裂，适用于高频电路、高压电路和温度补偿电路。

2. 有机塑料薄膜电容器

有机塑料薄膜电容器包括涤纶、聚苯乙烯、聚碳酸酯、聚丙烯和聚四氟乙烯等多种。其特点是工作温度高，损耗小，耐压高，绝缘电阻大，在很大频率范围内稳定性好，但温度系数较大，适用于高压电路、谐振回路和滤波电路。

涤纶电容器（型号为 CL）的介质为涤纶薄膜，其电容量和耐压范围宽，体积小，耐高温，成本低，多用于稳定性和损耗要求不高的场合，如直流及脉动电路。

3. 云母电容器（型号为 CY）

其特点是介电常数大，稳定性好，损耗小，可靠性高，分布电感小，耐热性好，但来源有限、成本高、生产工艺复杂、体积大，适用于高频和高压电路。

4. 玻璃釉电容器（型号为 CI）

玻璃釉电容器具有瓷介电容器的优点，但比同容量的瓷介电容器体积小，工作频带较宽。其特点是介电常数大，高温性能好，在 200 ℃下能够长期稳定工作，抗湿性好，能在相对湿度为 90%的条件下正常工作，适用于交直流电路和脉冲电路。

5. 电解电容器

以金属氧化物膜为介质，以金属和电解质为电极（金属为阳极，电解质为阴极）的电容器称为电解电容器。

电解电容器是目前用得较多的大容量电容器，它体积小、耐压高（一般耐压越高，体积也就越大），其介质为正极金属片表面上形成的一层氧化膜。其负极为液体、半液体或胶状的电解液。因其有正负极之分，故只能工作在直流状态下，如果极性用反，将使漏电流剧增，在此情况下电容器将会急剧变热而损坏，甚至会引起爆炸。一般厂家会在电容器的

表面上标出正极或负极，新买来的电容器引脚长的一端为正极。

电解电容器的优点是容量大，具有一定的自愈作用。其缺点是有极性要求，使用时必须注意极性；电解液易外漏，固体钽电解电容器承受大电流冲击的能力差，而铝电解电容器长期搁置不用易变质。

目前铝电容器用得较多，钽、铌、钛电容器相比之下漏电流小、体积小，但成本高，通常用在性能要求较高的电路中。铝电解电容器（CD）价格便宜，适用于滤波和旁路。钽电解电容器（CA）可靠性高，性能好，但价格贵，适用于高性能指标的电子设备。

2.2.4 电容器的检测

电容器一般常见的故障有击穿短路、断路、漏电或容量变化等。通常情况下，可以用万用表来判别电容器的好坏，以及对其质量进行定性分析。

1. 电解电容器正负极的判别

1）直标法

（1）有极性的电解电容器外壳上一般都标有"+"、"-"极性。

（2）未剪脚的电解电容器，引脚较长的一端为正极，引脚较短的一端为负极，如图 2-16 所示。

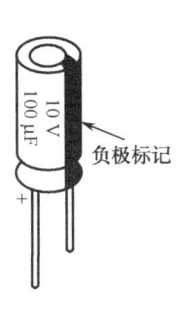

图 2-16　直标法

2）万用表测量法

对于正、负极标志不明的电容器，可用测量漏电阻的方法加以判别，即正向漏电阻略大于反向漏电阻。

（1）针对不同容量的电解电容器选用合适的量程。一般情况下，1～47 μF 的电解电容器可选用"R×1 K"挡；47～1000 μF 的电解电容器可选用"R×100"挡。

（2）将模拟万用表的红表笔接负极，黑表笔接正极。在刚接触的瞬间，万用表指针即向右偏转较大幅度，然后逐渐向左回转，直到停在某一位置，此时的阻值便为电解电容器的正向电阻，此值越大，说明漏电流越小，电容器性能越好。

（3）将红、黑表笔对调，重复刚才的过程，此时所测阻值为电解电容器的反向漏电阻。

在实际使用中，电解电容器的漏电阻一般应在几百千欧以上，反向漏电阻略小于正向漏电阻。

2. 固定电容器的测量

1）检测 0.01 μF 以下的小电容器

0.01 μF 以下的固定电容器容量太小，用万用表只能定性地检查其是否漏电、内部短路或击穿等。检测时，可用万用表的"R×10 K"挡，将两表笔分别接触电容器的两引线，正常情况下，阻值应为无穷大。若测出阻值小或为零，则说明电容器漏电或击穿短路。

2）检测 0.01 μF～1 μF 的电容器

可用万用表的"R×10 K"挡测试电容器是否有充放电过程及漏电情况，并估计电容器的容量。

先用两表笔任意触碰电容器的两引脚，然后调换表笔再触碰一次，如果电容是好的，则万用表指针会向右摆动一下，随即向左迅速返回无穷大位置。容量越大，指针摆动幅度越大。

如果反复调换表笔触碰电容器两引脚，万用表指针始终不向右摆动，则说明该电容器的容量已低于 0.01 μF 或已经消失。测量中，若指针向右摆动后不能再向左回到无穷大位置，说明电容器漏电或已经击穿短路。

3）电解电容器的检测

电解电容器在测量时，应根据不同的容量选用合适的量程，一般 1～47 μF 的电容器可用"R×1 K"挡测量；大于 47 μF 的电容器，可用"R×100"挡测量。

在测试中，若正向、反向均无充放电的现象，即表针不动，则说明容量消失或内部断路，如果所测得阻值很小或为零，则说明电容器漏电大或已击穿损坏，不能再使用了。

用万用表检测电容器的好坏与质量如表 2-17 所示。

表 2-17 电容器的检测

	万用表的量程	检测示意图	正常情况	击穿短路	漏电现象
0.01 μF 以下	R×10K		指针基本不动	阻值为零	指针有偏转角度
0.01～1 μF	R×10K		指针向右摆动一下，然后迅速返回无穷大	阻值为零	回不到无穷大
1～47 μF	R×1K		指针向右偏转较大角度，接着逐渐向左返回，直到停在某一位置	指针不回转	指针回转幅度小
>47 μF	R×100		指针向右偏转角度更大，接着逐渐向左返回，直到停在某一位置	指针不回转	指针回转幅度小

4)数字万用表测量

利用数字万用表可以直接测出小容量电容器的电容值。根据被测电容器的标称容值,选择合适的电容量程,将被测电容器插入数字万用表的"Cx"插孔中(有极性的电容要注意插孔的方向),万用表立即显示出被测电容器的电容值。

如果显示"000",则说明该电容器已短路损坏;如果仅显示"1",则说明该电容器已断路损坏;如果显示值与标称值相差很大,也说明电容器漏电失效,不易使用。数字万用表测量电容器的最大量程为 20 μF,对于大于 20 μF 的电容器则无法测量数值。

3. 可变电容器的检测

首先观察可变电容器的动片和定片有无松动,然后用万用表的"R×10 K"挡测量动片和定片的引脚电阻,并且调整电容器的转轴;若发现旋转到某些位置时指针发生偏转,甚至指向 0 Ω,则说明电容器有漏电或碰片情况,如图 2-17 所示。

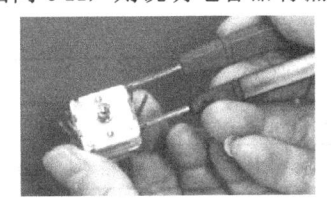

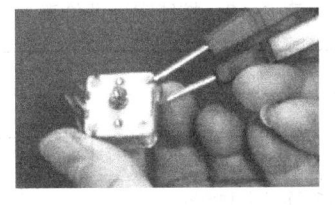

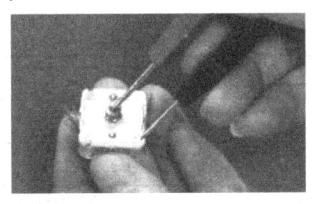

图 2-17 可变电容器的检测

4. 测量电容器的注意事项

(1)检测时,应反复调换表笔碰触电解电容器的两引脚,以确认电解电容器有无充放电现象。

(2)重复检测电解电容器时,每次应将被测电解电容器短路一次。

(3)检测时,手指不要同时接触电解电容器的两个引脚,否则将使万用表指针回不到无穷大的位置,给检测者造成错觉,误认为被测电解电容器漏电。

项目训练 7　电容器的识读与检测

工作任务书如表 2-18 所示,技能实训评价表如表 2-19 所示。

表 2-18　工作任务书

章节		第 2 章　常用元器件检测工艺	任务人	
课题		电容器的识读与检测	日期	
实践目标	知识目标	① 了解各种电容器与它们的作用 ② 理解电容器的特性及用途 ③ 掌握识别和检测电容器的方法		
	技能目标	① 识别不同种类的电容器 ② 熟练掌握电容器的表示方法 ③ 学会用万用表检测电容器的质量		

续表

实践内容	器材与工具	万用表和各种类型的电容器若干
	具体要求	① 认识并识读各种电容器 ② 用万用表检测电容器的质量 ③ 认识可调电容器并检测它们的质量
具体操作		
注意事项		① 在检测电容器时,先要对电容器进行放电,不然会损坏万用表,特别是大容量的电容器 ② 根据电容器的容量范围正确选择好万用表的量程挡级,不然会给判断带来误差 ③ 检测时,手指不要同时接触电解电容器的两个引脚,否则将使万用表指针回不到无穷大的位置,给检测者造成错觉,误认为被测电解电容器漏电

表2-19 技能实训评价表

评价项目：电容器的识读与检测				日期			
班级		姓名	学号	评分标准			
序号	项目	考核内容	配分	优	良	合格	不合格
1	认识电容器	① 根据外形能辨别出各种电容器 ② 了解电容器的特性与作用	20				
2	电容器的识读	① 根据给定电容器读出它们的标称值 ② 能区分它们的表示方法	20				
3	电容器检测	① 正确选择万用表的量程 ② 根据测量结果判断其质量好坏	20				
4	认识可调电容器	① 根据外形能辨别出各种可调电容器 ② 了解可调电容器的特性与作用	10				
5	可调电容器检测	① 正确选择万用表的量程 ② 根据测量结果判断其质量好坏	20				
6	安全文明操作	① 工作台上工具排放整齐 ② 完毕后整理好工作台面 ③ 严格遵守安全操作规程	10				
	合计		100	自评（40%）		师评（60%）	
教师签名							

2.3 电感器的识读与检测

在电路中,当电流流过导体时,会产生电磁场,电磁场的大小除以电流的大小就是电感,电感是衡量线圈产生电磁感应能力的物理量。给一个线圈通入电流,线圈周围就会产生磁场,线圈中就有磁通量通过。通入线圈的电源越大,磁场就越强,通过线圈的磁通量就越大。实验证明，通过线圈的磁通量和通入的电流是成正比的，它们的比值叫作自感系数，也叫作电感。

2.3.1 电感器的基本知识

1. 电感器的基本概念

1）电感器的结构

电感器是用导线在绝缘骨架上单层或多层绕制而成的，又叫电感线圈，俗称线圈。电感器也是一种储能元件，它把电能转化为磁能并储存起来。电感器的特点是对直流呈现很小的电阻（近似于短路），对交流呈现较大的电阻，且阻值的大小与所通过的交流信号的频率有关。同一电感器，通过的交流电流的频率越高，则呈现的阻值越大。

在高频电路中，使用电感器比较多，它在电路中有通直流、阻交流的作用，是实现调谐、振荡、滤波和阻抗变换等功能的主要元器件。

2）电感器的单位

电感器的感量基本单位为亨利，用 H 表示。在实用中，亨利的单位太大，常用单位毫亨（mH）和微亨（μH）等表示，其换算公式如下：

$$1\ H=10^3\ mH=10^6\ \mu H$$

3）电感器的作用

（1）作为线圈：主要作用是滤波、聚焦、偏转、延迟、补偿、与电容配合用于调谐、陷波、选频、振荡。

（2）作为变压器：主要用于耦合信号、变压、阻抗匹配等。

4）电感器的分类

电感器可以按表 2-20 来分类。

表 2-20 电感器的分类

按导磁性质分	按工作频率分	按工作性质分	按绕制方式分	按用途可分
空心线圈	高频电感器	振荡电感器	单层电感	高频扼流线圈
铁氧体心线圈	中频电感器	滤波电感器	多层电感	低频扼流线圈
铁芯线圈	低频电感器	阻流电感器	蜂房式电感	调谐线圈
磁芯线圈		隔离电感器	有骨架式电感	退耦线圈
		耦合线圈	无骨架式电感	提升线圈

2. 常用电感器的外形与电路符号

常用电感器的外形与电路符号如表 2-21 所示。

表 2-21　常用电感器的外形与电路符号

类型	电路符号	外形图
固定线圈		
空心线圈		
铁(磁)芯线圈		
带磁芯可变电感器		
带抽头电感器		

3．电感器的主要参数

1）标称电感量及偏差

标称电感量符合 E 系列，偏差一般为±5%～±20%。

线圈电感量的大小与线圈的直径、匝数、绕制方式、有无磁芯及磁芯材料有关。通常线圈匝数越多，绕制的线圈越密集，电感量就越大，有磁芯的线圈比无磁芯的线圈电感量大。一般空心电感线圈的电感量较小。

2）品质因数

品质因数也称 Q 值，是衡量电感器质量的主要参数。由于导线本身存在电阻值，所以由导线绕制的电感器也就存在电阻的一些特性，导致电能的消耗。品质因数就是指电感器在某一频率的交流电压下工作时，所呈现的感抗与其等效损耗电阻之比。通常，品质因数（Q 值）越高，其损耗越小，效率越高。

3）额定电流

额定电流是指电感器正常工作时，允许通过的最大电流。若工作电流大于额定电流，则电感器会因发热而改变参数，严重时会烧毁。

在某些场合，如高频扼流圈、大功率谐振线圈，以及作滤波用的低频扼流圈，工作时需通过较大的电流，选用时应注意。

4）固有电容与直流电阻

一个线圈的匝与匝、层与层及绕组与底板间都存在分布电容，又由于线圈是由导线绕成的，所以导线有一定的直流电阻，这样，一个实际的电感线圈可等效成一个理想电感与电阻串联后再与电容并联的电路，如图 2-18 所示。

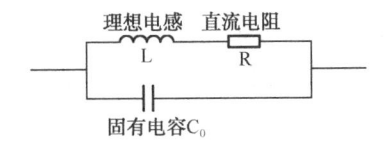

图 2-18　电感线圈的等效

由于分布电容的存在，所以降低了线圈的稳定性；由于直流电阻的存在，所以会使线圈损耗增大，品质因数降低。在绕制时，常采用间绕法和蜂房绕法，以减小分布电容；加粗导线可减小直流电阻。

2.3.2 电感器的识读

1. 电感器的型号

根据我国国家标准规定，电感器的命名由名称、特征、型号和序号 4 部分组成，如图 2-19 所示。

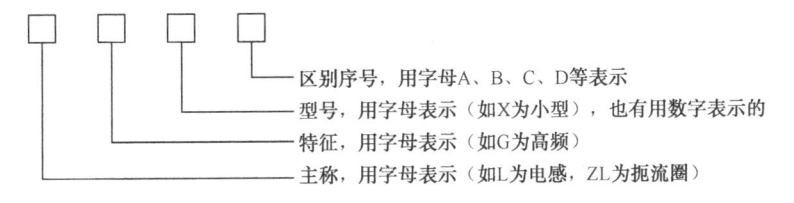

图 2-19　电感器的命名方法

特征：一般用 G 表示高频，低频一般不标。

型号：用字母或数字表示。X——小型；1——轴向引线（卧式）；2——同向引线（立式）。

区别序号：用字母表示，一般不标。

例如：LG1-B-47 μH±10%表示高频卧式电感器，额定电流为 150 mA，电感量为 47 μH，误差为±10%。

2. 电感器的标注方法

1）直标法

直标法是在小型固定电感线圈的外壳上直接用文字符号标出其电感量、允许偏差和最大直流工作电流等主要参数。其中允许偏差常用Ⅰ、Ⅱ、Ⅲ来表示，分别代表允许偏差为±5%、±10%、±20%。通常用字母来表示其额定电流的大小，分为五挡，如表 2-22 所示。

表 2-22　电感的额定电流表示法

字母表示	A	B	C	D	E
额定电流	50 mA	150 mA	300 mA	700 mA	1 600 mA

例如，固定电感线圈外壳上标有 150 μH、A、Ⅱ 的标志，则表明线圈的电感量为 150 μH，允许偏差为Ⅱ级（±10%），最大工作电流为 50 mA（A 挡），如图 2-20（a）所示。

2）色标法

色标法是指在电感器的外壳上涂上四条不同颜色的环，来反映电感器的主要参数。前两条色环表示电感器电感量的有效数字，第三条色环表示倍率（即 10^n），第四条色环表示允许偏差。数字与颜色的对应关系同色标电阻，默认单位为微亨（μH）。色标法如图 2-20（b）所示。

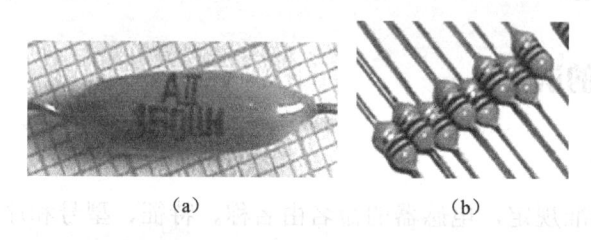

（a）　　　　　　　　（b）

图 2-20　电感器的标注及色标法

2.3.3　常用电感器

1. 固定电感线圈

固定电感线圈一般将绝缘铜线绕在磁芯上，外层包上环氧树脂或塑料。固定电感线圈体积小、质量轻、结构牢固，广泛应用在电视机和收录机中，有立式和卧式两种。其工作频率为 10 kHz～200 MHz。

2. 可变电感线圈

可通过改变插入线圈中的磁芯位置来改变电感量。磁棒式天线线圈是可变电感线圈，在收音机中与可变电容器组成调谐回路，用于接收无线电波信号。

3. 微调电感器

微调电感器用于小范围改变电感量，调整局部电路的参数。

4. 阻流圈

阻流圈也称为扼流圈，是用来限制交流电通过的线圈，分为高频扼流圈和低频扼流圈两种。高频扼流圈用来阻止高频分量的通过；低频扼流圈又叫作滤波线圈，它可与电容器

组成滤波电路。

阻流圈采用开磁路构造设计,有结构性佳、体积小、高 Q 值和低成本等特点,广泛应用于笔记本电脑、喷墨印表机、影印机、显示监视器、手机、宽频数据机、游戏机、彩色电视、录放影机、摄影机、微波炉、照明设备和汽车电子产品等场合。

5. 共模电感

共模电感也叫共模扼流圈,是在一个闭合磁环上对称绕制方向相反、匝数相同的线圈。信号电流或电源电流在两个绕组中流过时方向相反,产生的磁通量相互抵消,扼流圈呈现低阻抗。共模电感实质上是一个双向滤波器:一方面要滤除信号线上的共模电磁干扰,另一方面又要抑制其本身向外发出的电磁干扰,避免影响同一电磁环境下其他电子设备的正常工作。电感线圈如图 2-21(a)所示。

6. 蜂房线圈

所谓的蜂房式,就是将被绕制的导线以一定的偏转角(19°~26°)在骨架上缠绕。采用蜂房绕制方法,可以减少线圈的固有电容。通常缠绕是由自动或半自动的蜂房式绕线机进行的。蜂房线圈如图 2-21(b)所示。

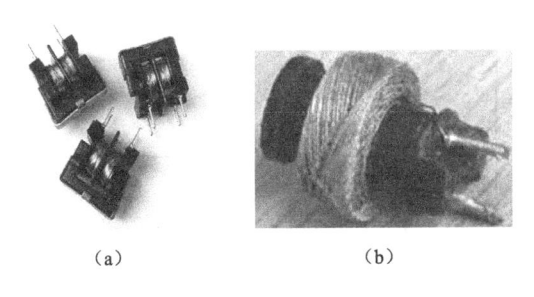

(a)　　　　(b)

图 2-21　电感线圈

2.3.4　变压器的基本知识

变压器实质上也是一种电感器,它利用两个电感线圈靠近时的互感原理传递交流信号,在电路中,变压器主要用来提升或降低交流电压,或变换阻抗等,在电子产品中是十分常用的元器件。

1. 变压器的特性

变压器一般是由导电材料、磁性材料和绝缘材料三部分组成的。它利用其一次、二次绕组之间匝数比(圈数比)的不同来改变电压比或电流比,以实现电能或信号的传输与分配。变压器主要有降低交流电压、提升交流电压、信号耦合、能量传输、变换阻抗和隔离等作用。

变压器的输出电压和线圈的匝数有关,一般输出电压与输入电压之比等于二次线圈的匝数 N_2 与一次线圈的匝数 N_1 之比。

变压器的容量是指输出电压和电流的大小，也即输出功率的大小。如果变压器的容量较小，则输出电压会不稳定且工作温度比较高；如果输出功率大，就要选用线径粗的导线，则变压器的体积也必然增大。

2. 变压器的种类

变压器的种类如表 2-23 所示。

表 2-23　变压器的种类

类型	电路符号	外形图
低（音）频变压器		
中频变压器		
高频变压器		
电源变压器		
自耦变压器		

低（音）频变压器：它主要用来传送信号电压和信号功率，还可实现电路之间的阻抗匹配，对直流电具有隔离作用。它可分为级间耦合变压器、输入变压器和输出变压器。

中频变压器：它主要应用在收音机或黑白电视机中，俗称"中周"，属于可调磁芯变压器，由屏蔽外壳、磁帽、磁芯、尼龙支架、"工"字形磁芯和引脚架等组成。

高频变压器：它又分为耦合线圈和调谐线圈两类。调谐线圈与电容可组成串、并联谐振回路，用于选频等作用。接收天线线圈、振荡线圈等都是高频线圈。

电源变压器：它的作用是将交流 220V 市电变换成高低不同的交流电压供给有关仪器设备使用。

自耦变压器：它的绕组为有抽头的一组线圈，其输入端和输出端之间有直接联系，不能隔离为两个独立部分。自耦变压器有升压和降压式两种连接线路。

2.3.5 电感器的检测

1. 固定电感器的检测

利用万用表的欧姆挡可简单地大致判断电感器的好坏。

1）直观法

首先对电感器进行外观检查，看其线圈有无破裂、是否有松动和变位的现象，引脚是否牢靠、有无折断及生锈等现象。

2）模拟万用表测量法

电感器的直流电阻值一般很小，匝数多，线径细的线圈阻值只有几十欧。对于有抽头的线圈，各引脚之间的阻值均很小，仅有几欧左右。

（1）将万用表置于"R×1"挡，用两表笔分别碰触电感线圈的引脚。

（2）当被测的电感器阻值为 0 Ω 时，说明电感线圈内部短路不能使用。

（3）如果测得电感线圈有一定阻值，说明正常。电感线圈的电阻值与电感线圈所用漆包线的粗细、圈数多少有关。电阻值是否正常可通过与相同型号的正常值进行比较来判断。

（4）当测得的阻值为无穷大时，说明电感线圈或引脚与线圈接点处发生了断路，此时不能使用。如图 2-22 所示为电感器的检测示意图。

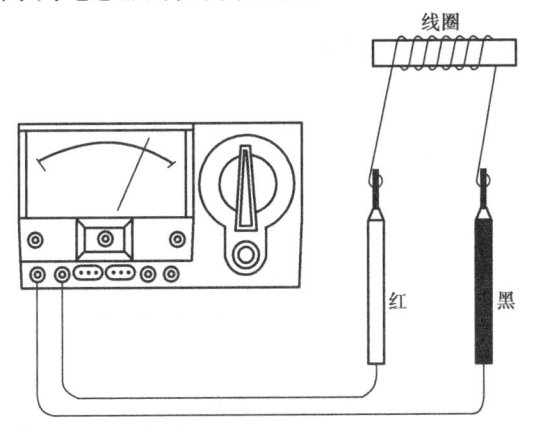

图 2-22 电感器的检测示意图

2. 变压器、中周的测量

变压器的检测主要是指检查变压器是否有线圈开路（线圈内部断线或引出端断线）和短路现象。还要检测其各绕组之间，以及绕组与铁芯等之间是否存在短路或漏电现象。

1）绕组的直流电阻

由于变压器绕组的直流电阻很小，所以用万用表的"R×1"挡来测绕组的阻值，就可判断绕组有无短路或断路现象。

（1）一般一次绕组的阻值大约为几十欧到几百欧。变压器功率越大，使用的导线越粗，阻值越小；变压器功率越小，使用的导线越细，阻值越大。

（2）二次绕组由于绕制匝数少，所以绕组阻值大约为几欧到几十欧。如果测量过程中电阻阻值为零，则说明此绕组有短路现象；阻值为无穷大，则有开路故障。

2）绕组之间的绝缘电阻

变压器各绕组之间，以及绕组和铁芯之间的绝缘电阻可用兆欧表（500 V 或 1 000 V）进行测量。如果用万用表，量程放在"R×10 K"挡，测各独立绕组之间，以及各绕组与铁芯、屏蔽罩之间的绝缘电阻均应为∞，否则便说明有漏电或短路现象。

3．数字万用表测量

用数字万用表也可以对电感器进行通断测试。将数字万用表的量程开关拨到"通断蜂鸣"符号处，用红、黑表笔接触电感器的两端，如果阻值较小，表内蜂鸣器就会鸣叫，则表明该电感器可以正常使用。

4．测量电感器的注意事项

（1）操作时一定要将万用表调零，并反复测试几次。

（2）在测量时要将线圈与外电路断开，以免由于外电路对线圈的并联作用造成错误的判断。

项目训练 8　电感器的识读与检测

工作任务书如表 2-24 所示，技能实训评价表如表 2-25 所示。

表 2-24　工作任务书

章节	第 2 章　常用元器件检测工艺		任务人	
课题	电感器的识读与检测		日期	
实践目标	知识目标	① 了解各种电感器与它们的作用 ② 理解电感器的特性及用途 ③ 掌握识别和检测电感器的方法		
	技能目标	① 识别不同种类的电感器 ② 熟练掌握电感器的表示方法 ③ 学会用万用表检测电感器的质量		
实践内容	器材与工具	万用表和各种类型的电感器		
	具体要求	① 认识并识读各种电感器 ② 用万用表检测电感器的质量 ③ 认识变压器并检测它们的质量		
具体操作				
注意事项	① 由于电感器的阻值比较小，所以测量电感器时，万用表一定要调零，并反复测试几次 ② 变压器连线时，一次侧、二次侧不能接错，不然会烧坏变压器			

表 2-25 技能实训评价表

评价项目：电感的识读与检测				日期			
班级		姓名		学号		评分标准	
序号	项目	考核内容	配分	优	良	合格	不合格
1	认识电感器	① 根据外形能辨别出各种电感器 ② 了解电感器的特性与作用	20				
2	电感器检测	① 正确选择万用表的量程 ② 根据测量结果判断其质量好坏	20				
3	认识变压器	① 根据外形能辨别出各种变压器 ② 了解变压器的特性与作用	20				
4	变压器检测	① 正确选择万用表的量程 ② 根据测量结果判断其质量好坏	20				
5	安全文明操作	① 工作台上工具排放整齐 ② 完毕后整理好工作台面 ③ 严格遵守安全操作规程	20				
	合计		100	自评（40%）		师评（60%）	
教师签名							

2.4 半导体器件的识读与检测

导电能力介于导体和绝缘体之间的物质称为半导体，如锗、硅及大多数金属氧化物。PN 结是由两种不同导电类型半导体材料组成的，它具有单向导电性。半导体都是利用半导体材料和 PN 结的特殊性组成的，包括半导体二极管和半导体三极管，以及特殊半导体和集成电路等。它们都是组成电子电路的核心器件。

半导体器件具有体积小、质量轻、耗电省、寿命长和工作可靠等一系列优点，应用十分广泛。常见的半导体器件有二极管、三极管、场效应管、单结管、晶闸管和集成电路等。

2.4.1 半导体器件的命名方法

半导体器件的种类有许多，其型号的命名方法在各个国家也不尽相同，根据我国国家标准规定一般由五部分组成，第一部分用数字表示主称；第二部分用字母表示半导体器件的材料与极性；第三部分用字母表示半导体器件的类别；第四部分用数字表示序号；第五部分用字母表示半导体器件的规格号。

部分半导体器件的命名如表 2-26 所示。90 系列晶体管的极性与用途如表 2-27 所示。

表 2-26 部分半导体器件的命名方法

产地 \ 型号	第一部分 序号意义	第二部分 字母意义	第三部分 字母意义	第四部分	第五部分
国产	2. 二极管	A：N 型，锗材料 B：P 型，锗材料 C：N 型，硅材料 D：P 型，硅材料	P：普通管 W：稳压管 Z：整流管 U：光电管 K：开关管 S：隧道管 N：阻尼管 L：整流堆	用数字表示器件序号	用汉语拼音字母表示规格的区别代号
国产	3. 三极管	A：PNP 型，锗材料 B：NPN 型，锗材料 C：PNP 型，硅材料 D：NPN 型，硅材料 E：化合物材料	X：低频小功率管 G：高频小功率管 D：低频大功率管 A：高频大功率管 T：可控整流器件 CS：场效应器件	用数字表示器件序号	用汉语拼音字母表示规格的区别代号
日本	0：光敏二极管、三极管及上述器件的组合管 1：二极管 2：晶体管、具有两个 NP 结以上的其他晶体管	S：表示已在日本电子工业协会注册登记的半导体分立器件	A：PNP 高频管 B：PNP 低频管 C：NPN 高频管 D：NPN 低频管	用四位以上的数字表示注册登记的顺序号，不同公司性能相同的器件可以使用同一个顺序号，数字越大，越是近期产品	表示这一器件是原型号产品的改进产品
美国	1.二极管 2.三极管 3.三个 PN 结	N：美国电子工业协会注册标识	美国电子工业协会登记的顺序号	用 A、B、C、D 等表示 β 的大小	
欧洲	A：锗管 B：硅管	三位数字表示登记序号	C：低频小功率管 D：低频大功率管 F：高频小功率管 L：高频大功率管 S：小功率开关管 U：大功率开关管	用 A、B、C、D 等表示 β 的大小	

表 2-27 90 系列晶体管的极性与用途

90系列	型号	9011	9012	9013	9014	9015	9016	9018	8050	8550
	极性	NPN	PNP	NPN	NPN	PNP	NPN	NPN	NPN	PNP
	用途	高放	功放	功放	低放	低放	超高频	超高频	低放	低放

例如：2AP9 表示 P 型锗材料普通检波二极管，序号为 9；

3DG6 表示 NPN 型硅材料低频大功率三极管，序号为 6。

2.4.2 晶体二极管的基本知识

1. 二极管的基本概念

晶体二极管（简称二极管）是电路中最常用、最简单的半导体器件。PN 结是构成二极管最重要的基础，晶体二极管是由这个 PN 结加上两条电极引线做成管芯，并且用塑料、玻璃或金属等材料作为管壳封装而成的。从 P 区引出的电极作为正极，从 N 区引出的电极是负极，如图 2-23 所示。

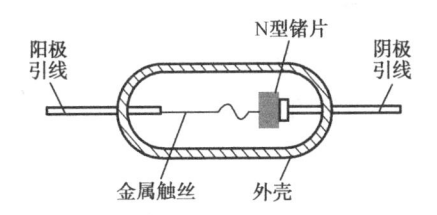

图 2-23 二极管的结构

1）二极管的分类

二极管的分类如表 2-28 所示。

表 2-28 二极管的分类

按材料分	按结构分	按用途分	按封装形式分
锗材料二极管	点接触型二极管	普通二极管	玻璃外壳二极管（小型用）
硅材料二极管	面接触型二极管	特殊二极管	金属外壳二极管（大型用）
	硅平面型二极管	敏感二极管	塑料外壳二极管
			环氧树脂外壳二极管

2）二极管的外形及电路符号

常见二极管的外形及电路符号如表 2-29 所示。

表 2-29 常见二极管的外形及电路符号

类　型	电路符号	外形图
普通二极管	▷▏	
稳压二极管	▷▏	

续表

类 型	电路符号	外 形 图
发光二极管		
光电二极管		
变容二极管		
激光二极管（等效图）	AL[1] AP[3] LD PD K[2]	
隧道二极管		
双向二极管		

2．二极管的主要特性和参数

1）二极管的特性

二极管的主要特性是单向导电性，表现在：当二极管加正向电压时，存在一个"死区"（对于硅二极管，其范围为 0～0.5 V，对于锗二极管，其范围为 0～0.2 V），只有在正向电压超过 0.5 V（锗：0.2 V）之后，二极管才进入导通状态。二极管导通时，通过的电流与两端电压之间呈非线性关系。

当二极管加反向电压时，反向电流很小，而且基本不随电压大小而变化，这一电流称作二极管的反向饱和电流。锗二极管的反向饱和电流比硅二极管略大一些。其特性曲线如图 2-24 所示。

2）二极管的主要参数

（1）最大整流电流（I_F）

最大整流电流是二极管在长时间正常使用时，允许通过的最大电流。使用时电流值不允许超过此值，否则将会烧坏二极管。

（2）最大反向电压（U_{RM}）

最大反向电压是反向加在二极管两端而不致引起 PN 结击穿的最大电压。如果实际工作电压的峰值超过此值，PN 结中的反向电流将剧增而使整流特性变坏，甚至烧毁二极管。

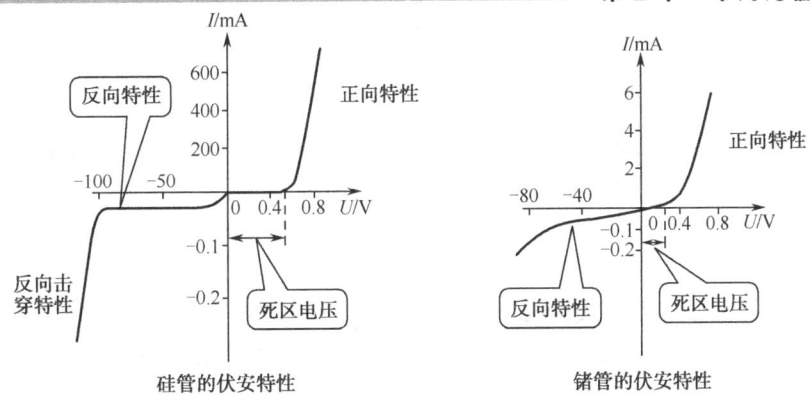

图 2-24 二极管的特性曲线

（3）最大反向电流（I_R）

最大反向电流是二极管在规定的反向偏置电压情况下，通过二极管的反向电流。此电流值越小，表明二极管的单向导电性能越好。

（4）反向击穿电压（U_B）

加在二极管两端的电压急剧增大，使反向电流也急剧增大，当反向电流击穿 PN 结时的反向电压即为击穿电压，用 U_B 表示。U_B 一般为 U_{RM} 的 2 倍。

3．常用二极管

1）整流二极管

整流二极管用于整流电路，把交流电变换成脉动的直流电。它采用面接触型，结电容较大，因此一般工作在 3kHz 以下。有把 4 个二极管制成桥式整流封装使用的，也有专门用于高压、高频整流电路的高压整流堆。

整流二极管除主要应用于电源电路作为整流元件外，还可用于限幅和保护电路等。

2）检波二极管

检波二极管用于把高频信号中的低频信号检出，采用点接触型。检波二极管的结电容小、工作频率高、正向压降小，但允许流过的最大正向电流小、内阻大（常用检波二极管主要是 2AP 系列），具有较高的检波效率及良好的频率特性。

3）开关二极管

开关二极管在正向电压作用下电阻很小，处于导通状态，相当于一个接通的开关；在反向电压作用下电阻很大，处于截止状态，如同一个断开的开关。开关二极管由导通变为截止或由截止变为导通所需的时间比一般二极管短，主要用于电子计算机、脉冲和开关电路中。

4）稳压二极管

稳压二极管是利用二极管反向击穿时其两端电压基本保持不变的特性制成的。稳压二极管正常工作时要求输入电压在一定范围内变化，当输入电压超过一定值，使流过稳压二极管的电流超过其上限值时，将会使稳压二极管损坏，而当输入电压小于稳压二极管的稳

压范围最低值时，电路将得不到预期的稳定电压。

5）发光二极管

发光二极管（简称 LED）能把电能转化为光能。发光二极管在正向导通时能发出红、绿、蓝、黄及红外光等，可用作指示灯和用于微光照明。它可以用直流、交流（要考虑反向峰值电压是否会超过反向击穿电压）及脉动电流驱动。一般发光二极管的正向电阻较小。

发光二极管具有体积小，工作电压低，工作电流小，发光均匀稳定，响应速度快，寿命长等优点。它的工作电流一般为 20 mA。发光二极管的发光强度随正向电流的变化而变化，当电流达到 25 mA 以上时，其发光强度基本不随电流的增大而增大。

6）光电二极管

光电二极管和发光二极管一样是由一个 PN 结构成的，但它的结面积较大，可接收入射光。其 PN 结接反向电压时，在一定频率光的照射下，反向电阻会随光强度的增大而变小，反向电流增大。光电二极管在光通信中可作为光电转换器件。它总是工作在反向偏置状态。

光电二极管的主要参数有暗电流（无光照射时的反向电流）、光电流（有光照射时的反向电流）和最高工作电压（指暗电流不超过允许值的最高反向电压）。

7）变容二极管

变容二极管一般工作于反偏状态，当 PN 结加上反向电压时，此时的 PN 结相当于一个小电容。反偏电压越大，该 PN 结的绝缘层越宽，其结电容越小。在高频自动调谐电路中，可用电压去控制变容二极管从而控制电路的谐振频率。自动选台的电视机就要用到这种变容二极管。

8）双向二极管

双向二极管是一个两端器件，在一定条件下，相当于双向开关。其正反特性完全对称。当加在双向二极管两端的电压小于某值时，为断路状态；当加在双向二极管两端的电压大于某值时，为短路状态。

4．二极管的识读与检测

1）二极管的极性判别

当我们拿到二极管时，首先要观察二极管的外形特性和引脚极性标记，以便分辨出二极管两个引脚的正、负极性。在通常情况下，二极管的极性有以下几种标记方法。

（1）在二极管的外壳上直接印有二极管的电路符号，根据电路符号判断二极管的极性，如图 2-25（a）所示。

（2）在二极管的负极用一条色带标记，其表示方法如图 2-25（b）所示。

（3）在二极管外壳的一端标出一个色点，有色点的一端表示二极管的正极，另一端则为负极，如图 2-25（c）所示。

（4）发光二极管有两个引脚，一般长引脚为正极，短引脚为负极，如图 2-25（d）所示。

（5）发光二极管的管体一般呈透明状，因此管壳内的电极清晰可见，内部电极较宽较

大的一个为负极，而较窄且小的一个为正极，如图2-25（d）所示。

（6）光电二极管的引脚排列中靠近管键或标有色点的一脚为P（即正极），另一脚则为N（即负极），如图2-25（e）所示。

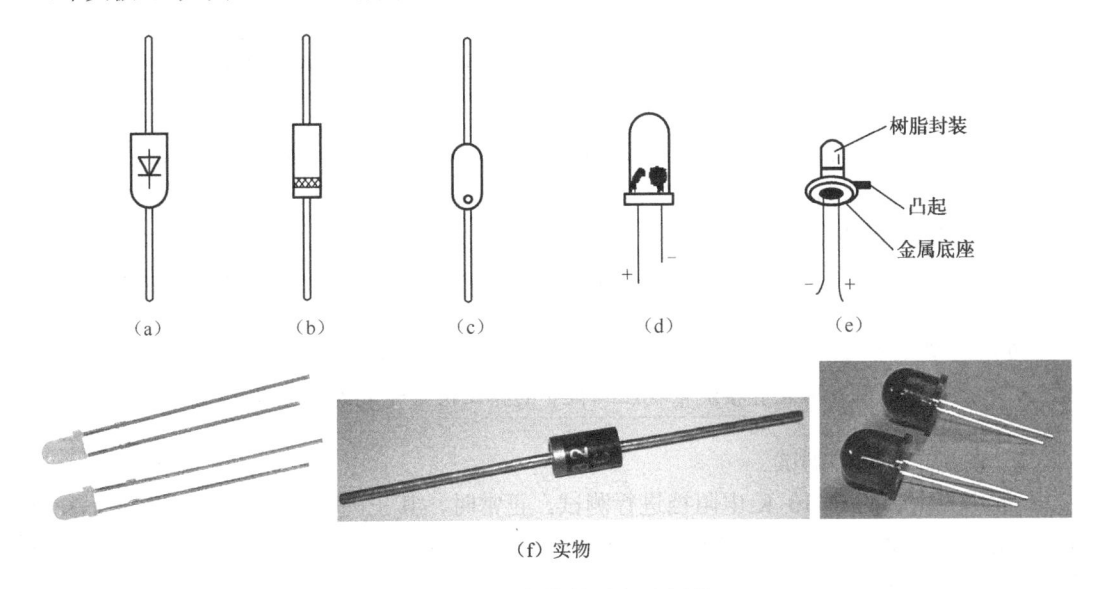

图 2-25 二极管的引脚示意图

2）二极管的检测

（1）普通二极管的测试

判断二极管好坏最简单的方法是用万用表的电阻挡测其正、反向电阻，万用表的量程挡级选择"R×100"或"R×1 K"挡，对于锗小功率二极管，其正向电阻一般为100～1 000 Ω，而对于硅小功率二极管，其正向电阻一般为几百到几千欧姆之间。不论是硅管还是锗管，反向电阻一般都在几百千欧姆以上，而且硅管比锗管大。正、反向电阻值相差越悬殊，说明二极管的单向导电性越好。

如果测量阻值都很小，即接近零欧姆时，说明二极管内部的PN结击穿或已短路；如果阻值均很大，接近无穷大，则该管子内部已断路。

二极管的测量如图2-26所示。

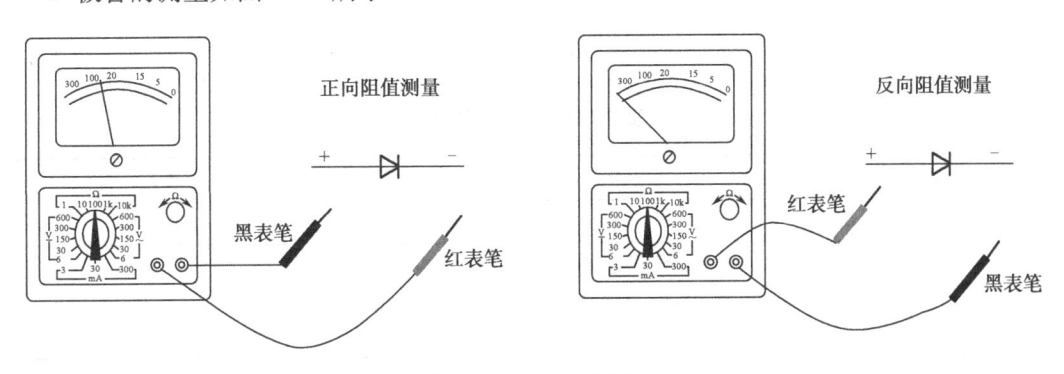

图 2-26 二极管的测量

(2)稳压二极管的测试

稳压二极管的极性和好坏的判断与普通二极管所使用的方法基本一样。

判断普通稳压二极管是否断路或击穿损坏,可选用万用表的"R×10 K"挡进行测量。如果测得的正向电阻为无穷大,则说明稳压二极管内部断路;如果测得的反向电阻为零,则说明稳压二极管内部被击穿;如果稳压二极管的正、反向电阻相差很小,则说明其性能变坏或生锈。

估计稳压二极管的稳压值的方法是:首先测量其反向电阻值,即从万用表的"10 V 电压刻度线"上读出数值。然后根据"稳压值=(10-读数)×(9+1.5)/10"可大概求得稳压值。其中数值"9、1.5"是指电池的电压值。

> **注意**
> 万用表型号不同,高阻挡使用的高压叠层电池电压也不同,常有6 V、9 V、15 V和22.5 V等,因此利用万用表直接测量稳压二极管的稳压值是受表内电池电压高低所限制的。

(3)发光二极管的测试

一般用万用表的 R×10 K 电阻挡进行测试。正常时,其正向电阻值约为 10～20 kΩ,有的会发出微弱光来,其反向电阻值为 250 kΩ。若正、反向电阻值均为无穷大,则说明此管已断路损坏。

(4)光电二极管的测试

首先用万用表的 R×1 K 挡判断出其正负极,然后再测其反向电阻。

用一遮光物(如黑纸片等)将光电二极管的透明窗口遮住,这时测得的是无光照情况下的反向电阻,应为无穷大;然后移去遮光物,使光电二极管的透明窗口朝向光源(自然光、白炽灯或手电筒等),这时表针应向右偏转至几千欧姆处。表针偏转越大,说明光电二极管的灵敏度越高;若变化不大,说明被测管已损坏。

> **注意**
> 若要检测红外线接收管的性能,则要使用红外线照射。

项目训练9　二极管的识读与检测

工作任务书如表2-30所示,技能实训评价表如表2-31所示。

表2-30　工作任务书

章节	第2章　常用元器件检测工艺		任务人	
课题	二极管的识读与检测		日期	
实践目标	知识目标	① 了解二极管特性曲线的意义 ② 熟记各种二极管的特性及应用 ③ 掌握识别和检测各种二极管的方法		

续表

实践目标	技能目标	① 能识别各种类型的二极管 ② 熟记二极管的电路符号 ③ 熟练掌握二极管的极性判断方法 ④ 学会用万用表检测各种二极管的质量
实践内容	器材与工具	万用表和各类小功率晶体二极管若干
	具体要求	① 认识各种二极管的外形及电路符号 ② 判断二极管的极性 ③ 用万用表检测各种二极管判断其质量好坏
具体操作		
注意事项		① 一般情况下，测量小功率二极管时，不宜使用 R×1 或 R×10K 挡，因 R×1 挡电流太大，R×10 K 挡电压过高，容易烧坏管子 ② 二极管是非线性元件，用不同倍率的电阻挡或不同灵敏度的万用表测量时，所得到的数据不同，但正、反向电阻值相差几百倍的规律不变

表 2-31 技能实训评价表

评价项目：二极管的识读与检测				日期			
班级		姓名	学号	评分标准			
序号	项目	考核内容	配分	优	良	合格	不合格
1	认识二极管	① 根据外形能辨别出各种二极管 ② 了解二极管的特性与作用	20				
2	二极管极性判断	① 正确选择万用表的量程 ② 根据测量结果判断其极性	20				
3	普通二极管检测	① 正确选择万用表的量程 ② 根据测量结果判断其质量	20				
4	特殊二极管检测	① 根据二极管种类，正确选择万用表的量程 ② 根据测量结果判断其质量	20				
5	安全文明操作	① 工作台上工具排放整齐 ② 完毕后整理好工作台面 ③ 严格遵守安全操作规程	20				
合计			100	自评（40%）		师评（60%）	
教师签名							

2.4.3 晶体三极管的基本知识

1. 三极管的基本概念

1）三极管的分类

晶体三极管（简称三极管）的分类如表 2-32 所示。

表2-32　三极管的分类

按导电类型	按电性能类型		
	按工作频率分	按电流流量分	按功能和用途分
NPN晶体三极管	高频三极管	大功率	开关晶体三极管
PNP晶体三极管	低频三极管	中功率	高反压晶体三极管
		小功率	低噪声晶体三极管

2）三极管的符号

三极管分为PNP型和NPN型两种，如图2-27所示是两种不同类型三极管的电路符号。

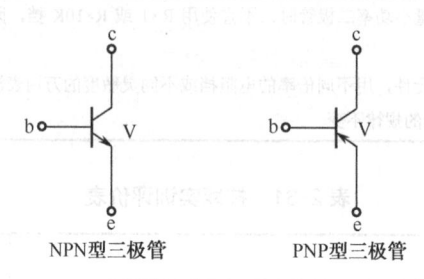

图2-27　三极管的电路符号

这两种三极管在电路符号上是有区别的：PNP型三极管的发射极箭头向内，NPN型三极管的发射极箭头向外。

3）三极管的外形

三极管的外形如表2-33所示。

表2-33　三极管的外形

类　型	外　形　图
低频小功率三极管	
低频大功率三极管	
高频小功率三极管	

续表

类　　型	外　形　图
高频大功率三极管	

2. 三极管的主要特点和参数

1）三极管的特点

三极管是一种电流控制电流的半导体器件，其作用是把微弱信号放大成幅值较大的电信号。三极管的突出特性是在一定条件下具有电流放大作用，它还经常用作电子开关。

三极管三个电极的作用是：发射极（e）用来发射电子；基极（b）用来控制（e）极发射电子的数量；集电极（c）用来收集电子。

三极管的工作状态分为四类，如表 2-34 所示。

表 2-34　三极管的工作状态

工作状态	发射结电压	集电结电压
放大	正向	反向
截止	反向	反向
饱和	正向	正向
倒置	反向	正向

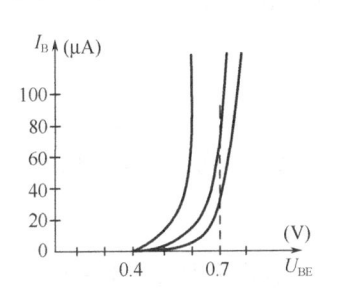

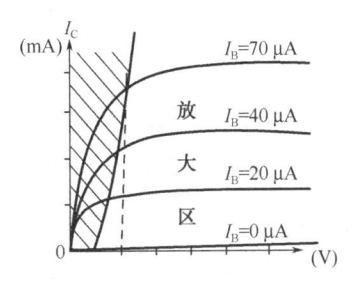

2）三极管的特性曲线

三极管的特性曲线用来表示该三极管各极电压和电流之间的相互关系，它反映了三极管的特性，是分析放大电路的重要依据，最常用的是共发射极接法时的输入特性曲线和输出特性曲线。三极管的输入特性曲线和输出特性曲线如图 2-28 所示。

图 2-28　三极管的特性曲线

3）三极管的主要参数

（1）电流放大系数 β

电流放大系数即电流放大倍数，用来表示三极管的放大能力。根据三极管工作状态的不同,电流放大系数又分为直流放大系数和交流放大系数。

直流放大系数是指在静态无输入变化信号时,三极管集电极电流 I_C 和基极电流 I_B 的比值,因此又称为直流放大倍数或静态放大系数,一般用 h_{FE} 或 β 表示。

交流电流放大系数也叫动态电流放大系数或交流放大倍数,是指在交流状态下,三极管集电极电流变化量与基极电流变化量的比值,一般用 β 表示。β 是反映三极管放大能力的重要指标。

(2) 耗散功率 P_{CM}

耗散功率也叫集电极最大允许耗散功率 P_{CM},是指三极管参数变化不超过规定允许值时的最大集电极耗散功率。

(3) 频率特性

三极管的电流放大系数与工作频率有关,如果三极管的频率超过了工作频率范围,会造成放大能力降低甚至失去放大作用。

(4) 集电极最大电流 I_{CM}

集电极最大电流是指三极管集电极所允许通过的最大电流。集电极电流 I_C 上升会导致三极管的 β 下降,当 β 下降到正常值的 2/3 时,集电极电流即为 I_{CM}。

(5) 最大反向电压

最大反向电压是指三极管在工作时所允许加的最高工作电压。最大反向电压包括集电极-发射极反向击穿电压 U_{CEO}、集电极-基极反向击穿电压 U_{CBO} 及发射极-基极反向击穿电压 U_{EBO}。

(6) 反向电流

三极管的反向电流包括集电极-基极之间的反向电流 I_{CBO} 和集电极-发射极之间的反向电流 I_{CEO}。

了解三极管的四个极限参数:I_{CM}、BV_{CEO}、P_{CM} 及 f_T,即可满足 95% 以上的使用需要。

3. 常用的三极管

1) 小功率三极管

通常情况下,把集电极最大允许耗散功率 P_{CM} 在 1 W 以下的三极管称为小功率三极管。

2) 中功率三极管

中功率三极管主要用在驱动和激励电路,为大功率放大器提供驱动信号。通常情况下,集电极最大允许耗散功率 P_{CM} 在 1~10 W 的三极管称为中功率三极管。

3) 大功率三极管

集电极最大允许耗散功率 P_{CM} 在 10 W 以上的三极管称为大功率三极管。

4) 复合管(达林顿管)

复合管主要由两个三极管复合而成,分普通型和带保护型两种。其内部结构如图 2-29 所示。R_1、R_2 为保护电阻,且 R_2 通常为几十欧姆,VD 为阻尼二极管。总电流放大倍数 $\beta=\beta_1\beta_2$。达林顿管具有增益高和开关速度快的特性,常用于大功率的开关电路和继电器驱动电路中。

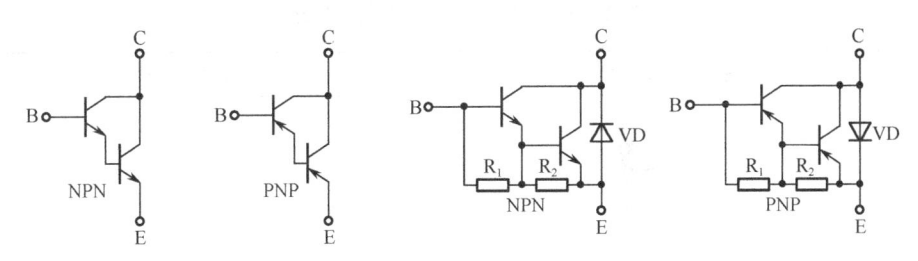

图 2-29　复合管的内部结构

4．三极管的封装形式

三极管的封装形式是指三极管的外形参数，也就是安装半导体三极管用的外壳。在材料方面，三极管的封装形式主要有金属、陶瓷和塑料等；在结构方面，三极管的封装为TOXXX，XXX 表示三极管的外形；其装配方式有通孔插装（通孔式）、表面安装（贴片式）和直接安装。常用三极管的封装形式有 TO-92、TO-126、TO-3 和 TO-220 等，如表 2-35 所示。

表 2-35　常用三极管的封装形式

封装号	外形图	封装号	外形图
TO-92		TO-94	
TO-126		TO-220	
TO-3		TO-3P	
TO-18		TO-39	

5．三极管的识读

1）三极管引脚的排列

三极管引脚的排列方式具有一定的规律，如表 2-36 所示。

表 2-36 三极管的引脚排列及判断

封装形式	形状及引脚排列位置	分布特征说明
塑封封装小功率三极管	(图：平面朝向自己，引脚 e、b、c)	平面朝向自己，引出线向下，从左至右依次为发射极 e、基极 b、集电极 c
	(图：切角面，引脚 e、b、c)	面对切角面，引出线向下，从左至右依次为发射极 e、基极 b、集电极 c
金属封装三极管	(图：管底带半圆标志，B、C、E)	面对管底，使带引脚的半圆位于上方，从左至右，按顺时针方向，引脚依次为发射极 e、基极 b、集电极 c
	(图：管底带定位标志，B、C、E)	面对管底，由定位标志起，按顺时针方向，引脚依次为发射极 e、基极 b、集电极 c
	(图：管底四脚 B、C、D、E)	面对管底，由定位标志起，按顺时针方向，引脚依次为发射极 e、基极 b、集电极 c 及接地线 d，其中 d 与金属外壳相连，在电路中接地，起屏蔽作用
中功率三极管	(图：带散热片，引脚 e、b、c)	面对管子正面（型号打印面），散热片为管背面，引出线向下，从左至右依次为基极 b、集电极 c、发射极 e；也有些管子的顺序是 e、b、c
高频小功率三极管	(图：b、c、e 三脚呈T形)	凸面对着自己，平底在后，从左至右依次为基极 b、集电极 c、发射极 e

续表

封装形式	形状及引脚排列位置	分布特征说明
低频大功率三极管		面对管底,使引脚均位于左侧,下面的引脚是基极 b,上面的引脚为发射极 e,管壳是集电极 c,管壳上的两个安装孔用来固定三极管

2)三极管的检测

(1)三极管极性和类型的判别

对于功率小于 1 W 的中、小功率管,可用万用表的"R×100"或"R×1 K"挡测量;对于功率大于 1 W 的大功率管,可用万用表的"R×10"或"R×1"电阻挡测量。

① 判别基极。

用黑表笔接触三极管的某一引脚,红表笔分别接触另外两个引脚,若表头读数都很小,则与黑表笔接触的引脚是基极,同时可知此三极管为 NPN 型。

用红表笔接触三极管的某一引脚,而黑表笔分别接触另外两个引脚,若表头读数同样很小,则与红表笔接触的引脚是基极,同时可知此三极管为 PNP 型。判断三极管的基极如图 2-30 所示。

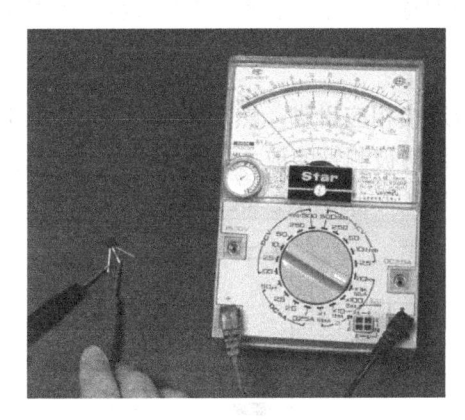

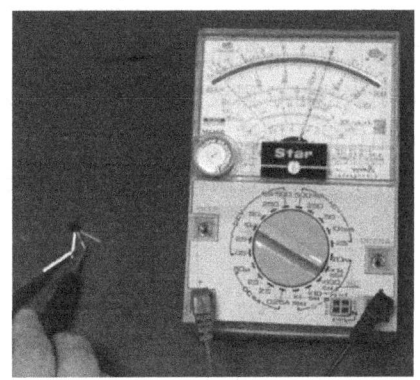

图 2-30 判断三极管的基极

② 判别发射极和集电极。

以 NPN 型三极管为例,确定基极后,假设其余两个引脚中的某一个是集电极,则将黑表笔接触此引脚,红表笔接触假设的发射极,用手指捏紧假设的集电极和已测出的基极(但不要相碰),观察万用表的指针指示,并记录电阻值。然后再做相反的假设,进行同样的测试并记录电阻值。比较两次读数的大小,若前者阻值小,说明前者的假设是对的,那么黑表笔所接的引脚就是集电极,剩下的一个引脚就是发射极了。判定 NPN 型三极管的发射极和集电极如图 2-31 所示。

若三极管为 PNP 型,可采用同样的方法,但需将万用表的红、黑表笔对调。

(2)三极管的质量检测

① 将万用表置于"R×1 K"挡量程,判断 B-E 和 B-C 极的好坏,可参考普通二极管好坏的判别方法。

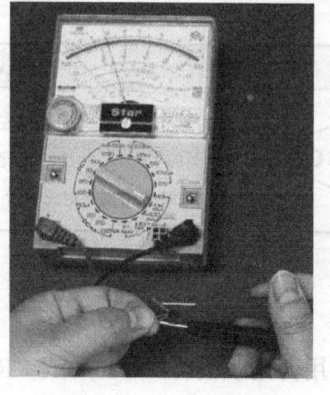

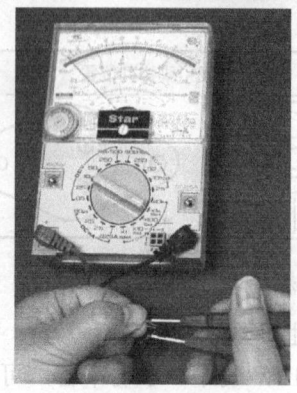

图 2-31 判定 NPN 型三极管的发射极和集电极

② 将万用表置于"R×10 K"挡量程，测量 C-E 漏电电阻。对于 NPN（PNP）型三极管，黑（红）表笔接 C 极，红（黑）表笔接 E 极，B 极悬空，R_{CE} 阻值越大越好。

> **注意**
>
> 一般对锗管的要求较低，在低压电路上电阻值大于 50 kΩ 即可使用；但对于硅管来说，其阻值要大于 500 kΩ 才可使用。通常测量硅管的 R_{CE} 阻值时，万用表指针都指向∞。

（3）三极管放大倍数的估值

先将万用表的红、黑表笔按图 2-32 所示连接相应引脚，然后将电阻 R 接入电路。此时，万用表指针向右偏转，偏转的角度越大，说明被测管的放大倍数 β 越大。如果接上电阻 R 以后，指针不动或向右偏转不大，说明管子的放大能力很差或已损坏。

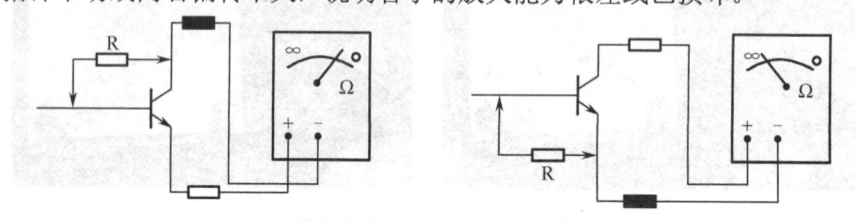

图 2-32 三极管放大倍数的估值

项目训练 10 三极管的识读与检测

工作任务书如表 2-37 所示，技能实训评价表如表 2-38 所示。

表 2-37 工作任务书

章节	第 2 章 常用元器件检测工艺		任务人	
课题	三极管的识读与检测		日期	
实践目标	知识目标	① 能看懂三极管特性曲线的意义 ② 熟记各种三极管的外形及参数 ③ 掌握识别和检测各种三极管的方法		

续表

实践目标	技能目标	① 能识别各种类型的三极管 ② 熟记三极管的电路符号及封装形式 ③ 熟练掌握三极管的极性判断方法 ④ 学会用万用表检测三极管的质量
实践内容	器材与工具	万用表和各类小功率晶体三极管若干
	具体要求	① 认识各种三极管的外形及电路符号 ② 根据三极管的形状用万用表判断出三个电极 ③ 了解三极管的封装形式 ④ 用万用表检测各种三极管,并判断其质量好坏
具体操作		
注意事项		① 对于功率小于 1 W 的中、小功率管,可用万用表的 R×100 或 R×1 K 挡测量;对于功率大于 1W 的大功率管,要用万用表的 R×10 或 R×1 电阻挡测量 ② 判别基极、发射极和集电极时,根据所用万用表(模拟式和数字式)不同,表笔的位置正好相反

表 2-38 技能实训评价表

评价项目:三极管的识读与检测				日期			
班级		姓名	学号	评分标准			
序号	项目	考核内容	配分	优	良	合格	不合格
1	认识三极管	① 根据外形能辨别出三极管类型 ② 了解三极管的特性与作用	20				
2	三极管引脚识别	① 了解三极管的封装形式 ② 根据三极管的形状能判断出三个电极	20				
3	三极管极性与类型判别	① 正确选择万用表的量程 ② 根据测量结果判断其极性	20				
4	三极管检测	① 正确选择万用表的量程 ② 根据测量结果判断其质量	20				
5	安全文明操作	① 工作台上工具排放整齐 ② 完毕后整理好工作台面 ③ 严格遵守安全操作规程	20				
	合计		100	自评(40%)		师评(60%)	
教师签名							

2.5 表面组装元器件的识读与检测

电子系统的微型化和集成化是当代技术革命的重要标志,也是未来发展的重要方向。

表面安装技术，也称 SMT 技术，是伴随着无引线元器件或引脚极短的片状元器件的出现而发展起来的，是目前已经得到广泛应用的安装焊接技术。

2.5.1 表面组装元器件的基本知识

表面组装技术打破了在印制电路板上先进行钻孔再安装元器件，在焊接完成后还要将多余的引脚剪掉的传统工艺，直接将 SMT 元器件平卧在印制电路板的铜箔表面进行安装和焊接。它是电子装联技术的主要发展方向，已成为世界电子整机组装技术的主流。从组装工艺技术的角度分析，SMT 和 THT（传统通孔插装技术）的根本区别在于"贴"和"插"。

1. 表面组装元器件的特点

表面组装元器件的组装密度高、电子产品体积小、质量轻，贴片元件的体积和质量只有传统插装元器件的 1/10 左右，一般采用 SMT 之后，电子产品的体积会缩小 40%～60%，质量会减轻 60%～80%。

表面组装元器件的可靠性高、抗振能力强；焊点缺陷率低；高频特性好；减少了电磁和射频干扰；易于实现自动化，能提高生产效率；降低成本达 30%～50%；节省材料、能源、设备、人力和时间等。

在电子工业生产中，SMT 实际是包括表面安装无源元件（SMC）、表面安装有源器件（SMD）、表面安装印制电路板（SMB）、普通混装印制电路板（PCB）、点黏合剂、涂焊锡膏、元器件安装设备、焊接及测试等技术在内的一整套完整工艺的统称。

SMC：指表面组装无源元件，如片式电阻、电容和电感等。

SMD：指有源器件，如小外形晶体管（SOT）及四方扁平组件（QFP）等。

其最大的特点是：

（1）在表面组装器件的电极上，完全没有引线，或只有非常短小的引线，引线间距小；

（2）表面组装元器件直接贴装在 PCB 的表面，将电极焊接在与元器件同一面的焊盘上。

2. 表面组装元器件的种类

表面组装元器件的种类有很多，可以按表 2-39 进行分类。

表 2-39　表面组装元器件的分类

按结构形状分	按功能分	按使用环境分
薄片矩形	无源元件 SMC	非气密性封装器件
圆柱形	有源器件 SMD	气密性封装器件
扁平异形	机电元件	

3. 表面组装元器件的外形尺寸

表面组装元器件的尺寸表述通常有两种：一种是公制，日本产品大多数采用公制系列；另一种是英制，欧美产品大多数采用英制系列。在我国，这两种系列都可以使用。表面组装元器件的外形尺寸如表 2-40 所示。

表 2-40　表面组装元器件的外形尺寸

英制代码	0402	0603	0805	1206	1210	2010	2512
公制代码	1005	1608	2012	3216	3225	5025	6432
实际尺寸（mm）	1.0×0.5	1.6×0.8	2.0×1.2	3.2×1.6	3.2×2.5	5.0×2.5	6.4×3.2

无论哪种系列，系列型号的前两位数字都表示元件的长度，后两位数字都表示元件的宽度。

例如：3216（1206），表示长 3.2 mm（0.12 in），宽 1.6 mm（0.06 in）。

在有功耗要求的电路中，采用 3216（1206）以上尺寸的片式电阻器；在普通电子产品中，1608（0603）已成为主流元件；而在手机等需要高密度安装的产品中，则以 1005（0402）为主。

4．表面组装元器件的包装形式

表面组装元器件的包装形式一般为塑料编带包装、粘接式编带包装、棒式包装和托盘包装。表面组装元器件的包装如图 2-33 所示。

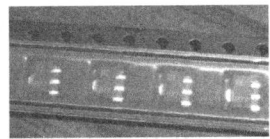

图 2-33　表面组装元器件的包装

2.5.2　表面组装元器件的识读

1．表面贴装电阻

表面贴装电阻常制成矩形、圆柱形和异形。

1）表面贴装电阻的形状及特点

表面贴装电阻的形状及特点如表 2-41 所示。

表 2-41　表面贴装电阻的形状及特点

电阻类型	实物图	特　点
矩形电阻器		矩形片式电阻器由陶瓷基片、电阻膜、玻璃釉保护层和端头电极四部分组成。它可分为厚膜片式电阻器和薄膜片式电阻器
圆柱形电阻器		该类电阻是通孔电阻去掉引线演变而来的，可分为碳膜和金属膜两大类
可调电阻器		它包括片式、圆柱形或其他无引线扁平结构的各类电阻器，主要采用玻璃釉作为电阻体材料，其特点是体积小、质量轻、高频特性好、阻值范围宽等

2）表面贴装电阻的表示方法

表面贴装电阻的阻值大小一般丝印于元件表面，常用三位或四位数字表示。

当用三位数字表示阻值大小时，第一、二位为有效数字，第三位为在有效数字后添加 0 的个数，单位为Ω。例如：

101 表示电阻阻值为 100 Ω；

124 表示电阻阻值为 120 kΩ。

但对于阻值小的电阻，有如下表示方法：

6R8 表示电阻阻值为 6.8 Ω，用 R 代表小数点；

000 表示电阻阻值为 0 Ω。

当用四位数字表示阻值大小时，第一、二、三位为有效数字，第四位为在有效数字后添加 0 的个数，单位为Ω。例如：

3301 表示电阻阻值为 3.3 kΩ；4702 表示电阻阻值为 47 kΩ。

如图 2-34 所示为表面贴装电阻的表示方法示意图。

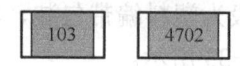

图 2-34　表面贴片电阻的表示方法示意图

3）表面贴装电阻的误差表示

电阻元件在生产过程中其阻值不可能达到绝对的精确，因此为了判定其是否合格，常统一规定其阻值的上、下限（即误差范围）对其进行检测。电阻常用的误差等级有±5%、±10%和±20%等，分别用字母 J、K、M 代表。凡是电阻用三位数字表示阻值大小的，误差默认为±5%，用字母 J 表示；凡是电阻用四位数字表示阻值大小的，误差默认为±1%，用字母 F 表示。

2. 表面贴装电容

表面贴装电容根据使用材料的不同分类较多，比较常用的有多层陶瓷电容（独石电容）和电解电容（铝电解电容和钽质电容）等。

1）表面贴装电容的形状及特点

表面贴装电容的形状及特点如表 2-42 所示。

表 2-42　表面贴装电容的形状及特点

电容类型	实物图	特　点
多层陶瓷电容（独石电容）		与普通陶瓷电容相比，它有许多优点：比容大，易实现小型化；内部电感小，损耗小，高频特性好；内电极与介质材料共烧结，耐潮性能好，可靠性高
铝电解电容		铝电解电容体积大，价格便宜，适合在消费类电子产品中应用，但其使用液体电解质，片状化技术难度大，其外观和参数与普通铝电解电容相近，仅引脚形式有变化

续表

电容类型	实物图	特　点
钽电解电容		钽电解电容体积小、电解质响应速度快，广泛用于大规模集成电路构成的高速运算和处理设备中
可调电容		可调电容由一组定片和一组动片组成，其容量随动片的转动而连续改变。它的介质通常有空气和聚苯乙烯两种，前者体积较大，损耗较小，可用于更高频率的场合。一般 Φ6 塑封可调电容的标称容量范围为 3～120 pF。Φ5 陶瓷可调电容（5～90 pF）设计坚固，可抵抗强烈震动

2）表面贴装电容的类型与容量关系

表面贴装电容的容量因所用的介质不同而各异，其容量范围如表 2-43 所示。

表 2-43　表面贴装电容的类型与容量范围

电容类型	容量范围
独石电容	0.5 pF～4.7 μF
多层陶瓷电容	0.5 pF～47 μF
电解电容	1～470 μF

3）表面贴装电容的表示方法

表面贴装电容的表示方法与电阻相同，其单位默认为皮法（pF）。

例如：101 表示电容容量为 100 pF；

104 表示电容容量为 0.1 μF；

R75 表示电容容量为 0.75 pF，其中用 R 代表小数点的位置。

4）电容的正负极区分

铝电解电容颜色较深（或有负号标记）的一极为负极，钽电解电容颜色较深（或有标记）的一极为正极。陶瓷电容是无极性的，但陶瓷电容的容量一般不丝印在元件表面，且大小、厚度和颜色同样的电容，容量大小也不一定相同，因此对其容量的判定必须借助检测仪表进行测量。

5）表面贴装电容的误差表示

误差在允许偏差范围内的电容均为合格品。电容误差级别代码和误差值关系如表 2-44 所示。

表 2-44　电容误差级别代码和误差值关系

级别代码	J	K	M	H	Z
误差值	±5%	±10%	±20%	±25%	-20%或+80%

例如：104 K 表示容值在 90～110 nF 为合格品；

　　　104 Z 表示容值在 80～180 nF 为合格品。

6）表面贴装电容的耐压值

耐压值表示此电容允许的工作电压，若超过此电压，将影响其电性能，乃至其被击穿而损坏。不同介质的电容，其耐压值也不同，一般常见的耐压值有如表 2-45 所示的几种，常用数字或字母代码表示。

表 2-45　表面贴装电容的耐压值系列

字母代码	G	J	A	C	D	E	V	H
耐压值	4V	6.3V	10V	16V	20V	25V	35V	50V

例如："50V 332±10%　0603"表示耐压值为 50 V，容值为 3300 pF，误差为±10%（2 970～3 630 pF 合格），外观尺寸的长、宽分别为 1.6 mm 与 0.8 mm。

3. 表面贴装电感

表面贴装电感有线绕式和非线绕式（如多层片状电感）两大类。

1）表面贴装电感的形状及特点

表面贴装电感的形状及特点如表 2-46 所示。

表 2-46　表面贴装电感的形状及特点

电感类型	实物图	特　点
多层电感器		片式叠层电感器的外观与片状独石电容很相似，也称模压电感。它采用树脂外壳，有良好的绝缘性能。其里面采用铁氧体磁屏蔽层，以防磁场外泄
薄膜电感器		它具有在微波频段保持高 Q、高精度、高稳定性和小体积的特性。其内电极集中于同一层面，磁场分布集中，能确保装贴后的器件参数变化不大，在 100 MHz 以上呈现良好的频率特性
线绕电感器		这是一种小型通用电感，电感量是由铁氧体线圈架的磁导率和线圈的圈数决定的。由于线圈的导线极细，所以在使用中应知道电流的大小，以免损坏电感
功率电感器		功率电感器，广泛应用于数码产品、PDA、笔记本电脑、电脑主板、显示卡、移动电话、网络通信、显卡、液晶背光源、电源模块、汽车电子、安防产品、办公自动化、家庭电器、对讲机、电子玩具、运动器材及医疗仪器等中

2）表面贴装电感的表示方法

电感的结构与材料不同，其电感量的范围也不同。例如，使用材料代码为 A 的多层片状电感，其电感量为 0.047~1.5 μH；而使用材料代码为 M 的多层片状电感，其电感量为 2.2~100 nH。

与贴片电阻和电容一样，电感量的大小也由三位数字表示，默认单位为μH。

例如：100 表示电感量为 10 μH；

R15 表示电感量为 0.15 μH，其中 R 代表小数点；

1R0 表示电感量为 1.0 μH。

有时三位数字中出现 N 时，表示单位为 nH，同时 N 还表示小数点。

例如：47 N 表示电感量为 47.0 nH（0.047 μH）。

3）表面贴装电感的误差表示

线绕式电感的精度可以做得很高，有 G、J 级；而薄膜电感、多层片状电感的精度较低，一般为 K、M 级。如表 2-47 所示为常见的电感误差级别代码和误差值。

表 2-47　电感误差级别代码和误差值

级别代码	G	J	K	M	N	C	S	D
误差值	±2%	±5%	±10%	±20%	±30%	±0.2nH	±0.3nH	±0.5nH

4）频率特性

电感的频率特性这一参数特别重要，目前一般将电感按频率特性分为高频电感和中频电感两类，高频电感的电感量较小，一般为 0.05~1 μH，而中频电感的电感量范围较大。

4．表面贴装晶体管

1）表面贴装二极管的类型

表面贴装二极管有无引线柱形玻璃封装、SOT 型塑料封装和片式塑料封装等。无引线柱形玻璃封装二极管将管芯封装在细玻璃管内，两端以金属帽为电极。常见的有稳压、开关和通用二极管。其中玻璃二极管和塑封二极管的封装如图 2-35 所示。

（a）玻璃二极管　　　（b）塑封二极管

图 2-35　表面贴装二极管的封装

2）表面贴装二极管的形状

常见表面贴装二极管的形状如表 2-48 所示。

表 2-48 表面贴装二极管的形状

名　称	形　状
塑料矩形薄片二极管	
无引线柱形玻璃封装二极管	
发光二极管	

3）表面贴装三极管封装的形式及特点

表面贴装三极管采用带有翼形短引线的塑料封装，常用的可分为 SOT-23、SOT-89、SOT-143 和 SOT-252 等几种尺寸结构，产品有小功率管、大功率管、场效应管和高频管几个系列。其中 SOT-23 是通用的表面贴装三极管。

表面贴装三极管的形状及特点如表 2-49 所示。

表 2-49 表面贴装三极管的形状及特点

封装形式	实物图	特　点
SOT-23		将器件有字模的一面对着自己，有一个引脚的一端朝上，上端为集电极，下左端为基极，下右端为发射极
SOT-89		字面对着自己，引脚朝下，从左到右，依次为 b、c、e。它具有 3 个薄的短引脚分布在三极管的一端，管底面有金属散热沉与集电极相连，三极管芯片黏接在较大面铜片上，以利于散热，通常用于较大功率的器件。这类封装常见于硅功率表面组装三极管
SOT-143		SOT-143 有 4 个翼形短引脚，对称分布在长边的两侧，引脚中宽度偏大一点的是集电极，另有两个引脚相通的是发射极，余下的一个是基极。这类封装常见于双栅场效应管及高频晶体管中
SOT-252		SOT-252 有 3 个翼形引脚，其中 2 个引脚比较长，最左边的长引脚为发射极 e，最右边的长引脚为基极 b，中间的一个短引脚为集电极 c

5. 表面贴装集成电路

集成电路包括各种数字电路和模拟电路。集成电路封装不仅起到集成电路芯片内键合点与外部进行电气连接的作用，也为集成电路芯片提供了一个稳定可靠的工作环境，对集成电路芯片起到了机械和环境保护的作用，从而使得集成电路芯片能发挥正常的功能。

1）表面贴装集成电路的封装形式及特点

表面贴装集成电路的封装形式及特点如表 2-50 所示。

表 2-50 表面贴装集成电路的封装形式及特点

封装形式	实物图	特　点
SOP		它由双列直插式封装 DIP 演变而来，是 DIP 集成电路的缩小形式。它采用双列翼形引脚结构。小外形集成电路常见于线性电路、逻辑电路和随机存储器等单元电路中
SOJ		这种引脚结构不易损坏，且占用 PCB 的面积较小，能够提高装配密度
PLCC		PLCC 采用的是在封装体的四周具有下弯曲的 J 形短引脚。由于 PLCC 组装在电路基板表面，不必承受插拔力，所以一般采用铜材料制成，这样可以减小引脚的热阻柔性。PLCC 几乎是引脚数大于 40 的塑料封装 DIP 所必须的替代封装形式
QFP		QFP 是专为小引脚间距表面组装 IC 而研制的新型封装形式。QFP 是适应 IC 容量增加、I/O 数量增多而出现的封装形式，目前已被广泛使用
BGA		BGA 即球栅阵列，其特点主要是芯片引脚不是分布在芯片的周围而是在封装的底面。它主要应用在通信产品和消费产品上
CSP		其封装尺寸与裸芯片相同或比裸芯片稍大。它能适应再流焊组装。CSP 是一种有品质保证的封装形式，器件质量可靠、安装高度低，可达 1 mm

2）集成电路的引脚判别

通常情况下，所有 IC 都会在其本体上标示出方向点，根据其方向点，可以判定出 IC 第一个引脚所在位置，判定方法为：字面对着自己，正放 IC，边角有缺口（或凹坑、白条线、圆点等）标识边的左下角第 1 引脚为集成电路的第 1 个脚，再以逆时针方向依次计为第 2、3、4……引脚。集成电路引脚排列图如图 2-36 所示。

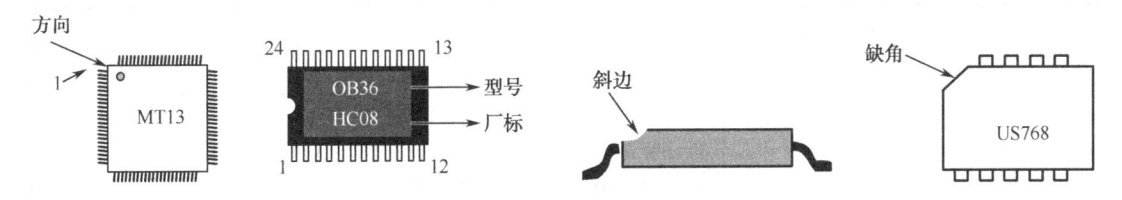

图 2-36 集成电路引脚排列图

贴装 IC 时，必须确保其第 1 引脚与 PCB 上相应的丝印标识（斜口、圆点、圆圈或

"1")相对应,且要保证各引脚在同一平面,无损伤变形。

6. 表面贴装连接器

以前在 PCB 上进行高密度组装时,对连接器的主要要求是小型化。然而现在,不仅要小型化,而且还要满足结构及功能上的要求。连接器要满足小型化,插针中心距必须变窄,因此要增加单位面积的插针数。与传统中心距为 2.54 mm 的连接器相比,最新的高密度组装连接器的中心距为 1.27 mm。在许多情况下,连接器插针中心距与 PCB 的设计密切相关,要满足一定的电路设计要求。如图 2-37 所示为常见表面贴装连接器。

图 2-37 表面贴装连接器

插座主要用于排线插接,是排线与 PCB 上线路连接的接口,在电子线路中常用 CN、CON 和 XS 等字母表示。常见的贴装形式有接口朝上的立式插座和与 PCB 板面呈水平的卧式插座,其中有些立式插座在贴装时要注意方向性,要和 PCB 的丝印标识一致,防止贴反。插座方向如图 2-38 所示。

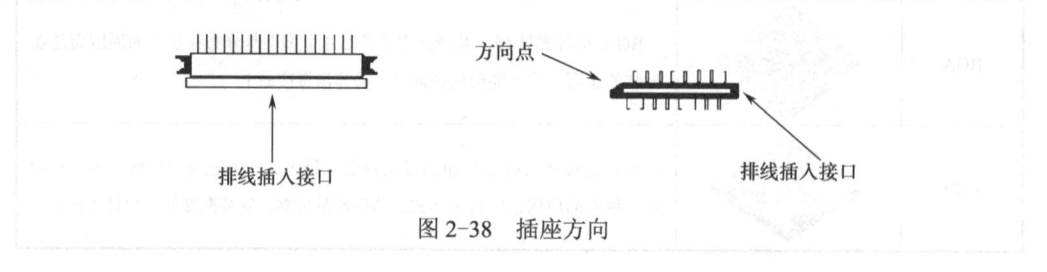

图 2-38 插座方向

项目训练 11　表面组装元器件的识读

工作任务书如表 2-51 所示,技能实训评价表如表 2-52 所示。

表 2-51　工作任务书

章节	第 2 章　常用元器件检测工艺		任务人	
课题	表面组装元器件的识读		日期	
实践目标	知识目标	① 了解表面组装元器件的特点及种类 ② 了解表面贴装技术与传统通孔插装技术的区别 ③ 掌握识别和检测贴装元器件的方法		
	技能目标	① 能识别各种不同种类的贴装元器件 ② 熟练掌握贴装元器件的表示方法 ③ 了解三极管、集成电路的几种封装形式		

续表

实践内容	器材与工具	各种类型的贴片元器件
	具体要求	① 认识各种贴装元器件 ② 熟练掌握贴装元器件的表示方法 ③ 认识三极管和集成电路的几种封装形式
具体操作		
注意事项		① 三极管的封装形式不一样,其电极顺序也不同,应用时要注意 ② 矩形形状的贴装元器件往往表面不丝印,因此要根据形状分清是电阻、电容还是电感等

表2-52 技能实训评价表

评价项目:表面组装元器件的识读				日期			
班级		姓名	学号	评分标准			
序号	项目	考核内容	配分	优	良	合格	不合格
1	认识贴装元器件	① 根据外形能辨别出各种贴装元器件 ② 了解贴装元器件的特点与作用	20				
2	贴装元器件的表示方法	① 正确识读贴装元器件类型 ② 根据外形大小知道其尺寸表示	20				
3	贴装二端元器件	① 能区别二端元器件的类型 ② 能辨别出二端元器件的极性	20				
4	贴装三极管封装	① 根据外形知道其封装形式 ② 能识别三极管的基极、发射极和集电极	10				
5	贴装集成电路	① 根据外形知道其封装形式 ② 能判别贴装集成电路的引脚方向	10				
6	安全文明操作	① 工作台上工具排放整齐 ② 完毕后整理好工作台面 ③ 严格遵守安全操作规程	20				
	合计		100	自评(40%)		师评(60%)	
教师签名							

2.6 电声器件的识读与检测

电声器件是将电信号转换为声音信号或将声音信号转换成电信号的换能元件,在家用电器和电子设备中得到了广泛应用。电声器件的工作原理图如图 2-39 所示。下面介绍几种常用的电声器件。

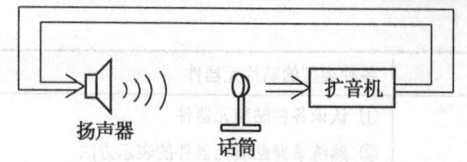

图 2-39 电声器件的工作原理图

2.6.1 传声器的基本知识

传声器俗称话筒，其作用与扬声器相反，它是将声音信号转换为电信号的电声器件。传声器的文字符号用"B"或"BM"表示。在家用电器中常用驻极体传声器和动圈式传声器。

1. 传声器的符号

传声器的符号如表 2-53 所示。

表 2-53 传声器的符号

旧符号	动圈式	电容式	晶体式	铝带式
新符号	B BM	B或BE		

2. 传声器的分类

传声器按换能方式结构和声学工作原理可分为动圈式传声器、驻极体电容式传声器和压电陶瓷片。以动圈式和驻极体电容式传声器的应用最为广泛。传声器按外形结构可以分为手持式、领夹式、头戴式和鹅颈式。如表 2-54 所示为传声器的分类与实物图。

表 2-54 传声器的分类与实物图

分　　类	名　　称	实　物　图
按换能方式分	动圈式	
	压电陶瓷式	
	驻极体电容式	

续表

分 类	名 称	实 物 图
按外形结构分	手持式	
	领夹式	
	头戴式	
	鹅颈式	

3．驻极体话筒

1）驻极体话筒的组成结构

驻极体话筒由声电转换和阻抗变换两部分组成。其结构如图 2-40 所示。声电转换的关键元件是驻极体振动膜。

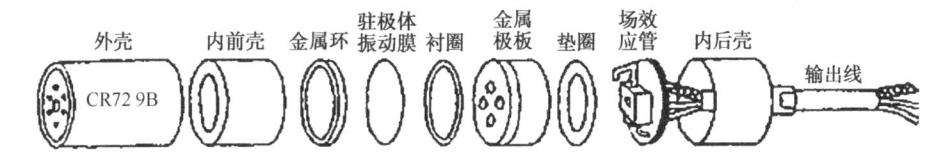

图 2-40 驻极体话筒结构

驻极体振动膜（极薄的一面涂有金属的塑料膜片）两面分别驻有异性电荷，可与金属极板形成电容。当驻极体振动膜遇到声波振动时，会产生位移，改变两极板之间的距离，$C=L/d$，引起电容变化。由于 $Q=CU$，电荷不变，电容量 C 变化，电压 U 变化，所以产生随声波变化而变化的交变电压。由于膜片与金属极板之间的电容量很小，一般为几十皮法，因而它的输出阻抗值很高，约为几十兆欧姆以上。这样高的阻抗是不能直接与音频放大器相匹配的。因此在话筒内接入了一个结型场效应管来进行阻抗变换。场效应管的特点是输入阻抗极高、噪声系数低。普通场效应管有源极（S）、栅极（G）和漏极（D）三个极。驻极体话筒的两个电极接在栅源极之间，驻极体话筒两端的电压即为栅源极偏置电压 U_{GS}，U_{GS} 变化时，能引起场效应管的源漏极之间电流 I_{ds} 的变化，实现了阻抗变换。一般话筒经变换后输出电阻小于 2 kΩ。

2）驻极体话筒的特点

驻极体话筒作为换能器，具有体积小、频带宽、噪声小和灵敏度高的特点，被广泛运

用于助听器、无线传声器、电话机和声控设备等电路中。

3）驻极体话筒的连接形式

驻极体话筒有 2 个引极的，也有 3 个引极的，其引极对应如图 2-41 所示。

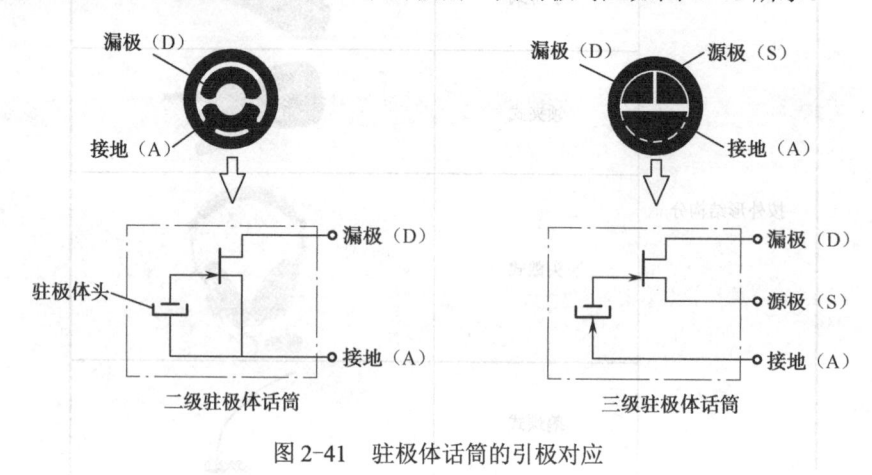

图 2-41　驻极体话筒的引极对应

驻极体话筒的四种连接方式如图 2-42 所示。对应的话筒引出端分为两端式和三端式两种，图 2-42 中的 R 是场效应管的负载电阻，它的取值直接关系到话筒的直流偏置，对话筒的灵敏度等工作参数有较大的影响。两个输出节点的传声器，其外壳与场效应管源极相连接作为接地端，场效应管漏极作为输出端。

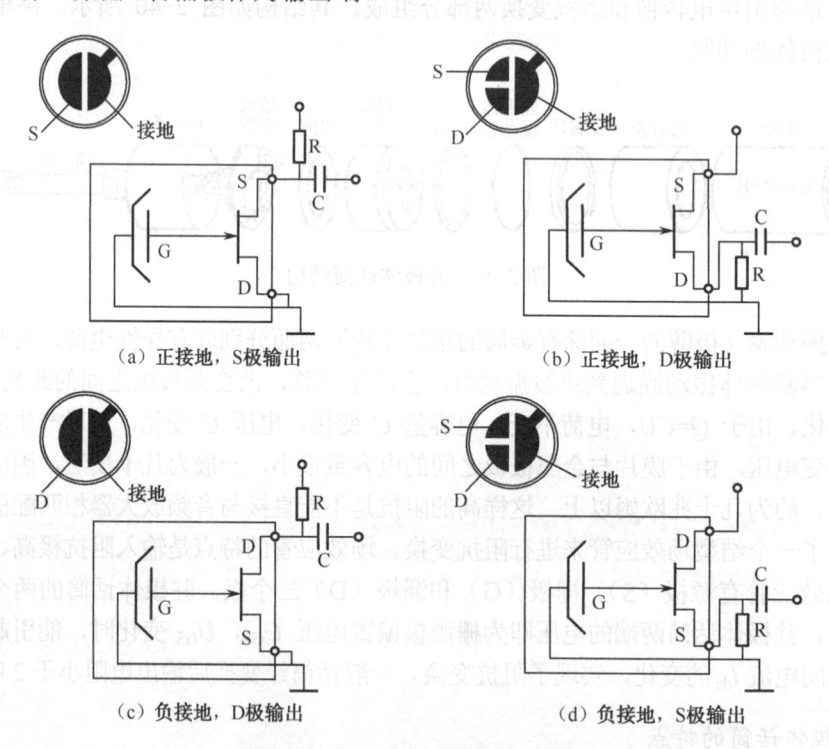

(a) 正接地，S 极输出
(b) 正接地，D 极输出
(c) 负接地，D 极输出
(d) 负接地，S 极输出

图 2-42　驻极体话筒的四种连接方式

正电源供电的源极输出适用于有三个输出接点的驻极体传声器，类似晶体三极管的射极输出电路，需要用三根引出线，漏极 D 接电源正极，源极 S 与地之间接一个电阻 R 来提供源极电压，信号由源极经电容 C 输出。源极输出的输出阻抗小于 2 kΩ，电路比较稳定，动态范围大，但输出信号比漏极输出小。三端输出式话筒目前市场上比较少见。

正电源供电的漏极输出适用于有两个输出节点的驻极体传声器，类似晶体三极管的共发射极放大电路，只需两根引出线，漏极 D 与电源正极之间接一个漏极电阻 R，信号由漏极输出，有一定的电压增益，因而话筒的灵敏度比源极输出式高，但动态范围比较小。目前市售的驻极体话筒大多采用这种方式连接。

无论何种接法，驻极体话筒必须满足一定的偏置条件才能正常工作。一般源极输出的偏置电阻 R_s 常取 2.2～5.1 kΩ，漏极输出的偏置电阻 R_d 常取 1～2.7 kΩ（实际上就是保证内置场效应管始终处于放大状态）。

4）驻极体话筒的特性参数

（1）必须使用直流电源：推荐工作电压为 1.5～6 V，常用的有 1.5 V、3 V 和 4.5 V 三种。

（2）工作电流 I_{ds}：0.1～1 mA。

（3）输出阻抗：一般小于 2 kΩ。

（4）灵敏度单位：伏/帕，国产的分为 4 挡，即红点（灵敏度最低）、黄点、蓝点和白点（灵敏度最高）。

（5）频率响应：一般较为平坦。

（6）等效噪声级：小于 35 dB。

2.6.2 扬声器的基本知识

扬声器又称为喇叭，是一种电声转换器件，它将模拟的语音电信号转化成声波，是收音机、录音机、电视机和音响设备中的重要元件，它的质量直接影响着音质和音响效果。市场上多见的是电动式、励磁式和晶体压电式扬声器。

1. 扬声器的分类

扬声器按结构分：有电动式、舌簧式、晶体式和励磁式几种。
按频段分：高音、中音、低音和宽频带等。
按外形分：圆形、椭圆形、超薄形和号筒式。

2. 扬声器的电路符号

扬声器的电路符号如图 2-43 所示。

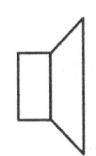

图 2-43 扬声器的电路符号

扬声器在电路中用字母"BL"或"B"表示。

3. 常用扬声器外形

常用扬声器的外形如表 2-55 所示。

表 2-55 常用扬声器的外形

类型	实物图	类型	实物图
电动式扬声器		平板式扬声器	
压电陶瓷式扬声器		球顶式扬声器	
晶体式扬声器		号筒式扬声器	
低频扬声器		扩音机	
中频扬声器		蜂鸣器	
高频扬声器		平板电脑、手机扬声器	
耳机		有源音箱	

4. 电动式扬声器

1）电动式扬声器的结构

电动式扬声器由纸盆、音圈、音圈支架、磁铁和盆架等组成。

纸盆是用特制的纸浆经模具压制而成的，多数为圆锥形，纸盆材料决定重放音色的表现。纸盆的中心部分与一个可动线圈（音圈）做机械连接。音圈处在扬声器永久磁铁磁路的磁缝隙之间，音圈导线与磁路磁力线成垂直交叉状态。扬声器的结构如图 2-44 所示。

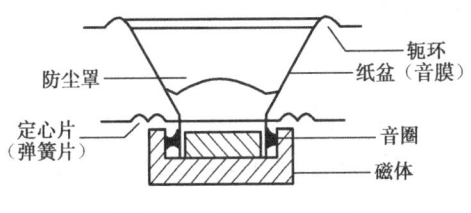

图 2-44 扬声器的结构

2）电动式扬声器的工作原理

当在扬声器音圈中通入一个音频电流信号时，音圈就会受到一个大小与音频电流成正比，方向随音频电流变化而变化的力，从而产生音频振动，带动纸盆振动，迫使周围空气发出声波。扬声器的工作原理图如图 2-45 所示。

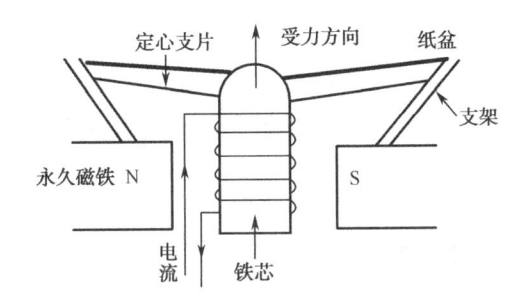

图 2-45 扬声器的工作原理图

定心支片的作用：保证并在一定范围内限制纸盆只能沿轴向运动。定心支片、音圈和纸盆共同构成扬声器的发音振动系统。

5．扬声器的主要技术参数

1）尺寸

扬声器的标称尺寸是指正面的最大直径尺寸，常以 mm 或英寸表示。一般扬声器尺寸越大。可承受的功率也越大，相应的低频响应特性也越好（但尺寸小的扬声器不一定高频特性好）。

2）标称阻抗

标称阻抗是制造厂所规定的扬声器（交流）阻抗值。在这个阻抗上，扬声器可获得最大的输出功率。选用扬声器时，其标称阻抗一般应与音频功放器的输出阻抗相匹配。标称阻抗值有 4 Ω、6 Ω、8 Ω、16 Ω和 32 Ω，如果不知道扬声器阻抗，可通过用万用表测量其直流电阻，再乘以 1.1～1.3 的系数来估计。

3）标称功率

标称功率又称额定功率或不失真功率，是指扬声器能长时间正常工作的允许输入功率。最大功率为额定功率的 1.5～2 倍。常用的扬声器功率有 0.1 W、0.25 W、1 W、3 W、

5 W、10 W、30 W、60 W 和 100 W 等。

4）谐振频率

谐振频率是指扬声器有效频率范围的下限值，通常扬声器的谐振频率越低，扬声器的低音重放性能就越好。优秀的重低音扬声器的谐振频率多为 20～30 Hz。

5）频率范围

当给扬声器输入一定音频信号的电功率时，扬声器会输出一定的声音，产生相应的声压。不同的频率在同一距离上产生的声压是不同的。一般来说，扬声器的口径越大，下限频率越低，低音重放效果就越好。

一般低音扬声器的频率范围为 20 Hz～3 kHz；中音扬声器的频率范围为 500 Hz～5 kHz；高音扬声器的频率范围 2～20 kHz。

6）灵敏度

灵敏度指馈给扬声器 1 W 粉红噪声信号时，在其参考轴上距参考点 1 m 处能产生的声压（Pa），主要用来反映扬声器的电、声转换效率。高灵敏度的扬声器用较小的电功率即可推动。

2.6.3 传声器与扬声器的检测

1. 驻极体话筒的检测

1）电阻法

通过测量驻极体话筒引线间的电阻，可以判断其内部是否开路或短路。

测量时将万用表置于 R×100 或 R×1 K 挡，测量除接地端之外的两个电极的正、反向电阻，在阻值较小的一次测量中黑表笔接的是源极 S，红表笔接的是漏极 D。

一般所测阻值应在 500 Ω～3 kΩ 范围内（有二极管的缘故）。若所测阻值为无穷大，则说明话筒开路；若测得阻值接近零，则表明话筒有短路故障。如果测得的阻值比正常值小得多或大得多，都说明被测话筒性能变差或已损坏。

2）吹气法

将万用表置于 "R×100" 挡，将红表笔接 S 极，黑表笔接 D 极，此时，万用表指针指示的值应为 1 kΩ 左右的阻值，然后正对着话筒吹一口气，仔细观察指针，应有较大幅度的摆动（500 Ω～3 kΩ 范围内）。万用表指针摆动的幅度越大，说明话筒的灵敏度越高，若指针摆动的幅度很小，则说明话筒的灵敏度很低，使用效果不佳。假如发现指针不动，可交换表笔位置再次进行吹气试验，若指针仍然不摆动，则说明话筒已损坏。如果在未吹气前指针指示的阻值便出现漂移不定的现象，说明话筒的热稳定性很差，这样的话筒不易使用。

对于有 3 个引出端的驻极体话筒，只要正确区分 3 个引出线的极性，将黑表笔接正电源端，红表笔接输出端，接地端悬空，采用上述方法仍可测出话筒的好坏。

2．扬声器的检测

1）估计阻抗和判断好坏

将万用表置于 R×1 挡，调零后测出扬声器音圈的直流电阻 R，然后用估计公式 $Z=1.17R$ 算出扬声器的阻抗。如果测得一个无标记的扬声器的直流电阻为 6.8 Ω，则阻抗 $Z=1.17\times 6.8$ Ω=7.9 Ω。一般一个 8 Ω 扬声器的实测电阻为 6.5～7.2 Ω。当断续碰触接线端子时，如果"咯嗒"声清脆、干净，说明其音质好。

2）判断相位

在制作安装组合音响时，高、低音扬声器的相位是不能接反的。判断方法是将万用表置于最低的直流电流挡，如 50 μA，用左手持红、黑表笔分别跨接在扬声器的两个引出端，用右手食指尖快速地弹一下纸盆，同时仔细观察指针的摆动方向，若指针向右摆动说明红表笔所接的一端为负极。

项目训练 12 电声器件的识读与检测

工作任务书如表 2-56 所示，技能实训评价表如表 2-57 所示。

表 2-56 工作任务书

章节	第 2 章 常用元器件检测工艺		任务人			
课题	电声器件的识读与检测		日期			
实践目标	知识目标	① 掌握传声器与扬声器的特点及作用 ② 了解驻极体话筒与电动式扬声器的结构及工作原理 ③ 掌握判断和检测电声器件的质量好坏				
	技能目标	① 能识别各种电声器件 ② 掌握驻极体话筒的连接形式 ③ 学会用万用表检测各种电声器件的质量				
实践内容	器材与工具	万用表、各种传声器及扬声器若干				
	具体要求	① 认识各种电声器件 ② 理解驻极体话筒与电动式扬声器的结构 ③ 用万用表检测电声器件的质量				
具体操作						
注意事项						

表 2-57 技能实训评价表

评价项目：电声器件的识读与检测				日期			
班级		姓名	学号	评分标准			
序号	项目	考核内容	配分	优	良	合格	不合格
1	认识电声器件	① 根据外形能辨别出各种电声器件 ② 了解各电声器件的特点及用途	20				

续表

2	驻极体话筒	① 驻极体话筒的组成结构 ② 驻极体话筒的连接形式	10			
3	传声器检测	① 正确选择万用表的量程 ② 根据测量结果判断其质量好坏	20			
4	电动式扬声器	① 电动式扬声器的结构 ② 电动式扬声器的工作原理	10			
5	扬声器检测	① 正确选择万用表的量程 ② 根据测量结果判断其质量好坏	20			
6	安全文明操作	① 工作台上工具排放整齐 ② 完毕后整理好工作台面 ③ 严格遵守安全操作规程	20			
	合计		100	自评（40%）		师评（60%）
教师签名						

第3章 手工焊接技术与拆焊技术

教学目标

类　　别	目　　标
知识要求	① 熟练掌握手工焊接的操作要领 ② 熟记电烙铁的使用与保养方法 ③ 能描述绝缘导线、屏蔽线的加工工艺流程 ④ 掌握几种不同拆除方法适用的场合
技能要求	① 能正确选用合适工具对导线进行加工处理 ② 熟练掌握裸铜丝在多用印制电路板上的加工整形工艺 ③ 掌握元器件各种成型加工的基本技能 ④ 熟练掌握多种封装形式的手工贴片焊接
职业素质培养	① 养成良好的职业道德 ② 具有分析问题和解决实际问题的能力 ③ 具有质量、成本、安全和环保意识 ④ 培养良好的沟通能力及团队协作精神 ⑤ 养成细心和耐心的习惯
任务实施方案	① 电烙铁的拆装与维修 ② 导线加工及元器件引线成型加工方法 ③ 印制电路板的焊接基本训练 ④ 手工贴片元器件的焊接训练 ⑤ 元器件拆焊的基本训练

3.1 焊接材料及工具

焊接材料包括焊料和焊剂（又称助焊剂）。掌握焊料和焊剂的性质、作用原理及选用知识，是电子工艺技术中的重要内容之一。手工焊接用的焊接工具主要是电烙铁，还有其他的五金工具，它们在电子产品的手工组装过程中是必不可少的器具，对于保证产品的焊接质量具有决定性的影响。

3.1.1 焊接材料

焊接材料主要是指连接被焊金属的焊料和清除金属表面氧化物的焊剂。

1. 焊料和焊剂

1）焊料

焊料是易熔金属，熔点应低于被焊金属。焊料熔化时，能在被焊金属表面形成合金与被焊金属连接在一起。使用焊料的主要目的就是把被焊物连接起来，对电路来说构成一个通路，显然，焊接的可靠性是影响电子产品质量的主要因素。只有焊料完全浸润被焊金属，才能形成一个导电性能良好、具有足够机械强度、清洁美观的合格焊点。因此，焊点的好坏取决于焊接材料的性能和被焊金属表面的状态，同时也取决于焊接的工艺条件和操作方法。

（1）对焊料的要求

① 焊料的熔点要低于被焊工件。
② 易于与被焊物连成一体，要具有一定的抗压能力。
③ 要有良好的导电性能。
④ 结晶的速度要快。

焊料有多种型号，根据熔点的不同可分为硬焊料和软焊料；根据组成成分不同可分为锡铅焊料、银焊料和铜焊料等。在一般电子产品装配中，主要采用锡铅焊料，俗称焊锡。

（2）锡铅焊料

常用的锡铅焊料主要由锡和铅组成，还含有锑和镉等成分。锡与铅以不同比例熔合成锡铅合金后，熔点和其他物理性能都会发生变化。

锡铅焊料具有一系列锡和铅所不具备的优点：

① 熔点低，低于锡和铅的熔点，有利于焊接；
② 机械强度高，合金的各种机械强度均优于纯锡和纯铅；
③ 表面张力小、黏度下降，增大了液态流动性，有利于在焊接时形成可靠焊点；
④ 抗氧化性好，铅的抗氧化性优点在合金中继续保持，使焊料在熔化时能减少氧化量。

（3）共晶焊锡

锡铅中的锡含量是 61.9%，铅含量是 38.1%，称为共晶合金。它的熔点更低，为 183 ℃，是锡铅焊料中性能最好的一种，它有如下特点：

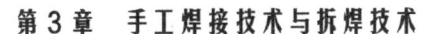

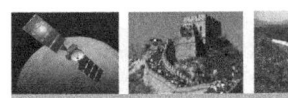

① 低熔点，使焊接时加热温度降低，可防止元器件损坏；

② 熔点和凝固点一致，可使焊点快速凝固，不会因半熔状时间间隔而造成焊点结晶疏松，强度降低；

③ 流动性好，表面张力小，润湿性好，有利于提高焊点质量；

④ 强度高，导电性好。

（4）常用的焊接材料

在手工电烙铁焊接中，一般使用管状焊锡丝（也称线状焊锡）。它是将焊锡制成管状，在其内部充加焊剂而制成的。焊剂常用优质松香添加一定活化剂而制成。焊料成分一般是含锡量 60%～65% 的锡铅焊料。焊锡丝直径有 0.5～5.0 mm 等多种，一般电子产品以 0.8 mm 和 1.0 mm 为主，焊接贴片元件以 0.5 mm 为主。如图 3-1 所示为常用的焊接材料。

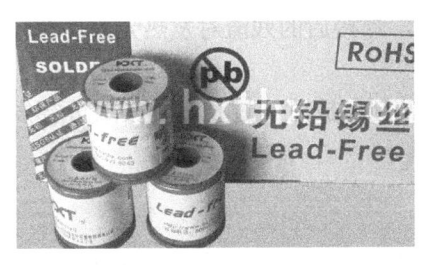

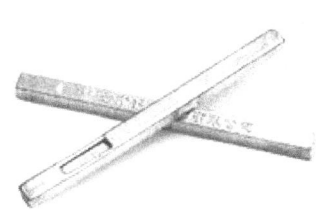

图 3-1 常用的焊接材料

2）常用助焊剂

在电子产品中，使用最多、最普遍的是以松香为主体的树脂系列焊剂。松香焊剂属于天然产物。目前，在使用过程中通常将松香溶于酒精中制成"松香水"，松香与酒精的比例一般为 1:3 为宜，也可根据使用经验增减，但不能过浓，否则流动性能会变差。如图 3-2 所示为常用助焊剂。

图 3-2 常用助焊剂

（1）助焊剂的作用

① 除去氧化膜：焊剂中的氯化物和酸类会与氧化物发生还原反应，从而除去氧化膜，使金属与焊料之间的接合良好。

② 防止加热时氧化：焊剂熔化后，悬浮在焊料表面，形成隔离层，防止了焊接面的氧化。

③ 减小表面张力：增加了焊锡流动性，有助于焊锡浸润。

④ 使焊点美观：合适的焊剂能够整理焊点形状，保持焊点表面光泽。

(2) 常用助焊剂应具备的条件

① 熔点低于焊料：在焊料熔化之前，焊剂就应熔化。

② 表面张力、黏度、比重均应小于焊料：焊剂表面张力必须小于焊料，因为它要先于焊料在金属表面扩散浸润。

③ 残渣容易清除：焊剂或多或少都带有酸性，如果不清除，就会腐蚀母材，同时也影响美观。

④ 不能腐蚀母材：酸性强的焊剂，不单单能清除氧化层，而且还会腐蚀母材金属，成为发生二次故障的潜在原因。

⑤ 不会产生有毒气体和臭味：从安全卫生角度讲，应避免使用毒性强或会产生臭味的化学物质。

(3) 使用助焊剂的注意事项

常用的松香焊剂在超过 60 ℃时，绝缘性能会下降，焊接后的残渣对发热元器件有较大的危害，因此要在焊接后清除焊剂残留物。

另外，存放时间过长的助焊剂不宜使用。因为助焊剂存放时间过长时，其成分会发生变化，活性变差，影响焊接质量。

3) 常用阻焊剂

在焊接时，尤其是在浸焊和波峰焊中，为提高焊接质量，需采用耐高温的阻焊涂料，使焊料只在需要的焊点上进行焊接，而把不需要焊接的部位保护起来，起到一定的阻焊作用。这种阻焊涂料称为阻焊剂。如图 3-3 所示为常用的阻焊剂。

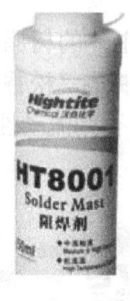

图 3-3 常用的阻焊剂

(1) 阻焊剂的主要功能

① 防止桥接、拉尖、短路及虚焊等情况的发生，提高焊接质量，降低印制电路板的返修率。

② 印制电路板板面被阻焊剂所涂覆，焊接时受到的热冲击小，降低了印制电路板的温度，使板面不易起泡、分层。同时，也起到了保护元器件和集成电路的作用。

③ 除了焊盘外，其他部分均不上锡，节省了大量的焊料。

④ 使用带有颜色的阻焊剂，如深绿色和浅绿色等，可使印制电路板的板面显得整洁美观。

阻焊剂按成膜材料不同可分为热固化型阻焊剂、紫外线光固化型阻焊剂和电子辐射光固化型阻焊剂。

（2）阻焊剂的种类

阻焊剂的种类很多，一般分为干膜型阻焊剂和印料型阻焊剂。目前广泛使用的是印料型阻焊剂，这种阻焊剂又可分为热固化阻焊剂和光固化阻焊剂两种。

① 热固化阻焊剂的特点是附着力强，能耐 300 ℃高温，但要在 200 ℃的高温下烘烤 2 h，因而板子容易变形，能源消耗大，生产周期长。

② 光固化阻焊剂（光敏阻焊剂）的特点是在高压汞灯的照射下，只要 2～3 min 就能固化，因而可节约大量能源，提高生产效率，并便于组织自动化生产。这种阻焊剂的毒性低，因此可减少环境污染。但这种阻焊剂易溶于酒精，能和印制电路板上喷涂的助焊剂中的酒精成分相溶而影响板子的质量。

2．印制电路板的基础

1）印制电路板的结构

印制电路板（也称为 PCB）是由绝缘底板、连接导线和装配焊接电子元器件的焊盘组成的，具有导电线路和绝缘底板的双重作用，简称印制板。

印制板是在覆铜板上完成印制导线和导电图形工艺加工的成品板，是实现电子元器件之间电气连接的电子部件，同时为电子元器件和机电部件提供了必要的机械支撑。印制板作为一种互连工艺，革新了电子产品的结构工艺和组装工艺。

无论是采用分立器件的传统电子产品还是采用大规模集成电路的现代数码产品，都少不了印制板，在电子产品中，PCB 与各类电子器件一样，都处于非常重要的地位，因此它也是电子部件之一。

2）印制电路板的种类和特点

（1）印制电路板的分类

表 3-1　印制电路板的分类

按结构不同分	按绝缘材料不同分	按粘结剂树脂不同分	按用途分
单面印制板	纸基板	酚醛	通用型
双面印制板	玻璃布基板	环氧	特殊型
多层印制板	合成纤维板	聚酯	
软印制板		聚四氟乙烯	
平面印制板			

（2）印制电路板的特点

① 设计上可以标准化，利于互换。

② 布线密度高、体积小、质量轻，利于电子设备的小型化。

③ 图形具有重复性和一致性，减少了布线和装配的差错。

④ 利于机械化和自动化生产，降低了成本。

3)印制电路板的组成及常用术语

一块完整的 PCB 是由焊盘、过孔、安装孔、定位孔、印制线、元件面、焊接面、阻焊层和丝印层等组成的。如表 3-2 所示为几种术语的图示及说明。

表 3-2 印制电路板的常用术语

序 号	常用术语	图 示	说 明
1	焊盘		对覆铜板进行处理而得到的元器件连接点
2	过孔		在双面 PCB 上将上下两层印制线连接起来且内部充满或涂有金属的小孔
3	安装孔		用于固定大型元器件和 PCB 的小孔
4	定位孔		用于 PCB 加工和检测定位的小孔,可用安装孔代替
5	印制线		将覆铜板上的铜箔按要求经过蚀刻处理而留下的网状细小的线路,是供元器件电路连接用的
6	元件面		PCB 上用来安装元器件的一面,单面 PCB 无印制线的一面,双面 PCB 印有元器件图形标记的一面

续表

序　号	常用术语	图　示	说　明
7	焊接面		PCB 上用来焊接元器件引脚的一面，一般不作标记
8	阻焊层		PCB 上的绿色或棕色层面，是绝缘的防护层
9	丝印层		PCB 上印出文字与符号（白色）的层面，采用了丝印的方法

4）印制电路板的对外连接

印制电路板对外的连接有多种形式，可根据整机结构要求而确定。一般采用以下两种方法。

（1）用导线互连。将需要对外进行连接的接点，用印制导线引到印制电路板的一端，导线应从被焊点的背面穿入焊接孔，如图 3-4 所示。

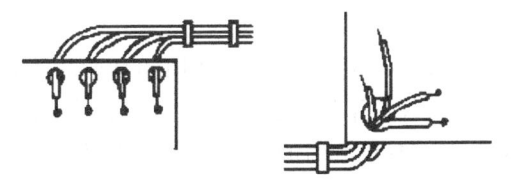

图 3-4　导线互连图

当电路有特殊需要（如连接高频高压外导线）时，应在合适的位置引出，不应与其他导线一起走线，以避免相互干扰。如图 3-5 所示为高频屏蔽导线的外接方法。

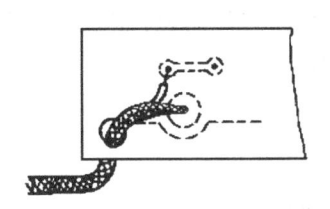

图 3-5　高频屏蔽导线的外接方法

（2）用印制电路板接插式互连。如图 3-6 所示为印制电路板接插的簧片式互连，将印制电路板的一端制成插头形状，以便插入有接触簧片的插座中去。

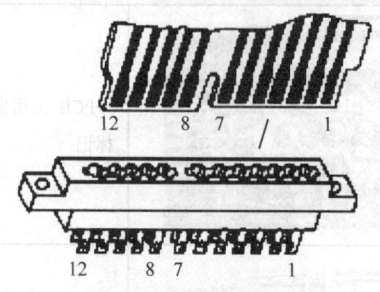

图 3-6 印制电路板接插的簧片式互连

如图 3-7 所示是针孔式插头与插座的连接。在针孔式插头的两边设有固定孔与印制电路板，在插头上有 90°弯针，其一端与印制电路板接点焊接，另一端可插入插座内。

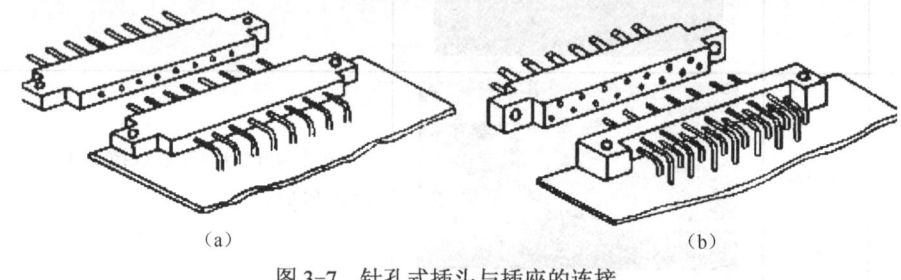

图 3-7 针孔式插头与插座的连接

随着微电子技术的不断发展，现代电子产品的体积已趋于小型化和微型化，而 PCB 也由单面板发展到双面板、多层板及挠性板，其设计也由传统制作工艺发展到计算机辅助设计。

目前，应用最广泛的是单面板与双面板。为此，掌握单和双面 PCB 的设计便成了电子技术人员的一项重要技能。

3.1.2 焊接常用工具

焊接工具是实施锡焊作业必不可少的条件。适用和高效的工具是焊接质量的保证，而合格的材料是锡焊质量的前提，因此了解这方面的基本知识对掌握焊接技术是必要的。

电子产品在装配过程中都离不开常用的安装工具，正确有效地使用安装工具能够提高产品组装的效率。

1. 电烙铁

电烙铁的作用是把足够的热量传送到焊接部位，以便熔化焊料而不熔化元件，使焊料和被焊金属连接起来。常用的电烙铁有外热式、内热式、恒温式和吸锡式等几种。下面就几种常用电烙铁的构造及特点进行介绍。

1）电烙铁的分类与结构

（1）外热式电烙铁

外热式电烙铁又称旁热式电烙铁，它由烙铁头、外壳、手柄、烙铁芯和电源线连接插

头等组成,其结构如图 3-8 所示。外热式电烙铁由于外侧加热,所以热效率较低,温升慢、但其结构简单,是电子装配中常用的焊接工具。外热式电烙铁的外形如图3-9所示。

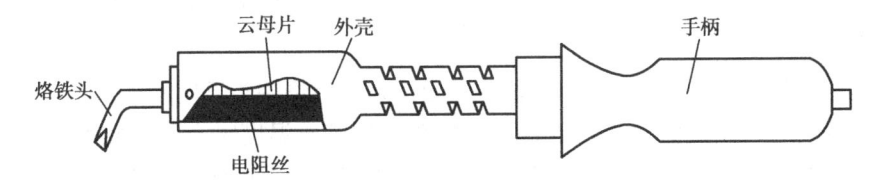

图 3-8 外热式电烙铁的结构

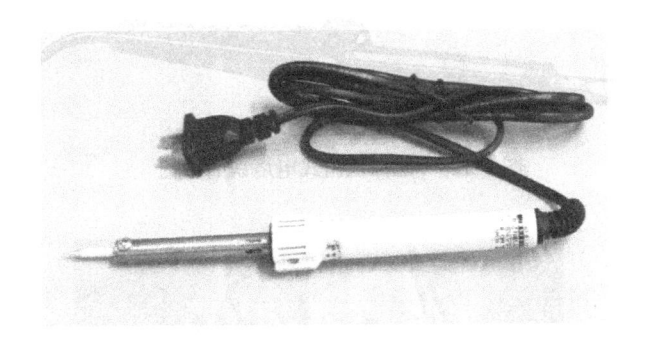

图 3-9 外热式电烙铁的外形

(2)内热式电烙铁

内热式电烙铁由手柄、连接杆、弹簧夹、烙铁头和烙铁芯等组成,其结构如图 3-10 所示。由于烙铁芯被烙铁头包起来,故称为内热式。烙铁头的温度也可以通过移动烙铁头与烙铁芯的相对位置来调节。内热式电烙铁发热快、热效率高、体积小、质量轻,目前用得较多。内热式电烙铁的外形如图3-11所示。

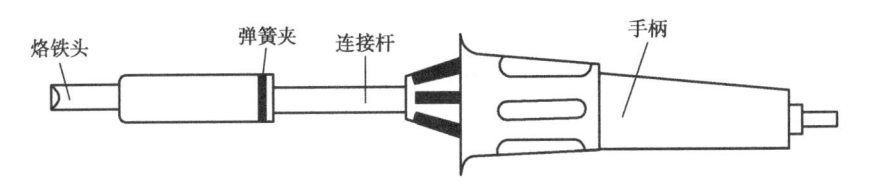

图 3-10 内热式电烙铁的结构

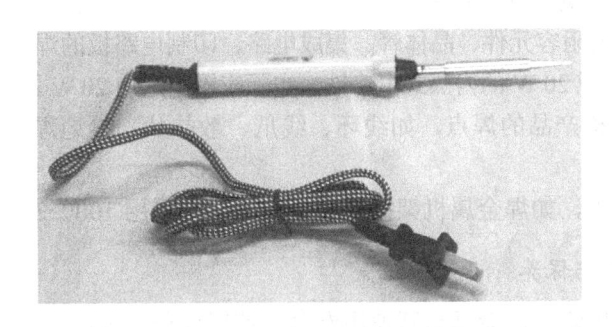

图 3-11 内热式电烙铁的外形

(3) 恒温式电烙铁

目前使用的外热式和内热式电烙铁的温度一般都超过 300 ℃，这对焊接晶体管和集成电路等是不利的。在质量要求较高的场合，通常需要恒温式电烙铁。恒温式电烙铁有电控和磁控两种。

电控恒温式电烙铁是用热电偶作为传感器元件来监控烙铁头温度的。

磁控恒温式电烙铁是借助于软磁金属材料在达到某一温度时会失去磁性这一特点，制成磁性开关来达到控温目的的。如图 3-12 所示为磁控恒温式电烙铁的结构，如图 3-13 所示为恒温式电烙铁的外形。

图 3-12　磁控恒温式电烙铁的结构

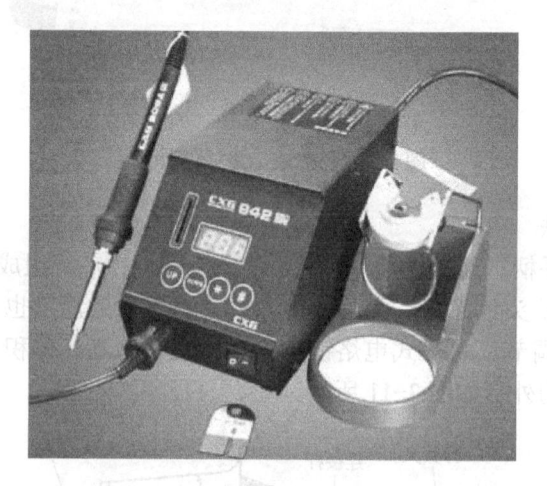

图 3-13　恒温式电烙铁的外形

2）电烙铁的选用

电烙铁在选用时要重点考虑加热形式、功率大小和烙铁头的形状。

下面以功率大小为例选择电烙铁。

（1）焊接小瓦数的阻容元件、晶体管、集成电路、印制电路板的焊盘或塑料导线时，宜采用 25～35 W 的外热式或 20 W 的内热式电烙铁，实际应用中选用 20 W 的内热式电烙铁最好。

（2）焊接一般结构产品的焊点，如线环、线爪、散热片、接地焊片等时，宜采用 50～75 W 的电烙铁。

（3）对于大型焊点，如焊金属机架接片和焊片等，宜采用 100～200 W 的电烙铁。

3）电烙铁的使用与保养

正确使用和维护电烙铁，能延长其使用寿命。使用过程中需注意以下几点。

（1）要经常清理外热式电烙铁壳体内的氧化物，以防止烙铁头卡死在壳体内，给检修

电烙铁带来困难。

（2）对于合金烙铁头，当发现烙铁头有污垢时应该用浸水的海绵或湿布轻轻地擦拭烙铁头，不得用砂纸或锉刀打磨烙铁头，不要用干松香擦拭烙铁头，以减少烙铁头的腐蚀。

（3）将烙铁头加热到足以熔化焊料的温度，及时在清洁后的烙铁头上涂一层焊料，以防止烙铁头的氧化，同时有助于将热传到焊接表面上去，提高电烙铁的可焊性。

（4）当电烙铁空闲时，烙铁头上应保留少量焊料，这有助于保持电烙铁的清洁和延长其使用寿命，用完电烙铁，要及时断电，以防长时间通电加热损坏烙铁头。

（5）电烙铁放置许久不用，如果发现烙铁头氧化、发黑、上不了锡，可以用剪刀轻轻地刮去上面的氧化部分（露出亮的），再上锡加以保护。

4）电烙铁的测试方法

以 25 W 的电烙铁为例，用指针式万用表测试电烙铁的好坏时，量程应选择 R×100 Ω 挡。先进行"Ω"校正，然后将万用表的两支表笔放在电烙铁插头的两个端点上，其电阻值正常应该为 2 kΩ 左右（正常时应为：$R = U^2/P = 220^2/P$）。

如果测量出这两个端点的电阻值为"0"，则说明烙铁芯内部有可能短路了，或连接杆处的导线相碰了。

如果测量出这两个端点的电阻值为"∞"，则说明烙铁芯内部可能开路了，或连接杆处的导线脱落了。

对于电阻值为"0"或"∞"的电烙铁都必须进行修理。可以换一根好的烙铁芯，并再一次对电烙铁进行测量，正常后才能使用。

5）电烙铁的拆除与安装

（1）外热式电烙铁

① 拆卸——用螺丝刀将烙铁头上的左右两个螺钉旋下，拿出烙铁头，再拧松手柄上的螺钉，手柄从外拉出，然后将电源线与烙铁芯的两根引线松开，最后将烙铁芯从前面轻轻拉出。

② 装配——与拆卸顺序相反。组装过程是先装烙铁芯→装接线柱或连接烙铁芯→装电源线和手柄→装上烙铁头。

如表 3-3 所示为外热式电烙铁的拆卸过程。

表 3-3　外热式电烙铁的拆卸过程

步　骤	图　示	方　法
1		先用螺丝刀将烙铁头上的两个螺钉旋下，再用尖嘴钳把烙铁头从上面取出

续表

步骤	图示	方法
2		用螺丝刀拧松手柄上的螺钉,手柄从外拉出,并用电烙铁把烙铁芯的两端焊接断开
3		取出的烙铁芯用万用表检查其好坏,正常情况下,其电阻值应该为 2 kΩ左右

(2) 内热式电烙铁

① 拆卸——用尖嘴钳将烙铁头从外拉下,再用螺丝刀将电烙铁手柄上的螺钉旋下,手柄同时旋下,之后松开接线柱上的螺钉将电源线从接线柱上取下,接着用尖嘴钳将接线柱旋开,轻轻地将烙铁芯从前面拉出。

② 装配——与拆卸顺序相反。但需注意的是在旋紧手柄时,电源线不能与手柄一起转动,否则易造成短路。

如表 3-4 所示为内热式电烙铁的拆卸过程。

表 3-4 内热式电烙铁的拆卸过程

步骤	图示	方法
1		用尖嘴钳将烙铁头从外拉下
2		再用螺丝刀将电烙铁手柄上的螺钉旋下,手柄同时旋下,取出与电源线相连的烙铁芯架

续表

步骤	图示	方法
3		松开接线柱上的螺钉将电源线从接线柱上取下
4		用尖嘴钳将接线柱旋开，烙铁芯从前面拉出
5		用万用表检查烙铁芯的好坏，正常情况下，其电阻值应为 2 kΩ 左右

2．其他常用的五金工具

如表 3-5 所示为其他常用五金工具的外形及特点。

表 3-5 常用五金工具的外形及特点

名 称	外 形 图	特点及作用
尖嘴钳		尖嘴钳的钳口长而细，钳口末端较小，钳口根部较粗，此种钳子用于折弯和加工细导线夹持小零件，不能用于弯折粗导线
斜口钳		斜口钳的钳口短，且有很平均的刃口，其钳口位于侧面，这种斜口钳可用于剪细小导线，也可用于修整印制电路板和装配中使用的塑料线等
平口钳		平口钳的钳口平整，主要用于导线及元器件引线成型，以及拉直裸导线，也可以在给晶体管和热敏元件的引脚涂锡时，用来夹住引线，以便散热
镊子		镊子有尖嘴镊子和圆嘴镊子两种，主要用作夹具用具，焊接、拆卸小的电子元器件时，用镊子作为夹具，可使操作方便，有助于元器件散热

续表

名　称	外　形　图	特点及作用
螺丝刀		螺丝刀按头部形状的不同，可分为一字形和十字形两种
剪刀		剪刀是切割布、纸、钢板、绳和圆钢等片状或线状物体的双刃工具，两刃交错，可以开合。剪刀已成为人们日常生产生活中不可或缺的工具

项目训练 13　电烙铁的拆装与维修

工作任务书如表 3-6 所示，技能实训评价表如表 3-7 所示。

表 3-6　工作任务书

章节		第 3 章　手工焊接技术与拆焊技术	任务人	
课题		电烙铁的拆装与维修	日期	
实践目标	知识目标	① 了解电烙铁的组成结构 ② 熟记电烙铁的使用与保养方法 ③ 理解电烙铁的选用过程		
	技能目标	① 学会外热式（或内热式）电烙铁的拆装技巧 ① 熟练掌握电烙铁的测试与维修方法		
实践内容	器材与工具	① 万用表、螺丝刀 5 寸（一字，十字）、尖嘴钳和焊锡丝等 ② 外热式电烙铁（或内热式电烙铁）一把		
	具体要求	① 拆解电烙铁，并测量烙铁芯的电阻值，判断是否正常 ② 按要求完成电烙铁的组装 ③ 通电上锡，使烙铁头熔上一层均匀的薄锡		
具体操作				
注意事项		① 使用电烙铁时应注意安全，防止烫伤 ② 装配电烙铁时电源线与烙铁芯的连接处一定要套上套管（外热式）或将电源线牢固地固定在接线柱上（内热式） ③ 电烙铁通电后，必须把电烙铁放置在专用的烙铁架内，不得随意摆放		

表 3-7 技能实训评价表

评价项目：电烙铁的拆装与维修				日期			
班级		姓名	学号	评分标准			
序号	项目	考核内容	配分	优	良	合格	不合格
1	电烙铁外观检查	① 检查电烙铁的电源线有无破损 ② 检查电烙铁上的螺钉和烙铁头是否松动	10				
2	用万用表判断电烙铁的好坏	① 判断万用表的量程是否正确 ② 根据测量结果判断其好坏	15				
3	电烙铁的拆解	① 了解外热式（或内热式）电烙铁的结构 ② 正确拆解外热式（或内热式）电烙铁	20				
4	电烙铁的维修	① 用万用表检测烙铁芯的好坏 ② 检查烙铁头是否符合焊接要求	20				
5	电烙铁的组装	① 维修后再正确安装好电烙铁 ② 需再次测量，正常后方能通电使用	20				
6	安全文明操作	① 工作台上工具排放整齐 ② 完毕后整理好工作台面 ③ 严格遵守安全操作规程	15				
	合计		100	自评（40%）		师评（60%）	
教师签名							

3.2 导线加工与元器件成型加工工艺

线缆是电子产品中必不可少的线材，很多电气连接主要依靠各种规格的线缆来实现。了解这些线缆的性能与特点，正确选择与合理地使用它们，对提高生产产量、保证产品质量是至关重要的。

器件装配到印制电路板之前，应根据安装位置特点及工艺要求，预先将元器件的引线加工成一定的形状，即对元器件进行引线成型，然后进行插装。成型后的元器件既便于装配，提高装配质量和效率，又能达到性能稳定、整齐、美观的效果。

3.2.1 线缆加工工艺

电子产品中常用的线材包括电线和电缆，它们是电能或电磁信号的传输线。构成电线与电缆的核心材料是导线。它按材料可分为单金属丝（如铜丝、铝丝）、双金属丝（如镀银铜线）和合金线；按有无绝缘层可分为裸电线和绝缘电线。

1. 常用导线

导线是由导体（芯线）和绝缘体（外皮）组成的。导体材料主要是铜线或铝线，电子产品要用到的导线几乎都是铜芯线。

1）常用导线的实物

常用导线的实物如图 3-14 所示。

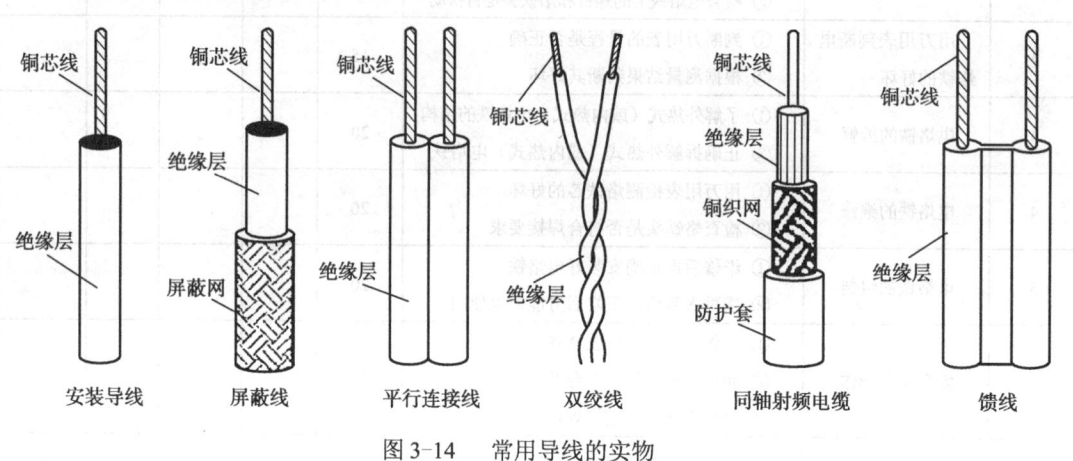

图 3-14　常用导线的实物

2）常用导线的分类与用途

如表 3-8 所示为常用导线的分类与用途。

表 3-8　常用导线的分类与用途

种类	意义	用途
裸线	是指表面没有绝缘层的金属电线	大部分用作电线和电缆的导电线芯，少部分直接用作电子产品中的连接线，如电路板上的跳线等
电磁线	是具有绝缘层的导电金属线，由涂漆或包缠纤维做成的绝缘电线	按绝缘层的特点和用途，电磁线可分为绕包线、漆包线、无机绝缘电磁线及特种电磁线
绝缘电线	在裸导线表面裹上绝缘材料层制成	按用途和导线结构，分为固定敷设电线、绝缘软电线和屏蔽线。它用于电子产品对外的电气连接
电源软导线	是连接电源插座与电气设备的导线	选用电源线时，除导线的耐压要符合安全要求外，还应根据产品的功耗，合格选择不同线径的导线
同轴电缆与馈线	是与频率无关且具有一定特性阻抗的导线	在高频电路中，用来防止电路两侧特性阻抗不匹配引起的信号反射

3）常用线材的使用条件

（1）电路条件

① 允许电流与安全电流。

导线通过电流时会产生温升，在一定温度限制下的电流值称为允许电流。

对于不同绝缘材料、不同截面积的导线，其允许电流也不同，实际选择导线时要使导线中的最大电流小于允许电流并取适当的安全系数。

根据产品的级别和使用要求，安全系数可取 0.5～0.8（安全系数=工作电流/允许电流）。

常用的电源线，因其使用条件复杂，且经常被人体接触，因此一般要求安全系数更大一些，通常规定其截面积不小于 0.4 mm^2。

② 导线的电压降。

当导线较短时，可以忽略导线上的电压降。但当导线较长时就必须考虑这个问题，因此为了减小导线上的电压降，常选取较大截面积的导线。

③ 导线的额定电压。

导线绝缘层的绝缘电阻是随电压的升高而下降的，如果电压超过一定的值，则会发生导线间击穿放电现象，因此一般取击穿电压的 20%作为导线的额定电压。

④ 使用频率及特性阻抗。

如果通过导线的信号频率较高，则必须考虑导线的阻抗、介质损耗和集肤效应等因素。

射频电缆的阻抗必须与电路的特性阻抗相匹配，否则电路就不能正常工作。

⑤ 信号线的屏蔽。

当导线用于传输低电平信号时，为了防止外界的噪声干扰，应选用屏蔽线。例如，在音响电路中，功率放大器之前的信号线均需使用屏蔽线。

（2）环境条件

① 机械条件。

如果产品的导线在运输或使用中可能承受机械力的作用，则选择导线时就要对导线的强度、耐磨性和柔软性有所要求，特别是工作在高电压、大电流场合的导线，更需要注意这个问题。

② 环境温度。

环境温度对导线的影响很大，高温会使导线变软，低温会使导线变硬，甚至变形开裂，造成事故。因此选择的导线要能适应产品的工作温度。

③ 耐候性。

耐候性也是通常所说的耐老化性。各种绝缘材料都会老化腐蚀。例如，在长期的日光照射下，橡胶绝缘层的老化会加速，接触化学溶剂可能会腐蚀导线的绝缘外衣。因此要根据产品工作的环境选择相应的导线。

2．绝缘导线的加工

在电子产品中会用到各式各样的导线，导线不同，其加工工艺也不同。在整机装配前必须对所用的线材进行加工。绝缘导线在加工过程中，绝缘层不允许损坏或烫伤，否则会降低绝缘性能。其加工工艺流程如表 3-9 所示。

3．屏蔽导线的加工工艺

屏蔽导线是一种在绝缘导线外面套上一层铜编织套的特殊导线，其结构如图 3-15 所示。

表 3-9 绝缘导线的加工工艺流程

步骤	名称	图示	具体操作
1	裁剪		用直尺、剪刀或斜口钳，将绝缘导线裁剪成所需要的尺寸
2	剥头		利用剪刀、电工刀或剥线钳等工具对绝缘导线的端头绝缘层进行剥离
3	捻头		多股导线的端头剥去绝缘层后，为防止芯线松散，将剥出的多股芯线按原来的合股方向，一般以 30º~45º 的螺旋角拧紧
4	浸锡		在烙铁上蘸满焊料，将烙铁头压在导线端头，左手边慢慢地转动边往后拉，给芯线上锡

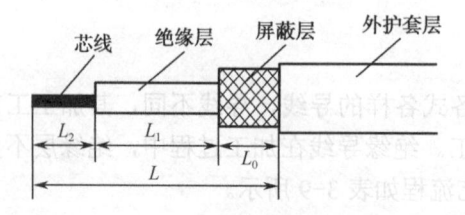

图 3-15 屏蔽导线的结构图

一般屏蔽线经过加工后都装入专用插头中，射频插头有两种结构，分为公头插头和母头插头，如图 3-16（a）所示。其内部结构如图 3-16（b）所示。

第 3 章 手工焊接技术与拆焊技术

(a)

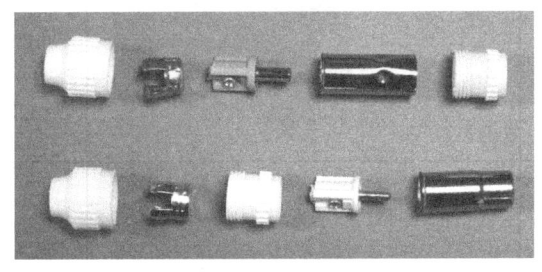

(b)

图 3-16 射频插头结构

屏蔽导线的加工工艺流程如表 3-10 所示。

表 3-10 屏蔽导线的加工工艺流程

工序	名 称	图 示	具 体 操 作
1	裁剪		将绝缘导线裁剪成所需要的尺寸，用剪刀或斜口钳，在外绝缘护套上剪一个口子，深度要达到铜编织层
2	加外套		先把外套套在裁剪后的绝缘导线上
3	剥去护套线		用其他工具撕下外绝缘护套，注意不要损坏里面的屏蔽线

续表

工序	名称	图示	具体操作
4	加固定架		套入屏蔽线固定架
5	铜编织网加工		用镊子整理铜编织网线
6	剥去芯线的绝缘层		把屏蔽线翻在固定架外,用专用工具剥去芯线的绝缘层锡纸
7	加装插头内芯		再次整理铜编织网线,芯线加装插头芯
8	加外套		其他附件一层一层套入塑料套底,旋转拧紧
9	加工完成		

3.2.2 元器件成型加工工艺

为了便于安装和焊接元器件,在安装前,对于所有元器件,都要根据其安装位置的特点及技术要求,预先把元器件引线弯曲成一定的形状,并进行搪锡处理。

1. 元器件引线的成型方法

1）预加工处理

元器件引线在成型前必须进行预加工处理，包括引线的校直、表面清洁及搪锡三个步骤。预加工处理的要求是引线处理后，不允许有伤痕，镀锡层均匀，表面光滑，无毛刺和焊剂残留物。

2）引线成型的基本要求

引线成型工艺就是根据焊点之间的距离，制成需要的形状，目的是使它能迅速而准确地插入孔内。一般电子装配元器件的引线成型如图3-17所示。

由于手工、自动两种不同焊接技术对元器件的插装要求不同，所以元器件引出线成型的形状有两种类型：手工焊接形状和自动焊接形状。

(a) 手工焊接元器件成型

(b) 自动焊接元器件成型

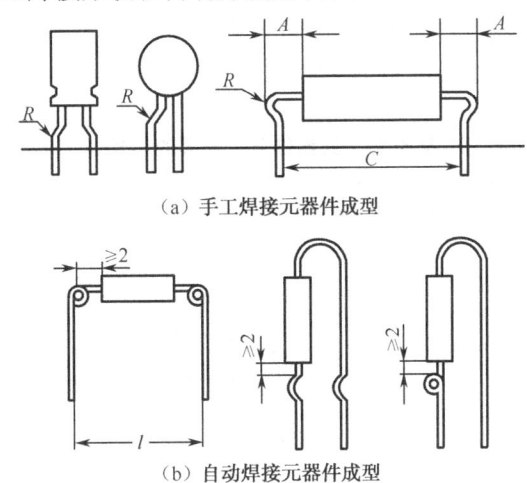

图3-17 元器件引线成型示意图

3）元器件成型的工艺要求

（1）元器件的引线成型尺寸应符合安装尺寸要求。

（2）元器件的标志方向应按照图纸规定的要求，安装后能看清元器件上的标志，若装配图上没有指明方向，则应使标记向外，易于辨认，并按从左到右、从上到下的顺序读出。

（3）引线成型后，引线弯曲部分不允许出现模印和压痕，元器件本体不应产生破裂，表面封装不应损坏或开裂。

（4）在手工成型过程中任何弯曲处都不允许出现直角，即要有一定的弧度，且其 R 不得小于引线直径的两倍，并且离元器件封装根部至少为 2 mm 的距离，否则会使得折弯处的导线截面变小，电器特性变差。

2. 元器件的插装方法

电子元器件的种类繁多，外形不同，引线也多种多样，因此，印制电路板的安装方法也就有差异，必须根据产品结构的特点、装配密度、产品的使用方法和要求来决定。

1) 元器件安装的形式

（1）普通插装

元器件的插装一般有卧式和立式两种。卧式插装是将元器件水平地紧贴在印制电路板上，也称为水平插装。它又分为贴板安装和悬空安装。这种插装稳定性好，容易排列，维修方便。

立式插装的优点是元器件密度大，拆卸方便，因此非轴向电容和三极管大多采用这种方法。而电阻器、轴向电容器和半导体二极管常以卧式插装为主。

（2）埋头安装

埋头安装有时也称倒立插装或嵌入插装，这两种插装形式一般情况下应用不多，是为了特殊的需要而采用的插装形式（如高频电路中为了减少元器件引脚带来的天线作用采用的插装形式）。

（3）横向插装

横向插装是指将元器件先垂直插入印制电路板中，然后将其朝水平方向弯曲。该插装形式适用于具有一定高度限制的元器件，以降低高度。

元器件各种安装的形式如表 3-11 所示。

表 3-11 元器件各种安装的形式

安装示意图（用于印制电路板位置相对宽松）			说 明
普通插装	卧式	贴板安装／悬空安装	优点是元器件的重心低，比较牢固稳定，受震动时不易脱落，更换时比较方便。由于元器件是水平放置的，故节约了垂直空间
	立式	104／220 μF/25 V／9013／2.4 k（2～3 mm，1～2 mm）	优点是插装密度大，占用印制电路板的面积小，插装与拆卸都比较方便。对于质量大且引线细的元器件不宜采用这种形式
埋头插装		倒装插装／嵌入插装	嵌入插装除为了降低高度外，更主要的是为了提高元器件的防震能力和加强牢靠度
横向插装			该插装形式适用于具有一定高度限制的元器件，以降低高度。对于大型元器件要特殊处理，以保证有足够的机械强度，经得起震动和冲击

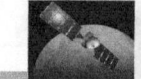

2）典型件的安装

（1）二极管的安装

二极管可立式安装也可采用卧式安装。弯脚时，不要从根部折弯，要留有余量，以防开裂。特别是玻璃壳体的二极管易碎、易爆裂。

（2）晶体管的安装

晶体管的安装一般以立式安装最为普遍，在特殊情况下也有采用横向或倒立安装的。不论采用哪一种插装形式，其引线都不能保留得太长，太长的引线会带来较大的分布参数，一般留的长度为2～3 mm，但也不能留得太短，以防止焊接时过热而损坏晶体管。

对于一些大功率、自带散热片的塑封晶体管，为提高其使用功率，往往需要再加一块散热板。安装散热板时，一定要让散热板与晶体管的自带散热片有可靠的接触，使散热顺利。三端稳压器的安装与中功率晶体管的安装相同。

（3）集成电路的安装

集成电路在装入印制电路板前，首先要判断引线的排列顺序，然后再检查引线是否与印制电路板的孔位相同，否则可能装错或装不进孔位，甚至将引线弄弯。插装集成电路时，不能用力过猛，以防止弄断或弄偏引线。

集成电路的封装形式很多，有晶体管式封装、单列直插式封装、双列直插式封装和扁平式封装等。在使用时，一定要弄清楚引线排列的顺序及第一引脚是哪一个，然后再插入印制电路板。

（4）重大器件的安装

① 中频变压器及输入、输出变压器带有固定脚，因此安装时应将固定脚插入印制电路板的相应孔位，先焊接固定脚，再焊接其他引脚。

② 对于较大体积的电源变压器，一般要采用螺钉固定，螺钉上最好加上弹簧垫圈，以防止螺钉或螺母松动。

③ 磁棒一般采用塑料支架固定。

④ 对于体积较大的电解电容，可采用弹性夹固定。

3）手工焊接元器件的成型要求

一般电子装配元器件引线的成型要求如图3-18所示。

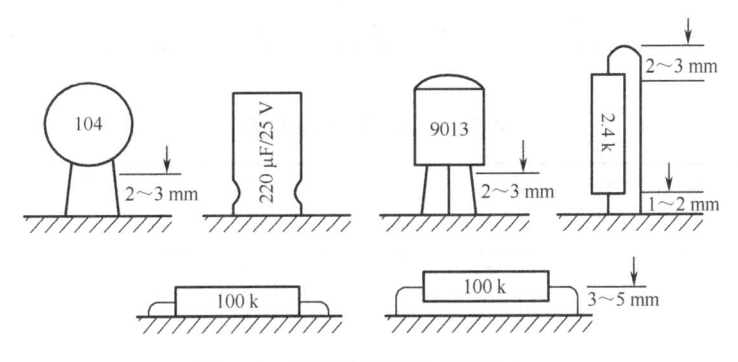

图3-18 元器件引线的成型要求

项目训练 14 导线加工及元器件引线成型加工方法

工作任务书如表 3-12 所示,技能实训评价表如表 3-13 所示。

表 3-12 工作任务书

章节		第 3 章 手工焊接技术与拆焊技术	任务人	
课题		导线加工及元器件引线成型加工方法	日期	
实践目标	知识目标	① 了解导线的种类、用途及选用方法 ② 能描述绝缘导线和屏蔽线的加工工艺流程 ③ 了解元器件的引线成型方法及工艺要求 ④ 掌握各种情况下元器件插装的方法		
	技能目标	① 能正确选用合适的工具对导线进行加工处理 ② 熟练掌握绝缘导线及屏蔽导线的加工成型工艺 ③ 掌握元器件各种成型加工的基本技能 ④ 学会对各种元器件、各种场合的不同加工成型方法		
实践内容	器材与工具	① 不同规格的剥线钳、剪刀和斜口钳等加工工具 ② 不同规格、不同形状的元器件若干 ③ 练习用的绝缘导线、屏蔽导线若干及多孔板一块 ④ 电烙铁及焊锡等焊接工具		
	具体要求	① 选用合适工具进行剪切导线练习及元器件成型练习 ② 用各种工具对导线及屏蔽导线进行剖削练习(逐步做到不剖伤芯线) ③ 对各种成型方式进行加工练习,并焊在多孔板上		
具体操作				
注意事项		① 剥头时不应损坏芯线(断股),捻头时要将多股线按一个方向拧紧,不能有单股铜丝露在外面 ② 屏蔽导线加工时,剥线应由外向内剥去,且剥去的长度也是外长内短 ③ 安装元器件的顺序一般为先低后高,先轻后重,先易后难,先一般元器件后特殊元器件 ④ 安装高度应符合规定要求,同一规格的元器件应尽量安装在同一高度上 ⑤ 元器件在印制电路板上的分布应尽量均匀、疏密一致、排列整齐美观。不允许斜排、立体交叉和重叠排列		

表 3-13 技能实训评价表

评价项目:导线加工及元器件引线成型加工方法					日期			
班级			姓名	学号	评分标准			
序号	项目		考核内容		配分	优	良	合格	不合格
1	合理选用工具		① 能按不同用途选用合适的工具进行操作训练 ② 各种工具使用方法正确		10				

续表

2	绝缘导线的加工	① 剪切和剥线时，绝缘层完好无损 ② 多股芯线不松散、无断股 ③ 浸锡应充分、圆润	20			
3	屏蔽导线的加工	① 剥去绝缘护套时不应损伤铜编织层 ② 内层的屏蔽芯线不能损伤 ③ 加工后屏蔽导线具有良好的电气性能	20			
4	元器件成型加工	① 元器件引线成型尺寸应符合安装尺寸要求 ② 引线成型后其标称值应处于查看方便的位置 ③ 引线成型后，引线弯曲部分不允许出现模印和压痕	20			
5	安装元器件顺序、高度等要求	① 安装高度应符合规定要求 ② 顺序为先低后高，先轻后重，先易后难 ③ 分布均匀、疏密一致、排列整齐	15			
6	安全文明操作	① 工作台上工具排放整齐 ② 完毕后整理好工作台面 ③ 严格遵守安全操作规程	15			
	合计		100	自评（40%）		师评（60%）

教师签名

3.3 通孔组装手工焊接工艺

目前，虽然电子产品生产大都采用自动焊接技术，但在产品研制、设备维修，以及一些小规模、小型电子产品的生产中，仍广泛应用手工焊接。对于通孔插装元器件的手工焊接，更是从事电子技术工作人员所必须掌握的技能。

3.3.1 手工焊接的工艺知识

1. 锡焊的工艺要素和基本条件

任何复杂的电子产品都由最基本的元器件组成，电子元器件按照电路图通过一定的方式连接起来，就可以实现特定的电气功能。焊接是连接印制电路板和元器件的主要方式，它在电子产品组装中占据了重要的地位，焊接质量的好坏直接影响了产品与设备性能的稳定。为了保证焊接质量、获得性能稳定可靠的电子产品，了解和掌握焊接的基本条件和焊接工艺过程是极其重要的。

1）锡焊的工艺要素

锡焊作为一种操作技术，掌握其工艺要素可以起到事半功倍的作用。

（1）掌握好加热时间

锡焊时可以采用不同的加热时间，在能润湿焊件的前提下时间越短越好。

（2）保持合适的温度

烙铁头应保持在合理的温度范围内，一般经验是烙铁头温度比焊料熔化温度高 50 ℃。

（3）不要用烙铁头对焊点施加压力

烙铁头把热量传给焊点主要靠增加接触面积，用烙铁头对焊点施加压力对加热是徒劳的而且是有害的，甚至在很多情况下会造成被焊件损伤。

2）锡焊的基本条件

（1）工件的金属材料应具有良好的可焊性

可焊性即可浸润性，是指在适当的温度下，工件的金属表面与焊料在助焊剂的作用下能形成良好的结合，生成合金层的性能。并不是所有的金属都具有良好的可焊性。一般铜及其合金、金、银、锌、镍等具有较好的可焊性，而铝、不锈钢和铸铁等可焊性较差，一般需采用特殊焊剂及方法才能锡焊。

（2）工件的金属表面应洁净与干燥

为了使焊锡和工件达到良好的结合，焊接表面一定要保持清洁与干燥。即使是可焊性良好的焊件，由于储存或被污染，也可能在焊件表面产生对浸润有害的氧化膜和污垢。

工件金属表面如果存在氧化物或污垢，会严重影响焊料在界面上形成合金层，造成虚焊、假焊。轻度的氧化物或污垢，可通过助焊剂来清除，较严重的要通过化学或机械的方式来清除。

（3）正确选用助焊剂

助焊剂是一种略带酸性的易溶物质，在焊接过程中可以溶解工件金属表面的氧化物和污垢，并提高焊料的流动性，有利于焊料浸润和扩散的进行，能在工件金属与焊料的界面上形成牢固的合金层，保证了焊点的质量。

（4）正确选用焊料

锡焊工艺中使用的焊料是锡焊合金。根据锡铅的比例及含有其他少量金属成分的不同，其焊接特性也有所不同，应根据不同的要求正确选用焊料。

3）掌握好温度与时间的关系

合适的温度是保证焊点质量的重要因素，在手工焊接时，控制温度的关键是选用具有适当功率的电烙铁和掌握焊接时间。

电烙铁功率较大时应适当缩短焊接时间；电烙铁功率较小时可适当延长焊接时间。

温度过低，会造成虚焊；温度过高，会损坏元器件和印制电路板。

当焊接温度确定后,就应根据被焊件的形状、性质和特点等来确定合适的焊接时间。焊接时间过长,容易损坏元器件或焊接部位;焊接时间过短,则达不到焊接要求。对于电子元器件的焊接,除了特殊焊点以外,一般每个焊点加热焊接一次的时间不超过 3 s。

2. 手工焊接的操作要领

1)焊接姿势

焊接时应保持正确的姿势。一般烙铁头的顶端距操作者鼻尖部位至少要保持 20 cm 以上,通常为 40 cm,以免焊剂加热挥发出的有害化学气体被吸入人体。同时要挺胸端坐,不要躬身操作,并要保持室内空气流通。

2)电烙铁的握法

电烙铁一般有正握法、反握法和执笔法三种拿法。如表 3-14 所示为电烙铁的三种握法。

表 3-14 电烙铁的三种握法

握 法	正握法	反握法	执笔法
图 示			
说 明	正握法适用于中等功率电烙铁或带弯头电烙铁的操作	反握法动作稳定,长时间操作不易疲劳,适用于大功率电烙铁的操作	执笔法多用于小功率电烙铁在操作台上焊接印制电路板等焊件

3)焊锡丝的拿法

焊锡丝的拿法根据连续锡焊和断续锡焊的不同分为两种。如表 3-15 所示为焊锡丝的两种拿法。

表 3-15 焊锡丝的两种拿法

拿 法	连续锡丝拿法	断续锡丝拿法
图 示		
说 明	连续锡丝拿法是用拇指和食指捏住焊锡丝,三手指配合拇指和食指把焊锡丝连续向前送进。它适用于成卷(筒)焊锡丝的手工焊接	断续锡丝拿法是用拇指、食指和中指夹住焊锡丝,采用这种拿法,焊锡丝不能连续向前送进。它适用于小段焊锡丝的手工焊接

4）手工焊接的步骤

焊接操作一般分为准备施焊、加热焊件、熔化焊料、移开焊丝和移开电烙铁五步，称为"五步法"。如表3-16所示为手工焊接的五个步骤。

表3-16 手工焊接步骤

操作步骤	操作示意图	说 明
准备施焊		左手拿焊丝，右手拿电烙铁，进入备焊状态。要求烙铁头保持干净，无焊渣等氧化物，并在表面镀有一层焊锡
加热焊件		烙铁头靠在两焊件的连接处，加热整个焊件，使各部分均匀受热。不要施加压力或随意拖动电烙铁
熔化焊料		当焊件的被焊部位升温到焊接温度时，焊锡丝从电烙铁对面接触焊件，熔化并润湿焊点，注意不要把焊锡丝送到烙铁头上
移开焊丝		熔入适量焊料（焊件上已形成一层薄薄的焊料层）后，迅速向左上45°的方向移去焊锡丝，否则将得到不良焊点，该步骤是掌握焊接时间的关键
移开电烙铁		移去焊料后，在助焊剂（焊锡丝内一般含有助焊剂）还未挥发完之前（有青烟冒出），迅速向右上45°的方向移去电烙铁，否则将得到不良焊点，该步骤是掌握焊接时间的关键

完成这五步后，在焊料尚未完全凝固以前，不能移动被焊件之间的位置，因为焊料未凝固时，如果相对位置被改变，就会产生假焊现象。

有时用三步法概括操作方法，即将上述步骤（2）、（3）合为一步，（4）、（5）合为一步。这种方法称为三步法焊接。

5）手工焊接的操作要领

（1）对焊件要先进行表面处理，烙铁头要经常擦蹭以保持其清洁。

（2）采用正确的加热方法和合适的加热时间。

（3）焊锡量要合适，不要用过量的焊剂，焊点凝固过程中不要移动焊件，否则焊点松动会造成虚焊。

（4）焊件要固定，对焊盘和元器件加热时要靠焊锡桥。手工焊接时，要提高烙铁头加热的效率，需要形成热量传递的焊锡桥。

（5）烙铁头撤离有讲究，而且撤离时的角度和方向与焊点的形成有关。

烙铁头撤离的方向与焊料留存量的关系如图3-19所示。

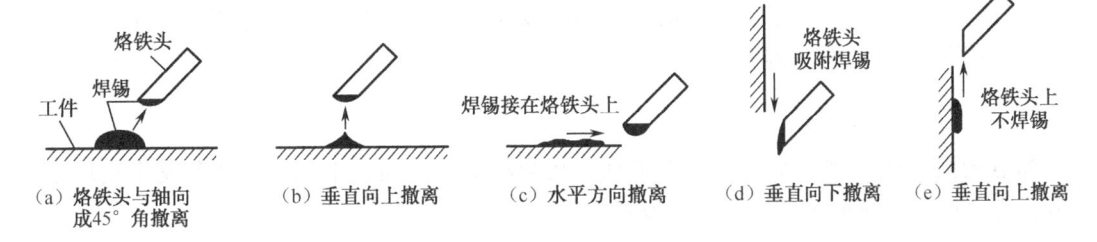

(a) 烙铁头与轴向成45°角撤离　　(b) 垂直向上撤离　　(c) 水平方向撤离　　(d) 垂直向下撤离　　(e) 垂直向上撤离

图3-19　烙铁头撤离的方向与焊料留存量的关系

6）手工焊接的注意点

焊锡丝一般要用手送入被焊处，不要用烙铁头上的焊锡去焊接，也不要用烙铁头作为运载焊料的工具，这样很容易造成焊料的氧化，以及焊剂的挥发。因为烙铁头的温度一般都在300 ℃左右，所以焊锡丝中的焊剂在高温情况下容易分解失效。

通常可以看到这样一种焊接操作法，即先用烙铁头蘸上一些焊锡，然后将烙铁头放到焊点上停留等待加热后焊锡润湿焊件。应注意，这不是正确的操作方法。虽然这样也可以将焊件焊起来，但却不能保证质量。

3.3.2　手工焊接对焊点的工艺要求

焊接结束后，要对焊点进行外观检查，因为焊点质量的好坏会直接影响整机的性能指标。对焊点的质量要求应该包括电气接触良好、机械结合牢固和美观三个方面。

1. 焊点的质量要求

1）电气性能良好

高质量的焊点应使焊料与工件金属界面形成牢固的合金层，这样才能保证良好的导电性能。不能简单地将焊料堆附在工件金属表面而形成虚焊。

2）具有一定的机械强度

焊点的作用是连接两个或两个以上的元器件并使电气接触良好，电子设备有时要工作在振动的环境中，为使焊料不松动或脱落，焊点必须具有一定的机械强度。

锡铅焊料中的锡和铅的强度都比较低，有时在焊接较大和较重的元器件时，为了增加强度，可根据需要增加焊接面积或将元器件引线、导线先网绕、胶合、钩接在接点上再进行焊接。

3）焊点上的焊料要适量

焊点上的焊料过少，不仅降低机械强度而且由于表面氧化层逐渐加深，会导致焊点早

期失效。

焊点上的焊料过多，既增加成本，又容易造成焊点桥连（短路），也会掩盖焊接缺陷。焊接印制电路板时，焊料布满焊盘且呈裙状展开时最为适宜。

4）焊点表面应光亮且均匀

良好的焊点表面应光亮且色泽均匀，这主要是因为助焊剂中未完全挥发的树脂成分形成薄膜覆盖在焊点表面，能防止焊点表面的氧化。

5）焊点不应有毛刺、空隙

焊点表面存在毛刺、空隙不仅不美观，还会给电子产品带来危害，尤其是在高压电路部分，将会产生尖端放电而损坏电子设备。

6）焊点表面必须清洁

焊点表面的污垢，尤其是焊剂的有害残留物质，如果不及时清除，酸性物质会腐蚀元器件引线、接点及印制电路板，吸潮会造成漏电甚至短路燃烧等，进而带来严重隐患。

如图3-20所示为比较理想的焊盘。

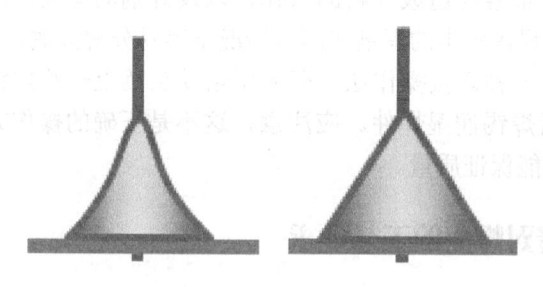

图 3-20　焊料适中的焊盘

2. 焊点的缺陷分析

焊点的缺陷分析可以通过以下图示说明，如表3-17所示。

表3-17　焊点缺陷分析

序号	名称	形状	危害	原因分析
1	虚焊（假焊）		强度低，导通不良，有可能时通时断	① 焊件清理不干净 ② 助焊剂不足或质量差 ③ 焊件未充分加热
2	焊料过少		机械强度不足，受震动或冲击时容易脱落	① 焊锡流动性差或焊丝撤离过早 ② 加热不足 ③ 助焊剂不足或质量差

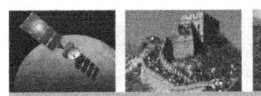

续表

序号	名称	形状	危害	原因分析
3	焊料过多		浪费焊料，可能会产生包缠缺陷	① 焊锡丝撤离过迟，焊料过多 ② 焊接温度过低，焊料没有完全熔化，焊点加热不均匀，以及焊盘、引线不能润湿等
4	桥接		电气短路，有可能使相关电路的元器件损坏	① 焊锡过多 ② 烙铁头撤离方向不当
5	不对称		强度不足，导通不良，可能会有虚焊现象	① 焊料流动性太好 ② 加热不足 ③ 助焊剂不足或质量差
6	焊料堆积		机械强度不足，可能会有虚焊现象	① 焊料质量不好 ② 焊接温度不够 ③ 焊锡未凝固时，元器件引线松动
7	拉尖		外观不佳、易造成桥接现象；对于高压电路，有时会出现尖端放电的现象	① 助焊剂过少，而加热时间过长 ② 烙铁头撤离角度不当
8	气泡（针孔）		机械强度不足，焊点容易腐蚀	① 引线与焊盘孔的间隙过大 ② 引线浸润性不良 ③ 双面板堵住通孔时间长，孔内空气膨胀
9	球焊		机械性能差，略微振动就会使连接点脱落，造成虚焊或断路故障	印制电路板面有氧化物或杂质
10	铜箔翘起剥离		使电路出现断路或元器件无法安装的情况，甚至造成整个印制板损坏	① 由于焊接时间太长，温度过高，反复焊接造成的 ② 焊盘上的金属镀层不良

3.3.3 其他手工锡焊的技巧

1. 导线与接线端子之间的焊接

导线与接线端子之间的焊接有三种基本形式：绕焊、钩焊和搭焊。其导线的弯曲形状如图3-21所示。

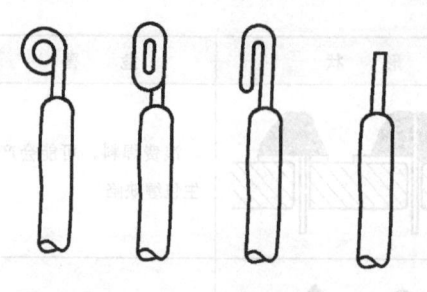

图 3-21 导线的弯曲形状

三种焊接的比较如表 3-18 所示。

表 3-18 导线与接线端子之间焊接的三种基本形式的比较

名 称	示 意 图	说 明
绕焊		它是把经过镀锡的导线端头在接线端子上缠一圈，用钳子拉紧缠牢后进行焊接的一种方式。绕焊较复杂，但连接可靠性高，绕焊时应注意导线一定要紧贴端子表面，绝缘层不接触端子，其中的 $L=1\sim3$ mm
钩焊		钩焊是将导线端子弯成钩形，钩在接线端子上并用钳子夹紧后进行焊接的一种方式。钩焊强度低于绕焊，但操作简便，端头的处理与绕焊相同，其中的 $L=1\sim3$ mm
搭焊		搭焊是将经过镀锡的导线搭在接线端子上进行焊接的一种导线焊接方式。搭焊最简便，但强度和可靠性也最差，仅用于临时连接或不便于绕焊和钩焊的地方，以及某些接插件上，其中的 $L=1\sim3$ mm

2．片状焊件的焊接法

很多器件的引出端子都是片状的，如开关接线焊片、电位器接线片、耳机和电源插座等，这类焊件一般都有焊接孔。

焊接此类片状焊件时先给焊片和导线镀上锡，且焊片的孔不要堵死，再将导线穿过焊孔并弯曲成钩形，切记不要只用烙铁头蘸上锡，在焊件上堆成一个焊点，这样很容易造成虚焊。

片状焊件的焊接方法如图 3-22 所示。

(a) 焊接预焊　　套管　　(b) 导线钩接

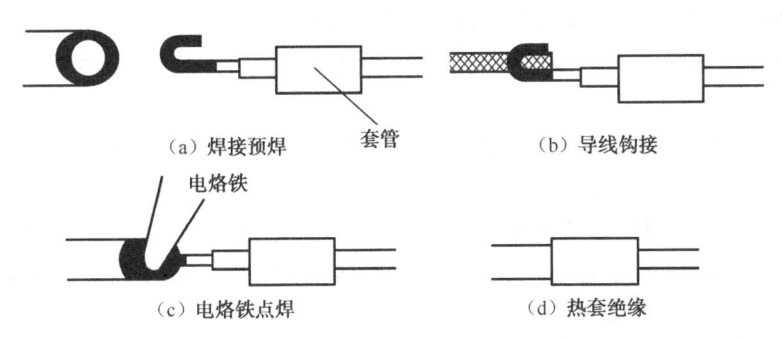

电烙铁

(c) 电烙铁点焊　　(d) 热套绝缘

图 3-22　片状焊件的焊接方法

3．注塑元器件焊接时要掌握的技巧

许多有机材料，如有机玻璃、聚氯乙烯、聚乙烯和酚醛树脂等材料，现在被广泛用于电子元器件的制造，如各种开关和接插件等。这些元器件都是采用热注塑的方式制成的，它们最大的弱点就是不能承受高温。当需要对注塑材料中的导线接点施焊时，如果控制不好加热时间，极容易造成塑件变形，导致元器件失效或降低性能。

因此，对注塑元器件进行焊接时要掌握如下技巧：

（1）先处理好焊点，保证一次镀锡成功，不能反复镀锡；
（2）将烙铁头修整得尖一些，保证焊一个接点时不碰到相邻的焊点；
（3）加助焊剂时量要少，防止助焊剂浸入电接触点；
（4）焊接时不要对接线片施加压力；
（5）焊接时间在保证润湿的情况下越短越好。

4．弹簧片类元器件的锡焊技巧

弹簧片类元器件，如继电器和波段开关等，其共同特点是在簧片制造时施加了预应力，使之产生适当的弹力，保证电接触性能良好。如果在安装和施焊过程中对簧片施加的外力过大，则会破坏接触点的弹力，造成元器件失效。

因此，弹簧片类元器件的焊接技巧如下：

（1）有可靠的镀锡；
（2）加热时间要短；
（3）不可对焊点的任何方向加力；
（4）焊锡量宜少不宜多。

5．集成电路的焊接技巧

集成电路的引脚多而密集，因此对焊接技术有更高的要求，但更应该引起重视的是 MOS 型集成电路，其内部电路是由场效应管组成的，场效应管特别是绝缘栅型场效应管，由于其阻抗很高，所以在焊接时稍有不慎即可能造成场效应管受静电击穿而失效。双极型集成电路虽然不像 MOS 集成电路那样容易受损，但由于其内部三极管的集成度很高，而且管子与外壳之间的隔离层都很薄，因此一旦过热也很容易损坏。

对集成电路进行焊接时，需要掌握的焊接技巧如下。

（1）集成电路的引线如果是镀金处理的，则不要用刀刮，只需用酒精擦洗或用绘图橡皮擦干净就可以进行焊接了。

（2）CMOS型集成电路在焊接前若已将各引线短路，则焊接时不要拿掉短路线。

（3）焊接时在保证润湿的前提下，时间要尽可能短，不要超过3 s。

（4）电烙铁最好采用恒温230 ℃、功率为20 W的电烙铁，接地应保证接触良好。若用外热式电烙铁，最好采用将电烙铁断电利用余热焊接的方法，必要时还要采取将人体接地以防止静电产生危害的措施。

（5）集成电路若直接焊到印制电路板上，则焊接顺序应为地端—输出端—电源端—输入端。

6．在金属板上焊导线的技巧

将导线焊到金属板上时，最关键的问题是往金属板上镀锡。因为金属板的表面积大，吸热多且散热快，所以必须要使用功率较大的电烙铁。一般根据金属板的厚度和面积选用50～300 W的电烙铁即可。板厚为0.3 mm以下时也可采用20～35 W的电烙铁，只是需要增加焊接的时间。

3.3.4　印制电路板上的导线焊接技能

1．镀锡裸铜丝的焊接要求

（1）镀锡裸铜丝挺直，整个走线呈直线状态，弯角成90°。

（2）焊点均匀一致，导线与焊盘融为一体，无虚焊、假焊。

（3）镀锡裸铜丝紧贴印制电路板，不得拱起、弯曲。

（4）对于较长尺寸的镀锡裸铜丝，在印制电路板上应每隔10 mm加焊一个焊点。

2．插焊的方法和技巧

（1）焊接前先将镀锡裸铜丝拉直。用斜口钳将镀锡裸铜丝剪成一定的线材，然后用尖嘴钳用力拉住镀锡裸铜丝的两头，这时镀锡裸铜丝有伸长感觉；镀锡裸铜丝经拉伸后变直，再用斜口钳剪成长短不同的线材待用。

（2）用尖嘴钳对拉直后的镀锡裸铜丝进行整形（弯成直角），然后将此工件插装在多用印制电路板中，如图3-23所示。

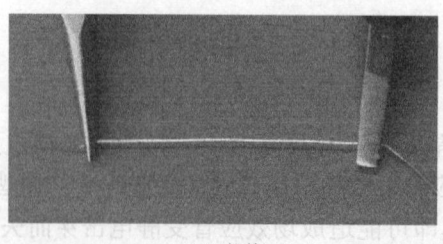

（a）拉伸 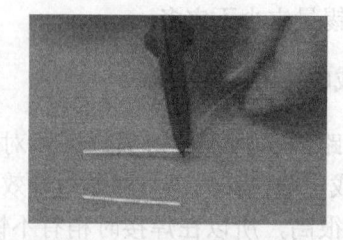　　　　　　　　　　　（b）剪材

图3-23　镀锡裸铜丝拉伸成型

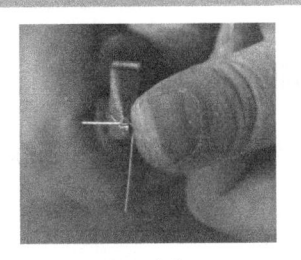

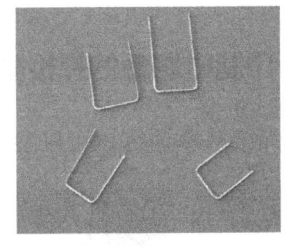

（c）弯脚　　　　　　　　　　　　（d）成型

图 3-23　镀锡裸铜丝拉伸成型（续）

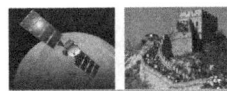

（3）用尖嘴钳将被焊的镀锡裸铜丝固定在焊盘面上，最后完成该焊点的焊接。

（4）对成直角的镀锡裸铜丝进行焊接时，应先焊接直角处的焊点，注意不能先焊两头，以避免中间拱起。

3．具体操作过程

如表 3-19 所示为镀锡裸铜丝的具体操作过程。

表 3-19　镀锡裸铜丝的具体操作过程

步　骤	示　意　图	说　明
1	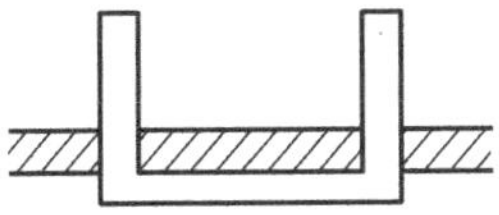	用尖嘴钳将剪好的镀锡裸铜丝按要求孔距弯成两头直角，用镊子将弯好的工件穿进多孔电路印制板中，引线部分露出在焊盘上
2	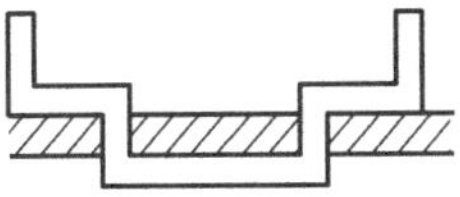	露出孔的镀锡裸铜丝在多孔电路印制板焊盘面再弯成直角，按照要求将全部镀锡裸铜丝安装在多孔电路印制板上
3	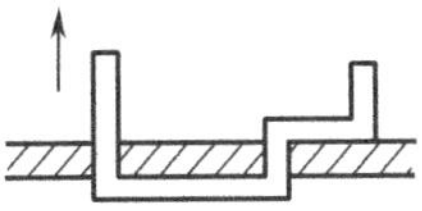	用尖嘴钳将一根镀锡裸铜丝从焊盘面拉直固定，注意镀锡裸铜丝与多孔板焊盘要垂直
4	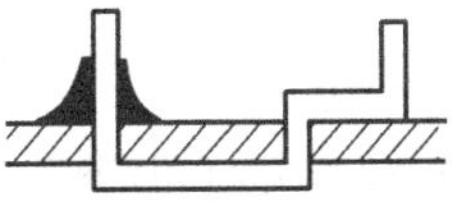	然后用五步法对被焊点加热，注意要使引线和焊盘同时加热，时间为 3 s
5	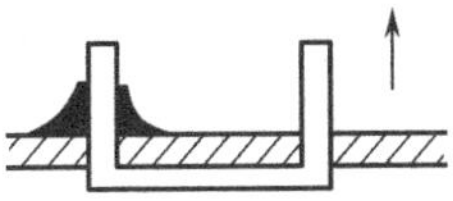	再将另一边的镀锡裸铜丝也从焊盘面拉直固定
6	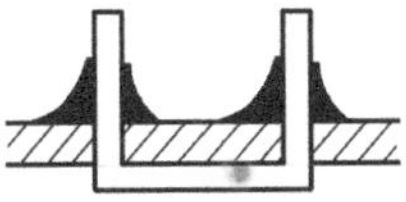	然后用电烙铁对该点进行焊接
7	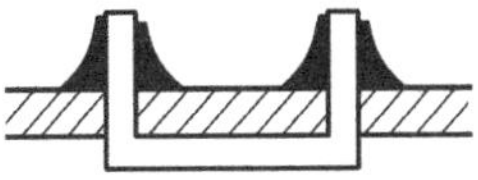	在焊点上方 1～2 mm 处用斜口钳剪去多余的引线，加工完成

项目训练 15 印制电路板的焊接基本训练

在多孔板上进行焊接基本训练，可以参照图 3-24 所示的图形加强练习。

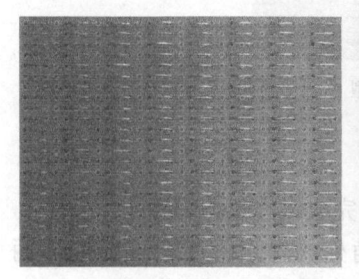

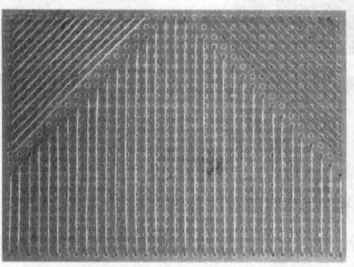

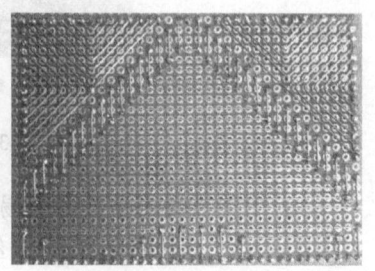

图 3-24 多孔板上的练习图案

工作任务书如表 3-20 所示，技能实训评价表如表 3-21 所示。

表 3-20 工作任务书

章节		第 3 章 手工焊接技术与拆焊技术	任务人	
课题		印制电路板的焊接基本训练	日期	
实践目标	知识目标	① 了解锡焊的工艺要素及基本条件 ② 掌握手工焊接的操作要领 ③ 会判断焊点质量的好坏及焊点的缺陷分析 ④ 了解其他手工锡焊的技巧		
	技能目标	① 掌握焊接的基本技能，熟练运用"五步法"进行焊接练习 ② 掌握电烙铁的温度、时间控制及烙铁头的修整 ③ 熟练掌握裸铜丝在多用印制电路板上的加工整形工艺		
实践内容	器材与工具	① 电烙铁及其他五金工具 ② 焊锡丝和镀锡裸铜丝等材料 ③ 多孔印制电路板		
	具体要求	① 按要求在多孔板上进行图形焊接练习 ② 牢记电烙铁的正确拿法、焊丝的送法及电烙铁撤离的方法 ③ 焊点应光滑、均匀，无假焊、虚焊、漏焊、焊盘脱落、桥焊和毛刺等缺陷 ④ 导线位置安装正确、导线挺直、紧贴印制电路板		
具体操作				
注意事项		① 镀锡裸铜丝焊接前一定要拉直，不然会弯曲或拱起 ② 引线和焊盘要同时加热，整个焊接过程时间不要超过 3 s		

表 3-21 技能实训评价表

评价项目：印制电路板的焊接基本训练				日期			
班级		姓名		学号		评分标准	
序号	项目	考核内容	配分	优	良	合格	不合格
1	导线的剪裁、成型工艺	① 导线的剪裁要适度 ② 剪裁后的导线按要求进行成型，待用	15				
2	导线的布局与规范	① 导线安装位置正确 ② 导线挺直、紧贴印制电路板	20				
3	多孔板上焊盘的质量	① 焊点光滑、均匀、美观 ② 无搭锡、假焊、虚焊、漏焊、焊盘脱落、桥焊和毛刺等缺陷	30				
4	整体质量评判（正反面）	① 多孔板整体看上去整齐、美观 ② 多孔板正反面导线整齐、美观	20				
5	安全文明操作	① 工作台上工具排放整齐 ② 完毕后整理好工作台面 ③ 严格遵守安全操作规程	15				
合计			100	自评（40%）		师评（60%）	
教师签名							

3.4 表面贴装手工焊接工艺

表面安装技术（SMT）是一种新型的高密度装联技术。它不用在基板上打孔插装元器件，而是直接将元器件贴装在基板上，因此，SMT 是一种电子元器件贴焊工艺技术。SMT 正逐步取代通孔安装技术（THT）而处于电子工业生产的主导地位。

贴片元器件的表面组装技术对整机的质量而言是至关重要的。在工业生产中，表面组装焊接元器件的安装焊接大都采用自动编程的贴片机、焊接机、清洁机和自动测试机等专业自动化机械来完成。这种方式生产成本低，生产效率高。

尽管在现代化生产过程中自动化和智能化是必然趋势，但在研究、试制和维修领域，手工操作方法还是无法取代的，这不仅有经济效益的因素，而且还由于所有自动化、智能化方式的基础仍然是手工操作，因此电子技术人员有必要了解手工 SMT 的基本操作方法。

3.4.1 表面贴装元器件手工焊接的基础知识

手工贴片 SMT 元器件俗称手工贴片。除了因为条件限制需要手工贴片焊接以外，在具有自动生产设备的企业里，假如元器件是散装的或有引脚变形的情况，也可以进行手工贴片，以作为机器贴装的补充手段。在维修电子产品或研究单位制作样机时，也可能需要手工操作。

1. 表面贴装元器件手工焊接的基本条件

焊接 SMT 元器件与焊接普通分立元器件的不同点为：焊锡丝更细；使用的工具更小巧和专业；要求操作者能熟练掌握分立元器件的焊接技能，并具有一定的工作经验。因此，对于贴片元器件焊接的工具及焊接的温度设定等都具有一定的要求。

1）手工焊接 SMT 元器件的常用工具及设备

手工焊接 SMT 元器件的常用工具及设备如表 3-22 所示。

表 3-22 手工焊接 SMT 元器件的常用工具及设备

名称	实物图	特点及用途
恒温电烙铁		SMT 元器件对温度比较敏感，焊接时必须注意温度不能超过 390°。由于片状元器件的体积小，所以烙铁头的尖端应该略小于焊接面；为防止感应电压损坏集成电路，电烙铁的金属外壳要可靠接地
电烙铁专用加热头		在电烙铁上配用各种不同规格的专用加热头后，可以用来装接或拆焊不同的元器件
电热镊子		电热镊子是一种专用于装接或拆焊 SMC 的高档工具，相当于两把组装在一起的电烙铁，只是两个电热芯独立安装在两侧，接通电源以后，捏合电热镊子夹住 SMC 元器件的两个焊端，加热头的热量会熔化焊点，很容易镊取元器件
检测探针		一般测量仪器的表笔或探头不够细，因此可以配用检测探针，探针的前端是针尖，末端是套筒，使用时将表笔或探头插入探针，用探针测量电路会比较方便和安全

第3章 手工焊接技术与拆焊技术

续表

名 称	实 物 图	特点及用途
热风台		热风台是一种用热风作为加热源的半自动设备，它更容易拆焊SMT元器件

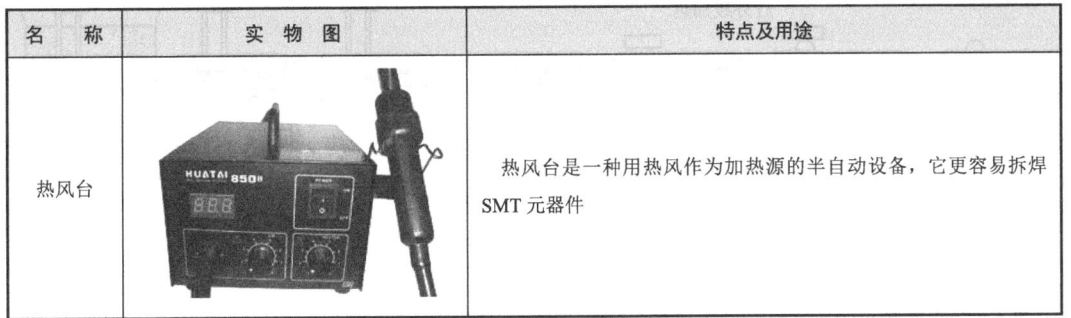

2）手工焊接SMT元器件电烙铁的温度设定

焊接时，对电烙铁的温度设定非常重要。最适合的焊接温度，是让焊点上的焊锡温度比焊锡的熔点高50℃左右。由于焊接对象的大小、电烙铁的功率和性能、焊料的种类和型号不同，所以在设定电烙铁的温度时，一般要求在焊锡熔点温度的基础上增加100℃左右。

2. SMT工艺流程

SMT工艺有两类最基本的工艺流程，一类是锡膏—回流焊工艺，另一类是贴片—波峰焊工艺。在实际生产中，应根据所用元器件和生产装备的类型及产品的要求，选择单独进行或重复、混合使用，以满足不同产品的生产需要。

1）锡膏—回流焊工艺

锡膏—回流焊的工艺流程如图3-25所示。该工艺流程的特点是简单、快捷，有利于产品体积的减小。

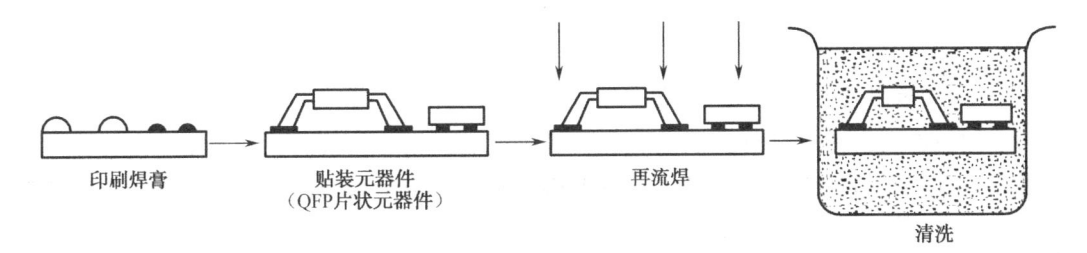

图3-25 锡膏—回流焊的工艺流程

2）贴片—波峰焊工艺

贴片—波峰焊的工艺流程如图3-26所示。该工艺流程的特点是利用双面板空间，电子产品的体积可以进一步减小，且仍使用通孔元器件，价格低廉。但设备要求增多，且波峰焊过程中缺陷较多，难以实现高密度组装。

若将上述两种工艺流程混合与重复，则可以演变成多种工艺流程供多种产品组装使用，如混合安装。

图 3-26 贴片—波峰焊的工艺流程

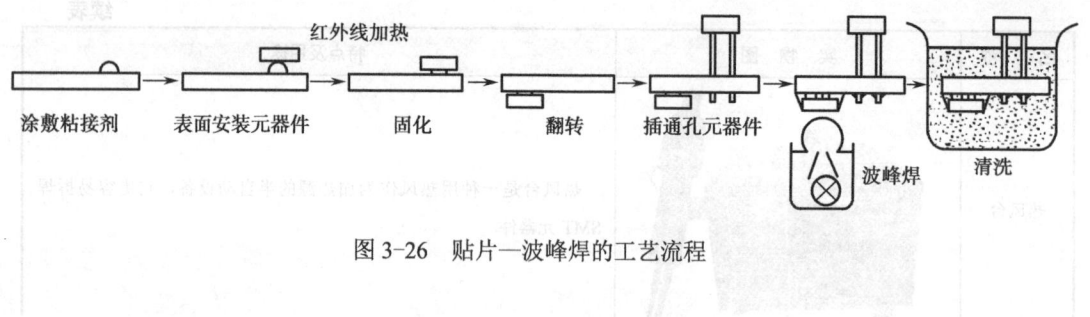

3）混合安装

混合安装的工艺流程如图 3-27 所示。该工艺流程的特点是充分利用了 PCB 双面空间，是实现安装面积最小化的方法之一，并仍保留通孔元器件价廉的优点，多用于消费类电子产品的组装。

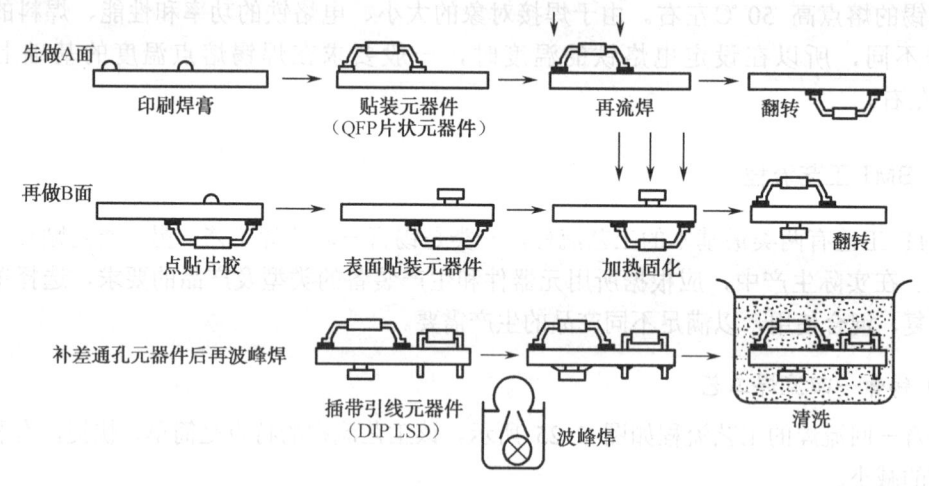

图 3-27 混合安装的工艺流程

4）双面均采用锡膏—回流焊工艺

双面回流焊的工艺流程如图 3-28 所示。该工艺流程充分利用了 PCB 空间，并实现了安装面积最小化，但其工艺控制复杂，要求严格，常用于密集型或超小型电子产品，如移动电话、掌上电脑等。

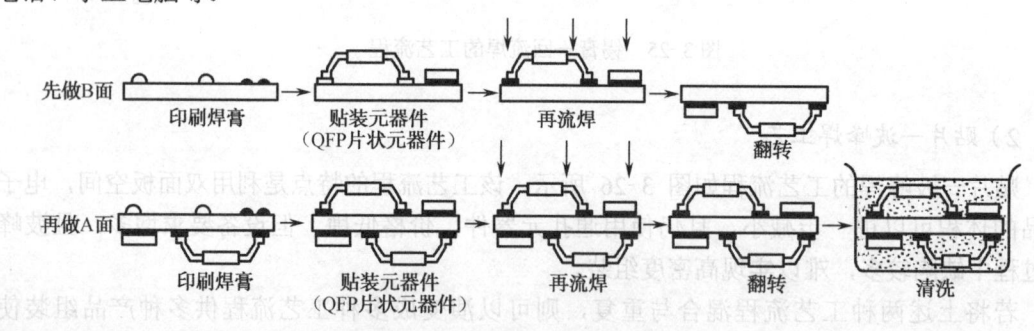

图 3-28 双面回流焊的工艺流程

3.4.2 手工贴片元器件焊接方法

由于贴片元器件的体积小,所以烙铁头尖端的截面积应该比焊接面小一些,焊接时要注意随时擦拭烙铁尖,保持烙铁头洁净,焊接时间要短,一般不要超过 2 s,看见焊锡开始熔化就立即抬起烙铁头;焊接过程中烙铁头不要碰到其他元器件;焊接完成后,要用带照明灯的 2~5 倍放大镜,仔细检查焊点是否牢固、有无虚焊现象;假如焊件需要镀锡,则要先将烙铁尖接触待镀锡处约 1 s,然后再放焊料,焊锡熔化后立即撤回电烙铁。

1. 手工贴片过程

(1) 手工贴片之前必须保证焊盘清洁。先在电路板的焊接部位涂抹助焊剂,可以用刷子把助焊剂直接刷涂到焊盘上。

(2) 涂敷黏合剂,用针状物或手工点滴器直接点胶或焊膏。

(3) 采用手工贴片工具贴放 SMT 元器件,将表面安装 PCD 板置于放大镜下,用带有负压吸嘴的手工贴片机或镊子仔细地把片状元器件放到相应位置。

(4) 焊接:采用自动恒温电烙铁,首先在贴片元器件最边缘的一个引脚上加热,注意烙铁头不能挂有较多的焊锡,然后再加热对角的引脚,以此方法进行焊接。

2. 手工贴片焊接的操作步骤

(1) 贴装 SMT 片状元器件时,首先要在一个焊盘上镀锡,镀锡后电烙铁不要离开焊盘,要使焊锡保持熔融状态,然后快速用镊子夹住元器件,对齐两个端点放到焊盘上,依次焊好两个焊端,如表 3-23 所示。

表 3-23 手工焊接 SMT 的步骤

操作步骤	操作示意图	说 明
准备施焊		在一个焊盘上加适量的焊锡
熔化焊丝		将电烙铁顶压在镀锡的焊盘上,使焊锡处于熔融状态
放入元器件		快速将被焊元器件用镊子推到焊盘上
移开工具		移开电烙铁,等焊锡凝固后,松开镊子

操作步骤	操作示意图	说明
焊接其余焊端	(电烙铁、焊锡丝示意图)	再焊接另一个端点

另一种焊接方法是，先在焊盘上涂敷助焊剂，并在基板上点一滴不干胶，再用镊子将元器件黏放在预定的位置上，先焊好一脚，后焊接其他引脚。安装钽电解电容时，要先焊接正极，后焊接负极，以免电容器损坏。

若一次未能焊正、焊牢，则不要用电烙铁反复连续焊接，可以停一下待焊点部位凉下来后再一次进行焊接。

（2）贴装 SOT 片状器件时，先在焊盘上涂敷助焊剂，并在基板上点一滴不干胶，再用镊子夹持 SOT 器件体，对准方向，对齐焊盘，居中贴放在焊锡膏上，确认后用镊子轻轻按压器件体，使浸入焊锡膏中的引脚长度不小于引脚厚度的二分之一。

（3）贴装 SOP、QFP 封装的片状器件集成电路时，器件一脚或前端标志应对准印制板上的定位标志，用镊子夹持或吸笔吸取器件，对齐两端或四边焊盘，居中贴放在焊锡膏上，用镊子轻轻按压器件封装的顶面，使浸入焊锡膏中的引脚长度不小于引脚厚度的二分之一（贴装引脚间距在 0.65 mm 以下的窄间距器件时，可在 3～20 倍的放大镜或显微镜下操作），用少量焊锡焊住芯片角上的 3 个引脚，使芯片被准确地固定，如图 3-29（a）所示。然后给其他引脚均匀涂上助焊剂，逐个焊牢，如图 3-29（b）所示。

焊接时，如果引脚之间发生焊锡粘连现象，可按照图 3-29（c）所示的方法清除粘连：在粘连处涂抹少许助焊剂，用烙铁尖轻轻沿引脚向外刮抹。

如果使用含松香芯或助焊剂的焊锡丝，也可一手持电烙铁另一手持焊锡丝，电烙铁与焊锡丝尖同时对准欲焊接元器件的引脚，在焊锡丝被熔化的同时将引脚焊牢，焊前可不必涂助焊剂。

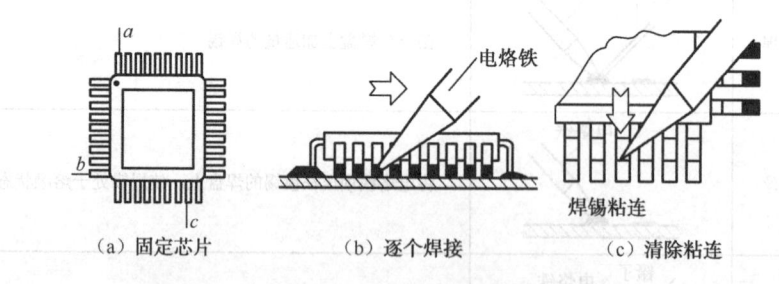

（a）固定芯片　　（b）逐个焊接　　（c）清除粘连

图 3-29　焊接 SOP、QFP 封装器件的手法

另一种焊接方法是，可以先用电烙铁焊上对角线两端各一点，用以固定被焊元器件的位置，然后用电烙铁进行拉焊，如图 3-30 所示，即左手一边加入焊锡丝，右手一边拉动烙铁头，从左到右进行焊接。利用熔化焊锡的张力可以使各引线之间不连焊，同时锡量均匀。若有个别连焊，可用烙铁尖熔化焊锡后，用一根不锈钢针（或缝纫针）在两焊点之间划开。

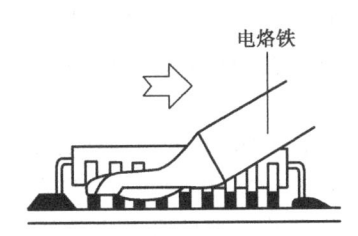

图 3-30 拉焊方法

3. 手工贴片元器件焊接的操作要领

用手工焊接片状元器件时一定要细心，动作要迅速，电烙铁外壳最好接地，以防漏电时损坏元器件。另外，在焊完通电前一定要仔细检查有无漏焊、连焊之处，确认无误后方可加电调试。

4. SMT 焊点的质量要求

SMC 焊点的质量要求与 THT 基本相同，要求焊点焊料的连接面呈半弓形凹面，焊料与焊件交界处平滑，接触角尽可能小，无裂纹、针孔、夹渣，表面有光泽且平滑。

焊接 SMT 元器件时，无论采用哪种焊接方法，都希望得到如图 3-31 所示的理想焊点形状。其中，图 3-31（a）是无引线 SMD 元器件的焊点，焊点主要产生在电极外侧的焊盘上；图 3-31（b）是翼形电极引线器件 SO/SOL/QFP 等的焊点，焊点主要产生在电极引线内侧的焊盘上；图 3-31（c）是 J 形电极引线器件 PLCC 的焊点，焊点主要产生在电极引线外侧的焊盘上。良好的焊点非常光亮，其轮廓应该是微凹的慢坡形。

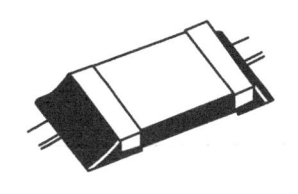

（a）无引线SMD元器件的焊点　（b）翼形电极引线器件SO/SOL/QFP等的焊点　（c）J形电极引线器件PLCC的焊点

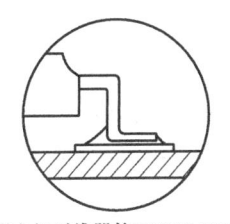

图 3-31 理想 SMT 焊点形状

5. SMT 元器件焊接注意事项

（1）贴装电阻时注意：它分为两面，一面标注阻值，另一面为白色没有任何标注，有标注的一面向上贴装，以备检查。

（2）贴装电容时注意：无极性的电容器一般不标注其容量，而且其大小、颜色都非常相似，因此贴装时一定要注意，如果贴错，很难检查出问题。

（3）应尽量避免用手直接接触元器件，以防止元器件的焊端氧化。

（4）放置元器件时，应尽量抬高手腕部位，同时手应尽量少抖动，以防将印制的锡膏抹掉或将前工序已贴好的元器件抹掉或移位，而且焊盘上的焊膏被破坏也将影响焊接质量。

（5）放置时尽量一次放好，特别是多个引脚的集成电路，因为引脚间距很小，所以如果一次放不好，就需要去修正，这样会破坏焊盘上的锡膏，使其连在一起，极易造成虚焊或连焊。

（6）贴装 BGA 芯片时，需要使用 BGA 专用贴装系统，不能以元器件边框和印制电路板上的白线框为对准参照物，需要将 BGA 的焊锡球与印制电路板焊盘完全对准才能保证焊接品质。如果一次没有贴正，则需要将元器件吸起来重新对准再贴装，严禁拨正，否则容易出现桥连等不良现象。

（7）将元器件放到焊盘上后需稍稍用力将元器件压一下，使其与焊膏良好结合，防止在传送中元器件移位，但是不可用力太大，否则容易将焊膏挤压到焊盘外的阻焊层上，容易产生锡球。

项目训练 16　手工贴片元器件焊接训练

如图 3-32 所示为练习贴片元器件焊接用的电路板，可供参考。

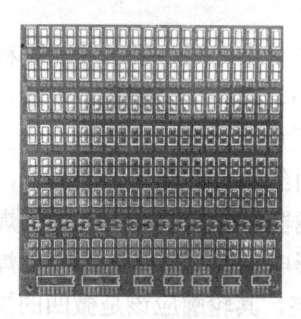

图 3-32　练习贴片元器件焊接用的电路板

工作任务书如表 3-24 所示，技能实训评价表如表 3-25 所示。

表 3-24　工作任务书

章节	第 3 章　手工焊接技术与拆焊技术		任务人	
课题	手工贴片元器件焊接训练		日期	
实践目标	知识目标	① 了解表面贴装元器件手工焊接的基本条件 ② 了解 SMT 工艺流程 ③ 会判断 SMT 焊点的质量及焊点的缺陷分析		
	技能目标	① 掌握手工贴片焊接的操作步骤 ② 熟练掌握多种封装形式的手工贴片焊接 ③ 学会处理 SMT 再流焊质量缺陷的解决方法		
实践内容	器材与工具	① 电烙铁及其他五金工具 ② ϕ0.5 焊锡丝、各种规格的贴片元器件等材料 ③ 自制贴片元器件练习印制电路板		
	具体要求	① 按要求在练习板上进行贴片元器件的焊接练习 ② 能分清各种规格的贴片元器件 ③ 焊点应光滑、均匀，无搭锡、假焊、虚焊、漏焊、"立碑"和塌落等缺陷		

续表

具体操作	
注意事项	① 由于 SMC 元器件尺寸小，安装精确度和密度高，所以焊接质量要求也高，另外它们还有一些特有的缺陷，容易造成 SMT 的焊点质量问题，因此焊接要求也更高 ② 焊接完每一个贴片元器件后，都要用 5~10 倍的放大镜进行质量检查

表 3-25 技能实训评价表

评价项目：手工贴片元器件焊接训练					日期			
班级		姓名		学号		评分标准		
序号	项目	考核内容	配分	优	良	合格	不合格
1	分清各种规格的贴片元器件	① 正确区别贴片元器件的类型 ② 正确使用各种贴装专用工具	15				
2	贴装 SMC 元器件的操作规范	① 掌握贴装 SMC 元器件的焊接要领 ② 贴装 SMC 元器件的操作规范	20				
3	贴装 SOT、SOP、QFP 封装的操作规范	① 掌握贴装 SOT、SOP 等封装的焊接要领 ② 贴装 SOT、SOP 等封装的操作规范	20				
4	各种贴片元器件的焊盘质量	① 焊点光滑、均匀、美观、整体质量好 ② 无搭锡、假焊、虚焊、漏焊、"立碑"和塌落等缺陷	30				
5	安全文明操作	① 工作台上工具排放整齐 ② 完毕后整理好工作台面 ③ 遵守安全操作规程	15				
	合计		100	自评（40%）		师评（60%）	
教师签名							

3.5 手工拆焊技能

在调试或维修电子仪器时，经常需要将焊接在印制电路板上的元器件拆卸下来，这个

拆卸的过程就是拆焊，有时也称为解焊。它是焊接技术的一个重要组成部分。

3.5.1 手工拆焊技术

在实际操作中，拆焊比焊接困难得多，更需要使用恰当的方法和工具。若掌握不好，将会损坏元器件或印制电路板。因此，拆焊技术也是应熟练掌握的一项操作基本功。

1. 拆焊操作的原则

1）拆焊操作的适用范围

拆焊技术适用于拆除误装、误接的元器件和导线；在维修或检修过程中需要更换的元器件；在调试结束后需要拆除临时安装的元器件或导线等。

2）拆焊操作的原则

（1）拆焊时不能损坏需拆除的元器件及导线。
（2）拆焊时不能损坏焊盘和印制电路板上的铜箔。
（3）对已判断为损坏的元器件，可先将引线剪断，再进行拆除，这样可以减少其他损伤的可能性。
（4）在拆焊过程中不要乱拆和移动其他元器件，若确实需要移动其他元器件，在拆焊结束后应做好移动元器件的复原工作。

2. 拆焊工具

如表3-26所示为拆焊的常用工具。

表3-26 拆焊的常用工具

序号	工具名称	图示	说明
1	空心针管		可用医用针管改装，要选取不同直径的空心针管若干只，市场上也出售维修专用的空心针管
2	吸锡器		用来吸取印制电路板焊盘的焊锡，它一般与电烙铁配合使用。吸锡器是专门对多余焊锡进行清除的用具
3	镊子		拆焊以选用端头较尖的不锈钢镊子为佳，它可以用来夹住元器件引线，以及挑起元器件的引脚或线

续表

序 号	工具名称	图 示	说 明
4	吸锡电烙铁		主要用于拆换元器件,用以加温拆焊点,同时吸去熔化的焊料。它与普通电烙铁不同的是其烙铁头是空心的,而且多了一个吸锡装置
5	吸锡带		一般是利用铜丝的屏蔽线电缆或较粗的多股导线绕制在盘里制成的
6	热风台		热风台是一种用热风作为加热源的半自动设备,它更容易拆焊SMT元器件

3.5.2 实用拆焊方法

1. 用镊子进行拆焊

在没有专用拆焊工具的情况下,用镊子进行拆焊的方法简单,因此它是印制电路板上元器件拆焊常采用的拆焊方法。由于焊点的形式不同,因此其拆焊的方法也不同。

1)分点拆焊法

对于印制电路板中引线之间焊点距离较大的元器件,拆焊时相对容易,一般采用分点拆焊的方法。

操作过程如下:

(1)首先固定印制电路板,同时用镊子从元器件面夹住被拆元器件的一根引线;
(2)用电烙铁对被夹引线上的焊点进行加热,以熔化该焊点上的焊锡;
(3)待焊点上的焊锡全部熔化后,将被夹住的元器件引线轻轻从焊盘孔中拉出;
(4)然后用同样的方法拆焊被拆元器件的另一根引线;
(5)用烙铁头清除焊盘上的多余焊料。

如图3-33所示为分点拆焊法的示意图。

2)集中拆焊法

对于拆焊印制电路板中引线之间焊点距离较小的元器件,如三极管和电位器等,拆焊时具有一定的难度,因此多采用集中拆焊的方法。

(a) (b)

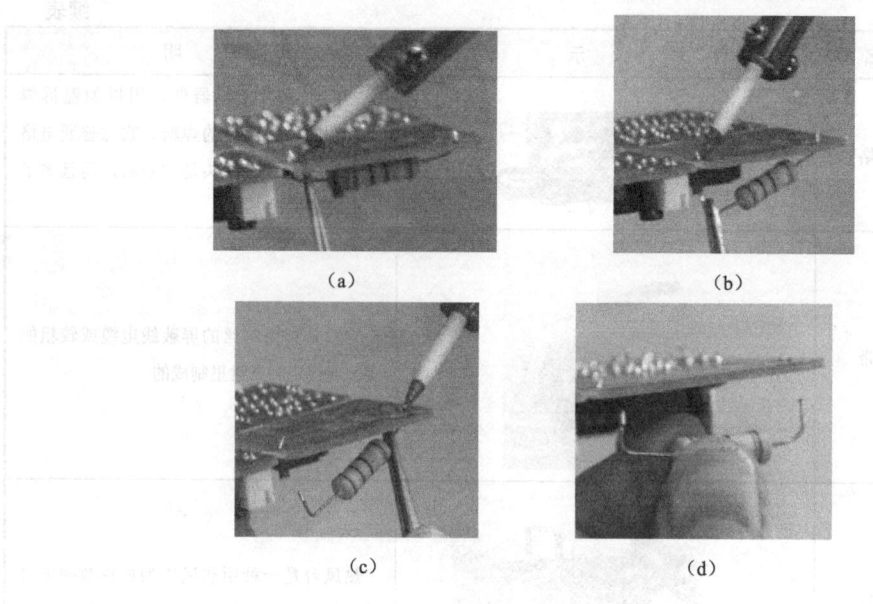

(c) (d)

图 3-33　分点拆焊法的示意图

操作过程如下：

（1）首先固定印制电路板，同时用镊子从元器件一侧夹住被拆焊的元器件；

（2）用电烙铁对被拆元器件的各个焊点快速加热，以同时熔化各焊点上的焊锡；

（3）待焊点上的焊锡全部熔化后，将被夹的元器件引线轻轻从焊盘孔中拉出；

（4）用烙铁头清除焊盘上多余的焊料。

如图 3-34 所示为集中拆焊法的示意图。

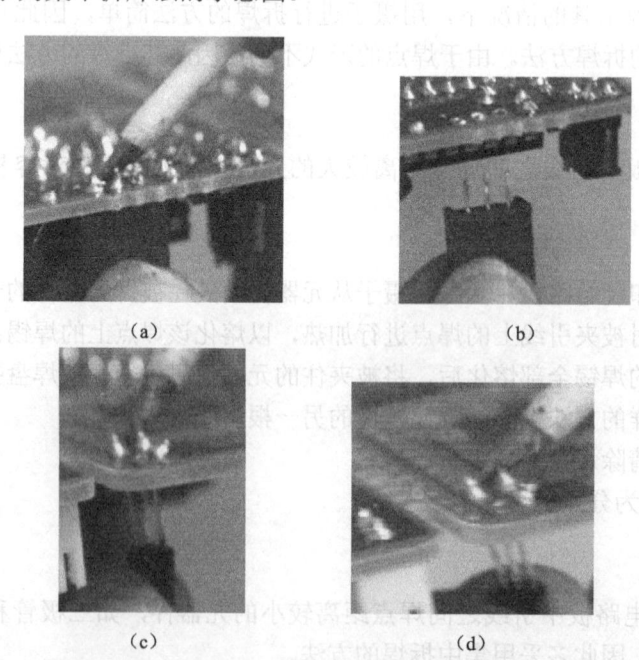

(a) (b)

(c) (d)

图 3-34　集中拆焊法的示意图

第3章 手工焊接技术与拆焊技术

> **注意**
> （1）此方法加热要迅速，各个焊点要快速交替加热，以同时熔化各焊点上的焊锡。注意力要集中，动作要快。
> （2）如果焊接点的引线是弯曲的，则要逐点间断加温，先吸取焊接点上的焊锡，露出引脚轮廓，并将引线拉直后再拆除元器件。

3）同时加热法

在拆焊引脚较多、较集中的元器件时，如芯片和振荡线圈等，采用同时加热的方法比较有效。

操作过程如下：

（1）用较多的焊锡将被拆元器件的所有焊点焊连在一起；
（2）用镊子钳夹住被拆元器件；
（3）用烙铁头对被拆焊点连续加热，使被拆焊点同时熔化；
（4）待焊锡全部熔化后，将元器件从焊盘孔中轻轻拉出；
（5）清理焊盘，用一根不沾锡的 $\Phi 3\ mm$ 的钢针从焊盘面插入孔中，如果焊锡封住焊孔，则需用电烙铁熔化焊点。

如图 3-35 所示为同时加热法的示意图。

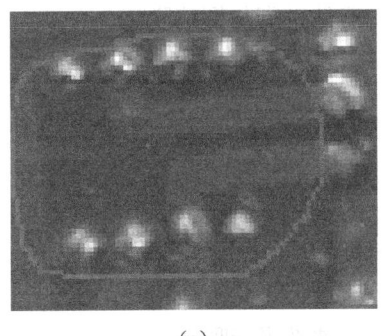

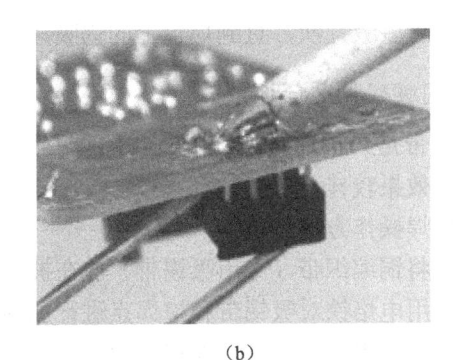

(a) (b)

图 3-35 同时加热法的示意图

4）断线拆焊法

当被拆焊的元器件可能需要多次更换或已经拆焊过时，可采用断线拆焊法。

如图 3-36 所示为断线拆焊法的示意图。

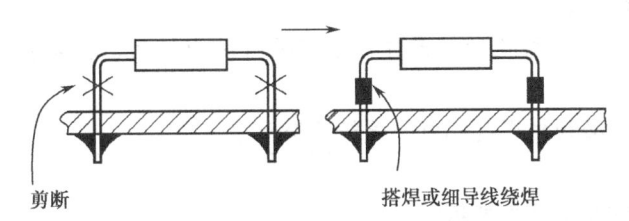

剪断　　　　　　　　搭焊或细导线绕焊

图 3-36 断线拆焊法的示意图

2. 用专用工具进行拆焊

1）用吸锡电烙铁进行拆焊

吸锡电烙铁是一种专用于拆焊的电烙铁，它能在对焊点加热的同时，把锡吸入内腔，从而完成拆焊。对于焊锡较多的焊点，可采用吸锡电烙铁，拆焊时，吸锡电烙铁加热和吸锡同时进行。

其操作过程如下：

（1）吸锡时，根据元器件引线的粗细选用锡嘴的大小；

（2）吸锡电烙铁通电加热后，将活塞柄推下卡住；

（3）锡嘴垂直对准吸焊点，待焊点焊锡熔化后，再按下吸锡电烙铁的控制按钮，吸锡即被吸锡烙铁中，反复几次，直至元器件从焊点中脱落。

2）用吸锡器进行拆焊

吸锡器也是专门用于拆焊的工具，它的内部装有一种小型的手动空气泵。

其拆焊过程如下：

（1）将吸锡器的吸锡压杆压下；

（2）用电烙铁将需要拆焊的焊点熔化；

（3）将吸锡器的吸锡嘴套入需拆焊的元器件引脚，并没入熔化的焊锡中；

（4）按下吸锡按钮，吸锡压杆在弹簧的作用下迅速复原，完成吸锡动作；如果一次吸不干净，可多吸几次，直到焊盘上的锡吸净，而使元器件引脚与铜箔脱离。

3）用吸锡带进行拆焊

吸锡带是一种通过毛细吸收作用吸取焊料的细铜丝编织带。使用吸锡带去锡脱焊，操作简单，效果较佳。

其拆焊操作方法如下：

（1）将铜编织带（专用吸锡带）放在被拆焊的焊点上；

（2）用电烙铁对吸锡带和被焊点进行加热；

（3）一旦焊料熔化时，焊点上的焊锡将逐渐熔化并被吸锡带吸去；

（4）如果被拆焊点没完全吸除，可重复进行，每次拆焊时间为 2～3 s。

> **注意**
>
> （1）被拆焊点的加热时间不能过长。当焊料熔化后，应及时将元器件的引线按与印制电路板垂直的方向拔出。
>
> （2）尚有焊点没有被熔化的元器件，不能强行用力拉动、摇晃和扭转，以免造成元器件或焊盘的损坏。
>
> （3）拆焊完毕，必须把焊盘孔内的焊料清除干净。

3. 双面或多层印制电路板的拆焊

双面或多层印制电路板的拆焊要比单面板困难得多，使用一般的手动吸锡器并不方便，这是因为板上的金属孔内和元器件面的部分焊盘上都有焊锡，如果加热不足，孔内和元器件焊盘上的焊接不能充分熔化，强行拉元器件的引线，很可能拉断孔的金属内壁，把它一起拉出来，这样就会使电路板受到致命的损伤。因此，在拆焊金属化孔时，应该使用吸锡泵或吸锡电烙铁，它们的容量大，吸锡的空气压力也比较强，能够让孔内的焊锡完全熔化并被吸出来。如果没有这样的设备条件，可以采用前面介绍过的断线法。

4．SMT 组件的拆焊与返修

与其他产品一样，虽然 SMT 组件在元器件筛选、制造过程控制等方面都有严格的要求，但要达到 100%的成品率仍然是不现实的。因此要对未达到标准的成品进行返修，修理 SMT 组件的主要工作也是将损坏的元器件从电路板上取下来并换上新的元器件。因此，拆焊成为最重要的操作技能之一。

1）用电烙铁拆焊 SMT 元器件

和通孔插装部件相比，拆焊表面安装元器件相对容易一些，因为不需要把元器件引脚从插孔中取出来，所以损坏电路板的可能性小一些。但 SMT 电路板上元器件的密度要高很多，因此在检测和维修时也容易损坏相邻的元器件。

只要焊接技艺纯熟，用一般的电烙铁也能拆焊电阻、电容、二极管和三极管等引脚比较少的 SMT 元器件，如图 3-37 所示，具体操作如下：

（1）一手拿镊子，一手拿电烙铁，先用电烙铁把元器件两端的引脚焊锡充分熔化；

（2）一边熔化焊锡，一边用镊子轻轻地推、夹起元器件就可以了。

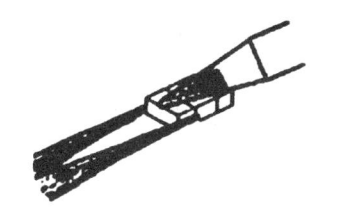

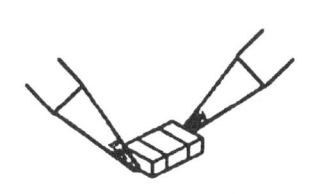

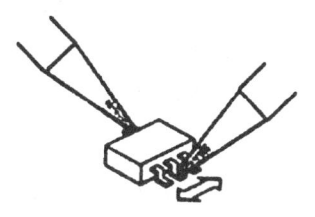

图 3-37　用电烙铁拆焊 SMT 元器件

拆焊要点是动作快、手法稳定，放入电烙铁把元器件引脚上的焊锡充分熔化后，用镊子把元器件夹起来，或用两把电烙铁一起把元器件"抬"起来。但这样的方法很容易损坏印制电路板上的焊盘或导线，而且这样拆解下来的元器件一般已经受到损伤，最好不要再焊回到板子上去。

2）用热风枪拆焊 SMT 元器件

近年来，电子产品越来越多地采用高精度微型元器件，直接使用手工返修几乎无法满足要求，因此必须使用半自动化或全自动化返修设备。现在，国产热风工作台已经在电子产品维修行业普及。用热风枪拆焊 SMT 元器件容易操作，比使用电烙铁方便得多，能够拆焊的元器件种类也更多。

用热风枪拆焊 SMT 元器件时，只要按下热风枪的电源开关，就同时接通了吹风电动机和电热丝的电源，调整热风枪面板上的旋钮（把"温度"旋钮调整到"4"左右，"送风量"旋钮调整到"3"左右），使热风枪的温度和送风量适中，这时热风嘴吹出的热风就能够用来拆焊 SMT 元器件了，如图 3-38 所示。

图 3-38　用热风枪拆焊 SMT 元器件

具体操作如下：

（1）按下热风工作台的电源开关，同时接通吹风电动机和电热丝的电源，调整热风枪面板上的旋钮，使热风的温度和送风量适中；

（2）一手拿热风枪柄，一手拿镊子，将热风嘴对准要拆焊的焊盘，待焊盘焊锡熔化后，用镊子轻轻推、夹起 SMT 元器件即可；

（3）如果拆焊的是集成电路，可以用热风嘴沿着芯片周边迅速移动，同时加热全部引脚的焊点。

3）使用热风枪拆焊元器件的注意事项

（1）要注意调整温度的高低和送风量的大小：温度低，则熔化点的时间过长，会让过多的热量传到芯片内部，反而容易损坏器件；温度高，可能会烤焦印制板或损坏器件；送风量大，可能会把周围的其他元器件吹跑；送风量小，则加热的时间则明显变长。因此一定要掌握好温度的高低和送风量的大小。

（2）热风喷嘴应距拆除的焊点 1~2 mm，不能直接接触元器件引脚，也不要过远，并保持稳定。

（3）拆除元器件时一次不要连续吹热风超过 20 s，同一位置使用热风不要超过 3 次。

（4）热风枪的热风筒口可以装配各种专用的热风嘴，用于拆卸不同尺寸、不同封装方式的芯片。

（5）针对不同的拆焊对象，可参照设备生产厂家提供的温度曲线，通过反复试验，优选出适宜的温度与风量设置。

3.5.3 拆焊操作工艺

1. 拆焊技术的操作要领

拆焊是一件细致的工作，不能马虎从事，否则将造成元器件损坏、印制导线及插线孔（金属化孔）断裂或焊盘脱落等不应有的损失。

1）严格控制加热的时间与温度

一般元器件及导线绝缘层的耐热性较差，受损元器件对温度更是十分敏感。在拆焊时，如果时间过长，温度过高会烫坏元器件，甚至会使印制电路板的焊盘翘起或脱落，进而给继续装配造成很多麻烦。

因此，一定要严格控制加热的时间与温度。

2）吸去拆焊点上的焊料

拆焊前，应用吸锡工具吸去焊料，有时可以直接将元器件拔下。即使还有少量锡连接，也可以减少拆焊的时间，以减少元器件及印制电路板损坏的可能性。在没有吸锡工具的情况下，则可以将印制电路板或能移动的部件倒过来，用电烙铁加热拆焊点，利用重力原理，让焊锡自动流向烙铁头，这也能达到部分去锡的目的。

3）拆焊时不要用力过猛

塑料密封器件、瓷器件和玻璃端子等在加温情况下，强度都会有所降低，因此拆焊时不能用力过猛，否则会造成器件和引线脱离或铜箔与印制电路板脱离。

4）不要强行拆焊

不要用电烙铁去撬或晃动焊点，不允许用拉动、摇晃或扭动等办法强行拆除焊点。

2. 拆焊后的重新焊接

拆焊后一般都要重新焊上元器件或导线，操作时应注意以下几个问题。

（1）重新焊接的元器件引线和导线的剪裁长度、离底板或印制电路板的高度、弯折形状和方向，都应尽量保持与原来的一致，使电路的分布参数不致发生大的变化，以免使电路的性能受到影响，尤其是对于高频电子产品而言更要重视这一点。

（2）印制电路板拆焊后，如果焊盘孔被堵住，应先用锥子尖端在加热条件下，从铜箔面将孔穿通，再插进元器件引线或导线进行重焊。不能靠元器件引线从基板面捅穿孔，这样很容易使焊盘铜箔与基板分离，甚至使铜箔断裂。

（3）拆焊点重新焊好元器件或导线后，应将因拆焊需要而弯折、移动过的元器件恢复原状。一个熟练的维修人员拆焊过的维修点一般是不容易看出来的。

项目训练 17 元器件拆焊基本训练

工作任务书如表 3-27 所示，技能实训评价表如表 3-28 所示。

表 3-27 工作任务书

章节		第 3 章 手工焊接技术与拆焊技术	任务人	
课题		元器件拆焊方法基本训练	日期	
实践目标	知识目标	① 了解拆焊技术的原则与适用范围 ② 理解几种不同拆除方法适用的场合 ③ 熟记拆焊技术的操作要领		
	技能目标	① 能正确选用拆焊工具 ② 熟练掌握分点拆除法和集中拆除法 ③ 会用热风台对多引脚的器件进行拆除		
实践内容	器材与工具	① 镊子、吸锡器和热风台等简单的拆焊工具 ② 需要拆焊的各种印制电路板若干 ③ 电烙铁及焊锡等焊接工具		
	具体要求	① 选用合适的工具进行拆焊练习 ② 根据焊点的不同选择合适的拆焊方法 ③ 熟记拆焊技术的操作要领		
具体操作				
注意事项		① 烙铁头加热被拆焊点，焊料熔化后，要及时按垂直于印制电路板的方向拔出元器件的引线。不管元器件的安装位置如何，是否容易取出，都不能强拉或扭转元器件 ② 在新更换的元器件插装之前，必须把焊盘插线孔内的焊料清除干净，否则在插装新元器件引线时，将造成印制电路板的焊盘翘起		

表 3-28 技能实训评价表

评价项目：元器件拆焊方法基本训练				日期			
班级		姓名	学号	评分标准			
序号	项目	考核内容	配分	优	良	合格	不合格
1	选用拆焊工具	① 正确使用各种拆焊工具 ② 合理选用好拆焊工具来进行操作	10				
2	几种拆焊方法	① 根据拆焊的焊盘距离确定拆焊方法 ② 拆焊过程中元器件要完好无损	20				

续表

3	使用热风枪	① 会正确控制热风枪的温度和出风风量 ② 拆焊过程中 SMT 元器件要完好无损	20			
4	不损坏元器件和印制电路板	① 印制电路板的铜泊和焊盘要完好无损 ② 清理印制电路板上多余的焊锡	20			
5	整理各种元器件并分类	① 拆完后对元器件进行分类 ② 印制电路板通孔应清晰，等待再一次的焊接	15			
6	安全文明操作	① 工作台上工具排放整齐 ② 完毕后整理好工作台面 ③ 严格遵守安全操作规程	15			
	合计		100	自评（40%）		师评（60%）
教师签名						

第4章 电子工艺文件的识读

教学目标

类　　别	目　　标
知识要求	① 正确识读和使用电路图中常用的图形符号和文字符号 ② 熟悉电原理图绘制与印制电路图绘制的一般规则 ③ 了解工艺文件在电子产品生产中的指导作用 ④ 掌握电子产品生产工艺文件的内容
技能要求	① 掌握简单电子产品电原理图的识图方法 ② 掌握印制电路图与电原理图的识读与相互翻绘技能 ③ 能够读懂一般电子产品的装配工艺文件 ④ 学会编制一个电子产品的装配工艺文件
职业素质培养	① 养成良好的职业道德 ② 具有分析问题和解决实际问题的能力 ③ 具有质量、成本、安全和环保意识 ④ 培养良好的沟通能力及团队协作精神 ⑤ 养成细心和耐心的习惯
任务实施方案	① 电原理图与印制电路图之间的相互翻绘 ② 识读工艺文件内容及格式 ③ 根据某电子产品的配套件编制工艺文件

4.1 电子电路工艺识图

在电子整机装配过程中，识图最为基础。识图是建立在比较全面的掌握电路基础知识、基本原理基础上的综合能力培养，要提高识图能力，需要不断地分析电路，理解电路，还需要不断地实践。

电子电路工艺识图包括两个方面，一个是会分析、理解电原理图，另外一个是会阅读、看懂电子工艺文件。

4.1.1 电原理图识读

能分析、理解电原理图是从事电子技术工作的基本技能之一。只有能看懂电原理图，才能了解并掌握电子系统本身的工作原理及工作过程，才能对电路进行测试、维修或改进。

电原理图又分为电路图、电路方框图和电路接线图等几种形式。

1. 电路图

电路图也可称作电路原理图、电子线路图，用于表示电路的工作原理。它用来详细说明产品各元器件、各单元之间的工作原理及其相互间连接关系的原理，是设计、编制接线图和研究产品时的原始资料。

电路图用于将该电路所用的各种元器件用规定的符号表示出来，并用连线画出它们之间的连接情况，在各元器件旁边还要注明其规格、型号和参数。它的作用主要是分析电路的工作原理。它是所有图纸中最为全面和复杂的，也是最重要的电路图。如图 4-1 所示为调幅收音机的电路图。

对于这样的电路图，我们可以先把它划分成几个单元电路，然后分别分析出各部分电路的工作原理，以及主要元器件的作用，然后将各单元电路结合起来，对电路的整体进行分析。

2. 电路方框图

电路方框图将整个电路系统分为若干个相对独立的部分，每一部分用一个方框来表示，在方框内写明该部分电路的功能和作用，在各方框之间用连线来表明各部分之间的关系，并附有必要的文字和符号说明。

电路方框图简单、直观，可在宏观上了解整个电路系统的工作原理和工作过程，可以对系统进行定性分析，便于理解电路。如图 4-2 所示为调幅收音机的电路方框图。

在读图时先阅读电路方框图，可为进一步读懂电原理图起到引路的作用。从图 4-2 中可以看到每一个部分基本上对应实际原理图中的某一单元电路，将方框图与电路原理图对应起来，就更能理解其工作原理及信号流向了。图 4-2 使人一眼就可看出电路的全貌，并对收音机的组成部分和各级的功能一目了然。

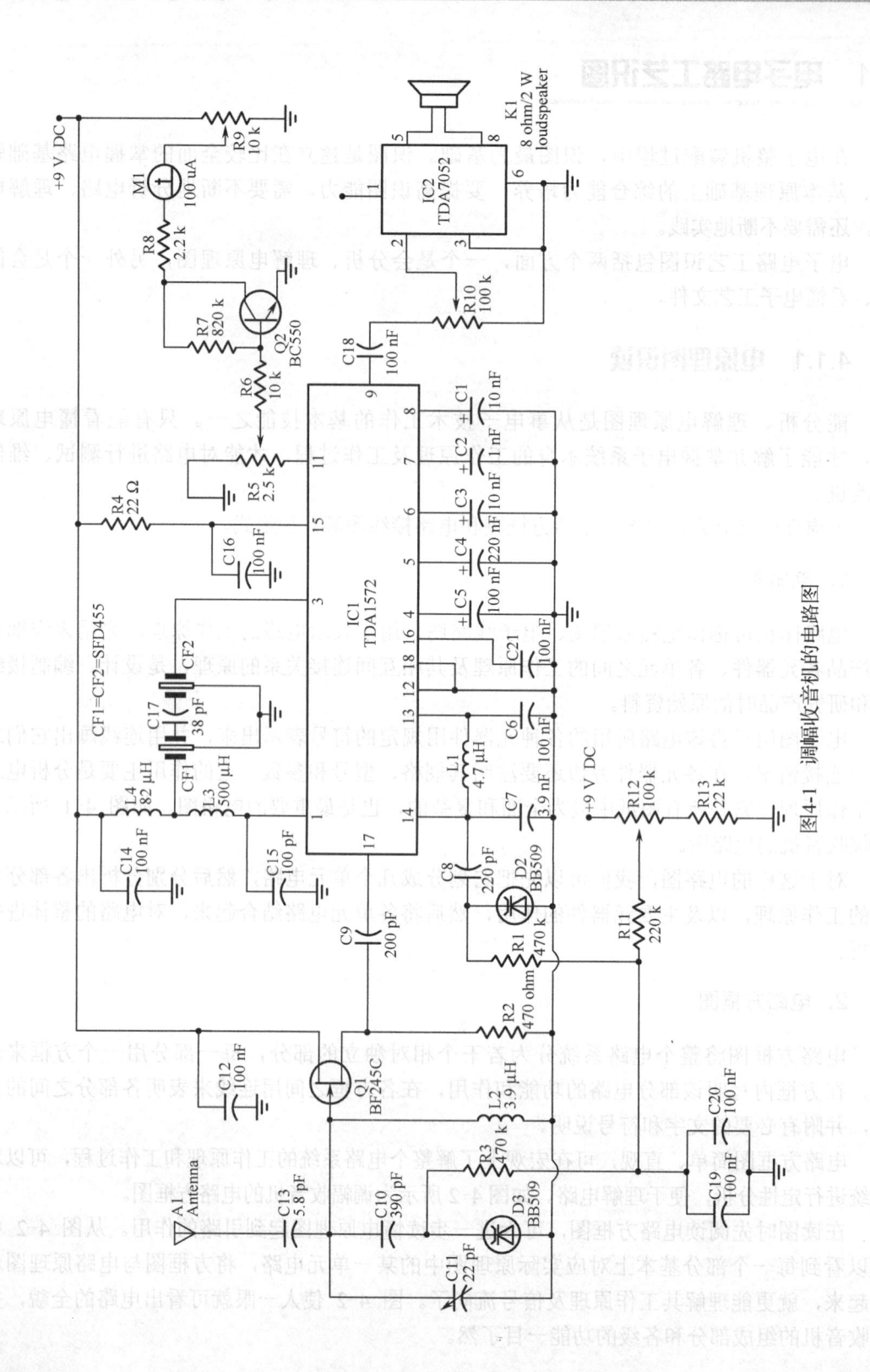

图4-1 调幅收音机的电路图

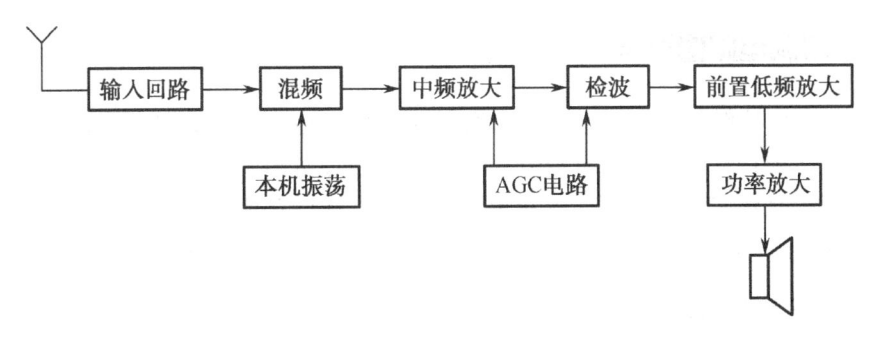

图 4-2 调幅收音机的电路方框图

3. 电原理图的识读

对电原理图的识读可以采用以下步骤来进行。

1) 了解电路的用途和功能

开始读图时首先要大致了解该电路的用途和总体功能，这对进一步分析电路各部分的功能将会起到指导作用。电路的用途可以从电路的说明书中找到，若没有电路说明书，则只能通过分析输入信号和输出信号的特点，以及它们的相互关系找出。

2) 查清每块集成电路的功能和技术指标

在电子设备中，集成电路已经是组成电路系统的基本器件了，特别是中大规模集成电路的应用越来越广泛，几乎每一个电子设备中都离不开集成电路。当接触到一个新的集成电路时，必须从集成电路手册或其他资料中查出该器件的功能和技术指标，以便进一步分析电路的工作原理。

3) 将电路划分为若干个功能块

根据信号的传送和流向，结合已学过的电子知识，将电路分成若干个功能块，用方框图表示出来。一般以晶体管或集成电路为核心进行划分，尤其是以在电子电路中学过的基本电路为一个功能块，粗略地分析出每个功能块的作用，找出该功能块的输入与输出之间的关系。

4) 将各功能块联系起来进行整体分析

按照信号的流向关系，分析整个电路从输入到输出的完整工作过程，必要时还要画出电路的工作波形图，以搞清楚各部分电路信号的波形及时间顺序上的相互关系。对于一些在基本电路中没有的元器件或特殊器件，要单独对其进行分析。

由于各个电路系统的复杂程度、组成结构、采用的器件集成度各不相同，因此上述读图步骤不是唯一的，只是一个基本的指导思路。工程人员在读图时，完全可以根据具体情况灵活运用，只要能读懂就行。

这里将对电子电路图的读图方法总结成口诀，以便于记忆和指导读图："化整为零，找出通路，跟踪信号，分析功能。"

4.1.2 印制电路图识读

实际工作中所接触的电子设备，大部分是不提供电路图的，如果要修理或希望借鉴其中的电路，就必须将它的电路原理绘制出来。直接通过对印制电路板进行观察和分析，绘制出电路原理图就是完成这一工作的重要技能。它是通过对印制电路板的观察和分析，判断电路的组成结构和功能的过程，这一过程通常是通过对电路板的翻绘来完成的。

1. 印制电路板布线图

一台性能优良的仪器，除选择高质量的元器件和合理的电路外，印制电路板的元器件布局和电气连线方向的正确结构设计都是决定仪器能否可靠工作的关键问题，对同一种元器件和参数的电路，由于元器件布局设计和电气连线方向的不同会产生不同的结果，因此其结果可能存在很大的差异。必须把如何正确设计印制电路板元器件布局的结构、正确选择布线方向及整体仪器的工艺结构三方面联合起来考虑。合理的工艺结构既可消除因布线不当而产生的噪声干扰，同时便于生产中的安装、调试与检修等。

一般印制板布线图的铜箔线路有几种表示方式：双轮廓线、双轮廓线内画剖面线和单线表示等（印制导线的宽度小于 1 mm 或宽度一致时的表示方法）。如图 4-3 所示为几种常用的表示方式。

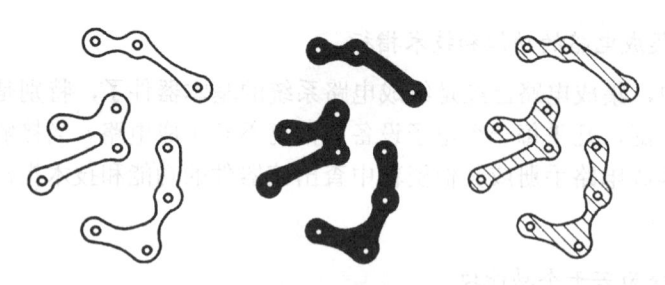

图 4-3 铜箔线路的几种常用的表示方式

2. 印制电路板装配图

印制电路板装配图也就是安装图，它是将电路图中的元器件及连接线按照布线规则绘制的图，各元器件所在的位置上有元器件的名称和标号。在电子电路中，电路接线图一般就是指印制电路板装配图。

印制电路板装配图是供焊接安装工人加工制作印制电路板的工艺图，这种图有两类，一类是将印制电路板上的导线图形按版图画出，然后在安装位置处加上元器件，如图 4-4 所示。

读这种安装图时要注意以下几点。

（1）在印制电路板上的元器件可以是标准符号和实物示意图，也可以两者混合使用。

（2）对于有极性的元器件，如电解电容的极性和三极管的极性等一定要看清楚。

（3）对于同类元器件，可以直接标出参数、型号，也可以只标出代号，另用表列出代号的内容。

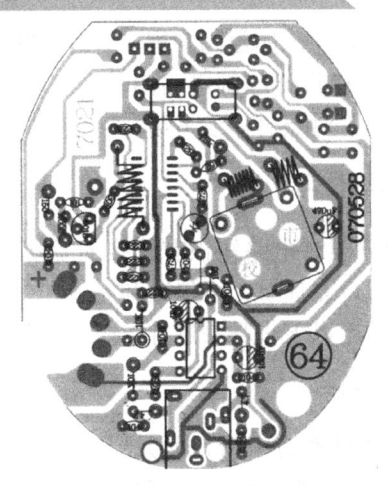

图 4-4　印制电路板装配图一

（4）对于特别需要说明的工艺要求，如焊点的大小、焊料的种类和焊后的处理方法等，在图上一般都有标注。

还有一类印制电路板装配图不画出印制电路板的图形，只是将元器件的安装面作为印制电路板的正面，画出元器件的外形及位置，指导装配焊接，如图 4-5 所示。

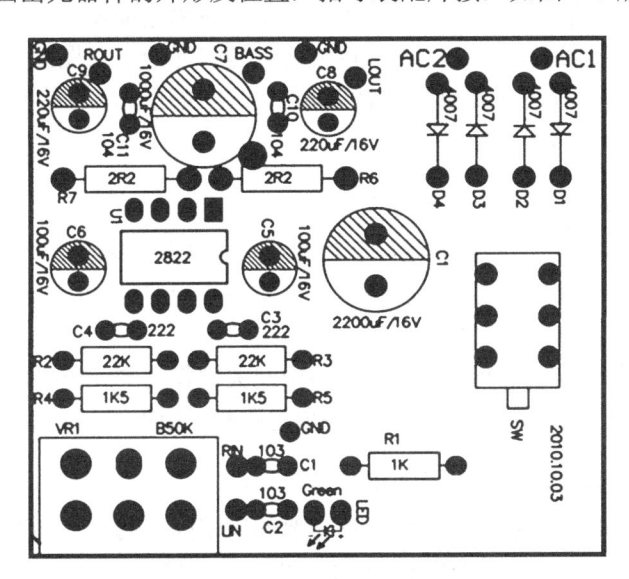

图 4-5　印制电路板装配图二

这类电路图的元器件大多以集成电路为主，元器件排列比较有规律，而且印制电路板上有油漆印制的元器件标记，对照此图进行元器件安装一般不会发生错误。

读这种安装图时要注意以下几点。

（1）图上的元器件全部用实物表示，但没有细节，只有外形轮廓。

（2）对于有极性或方向定位的元器件，按照实际排列时要找出元器件极性的安装位置。

（3）图上的集成电路都有引脚顺序标志，且大小和实物成比例。

（4）图上的每一个元器件都有代号。

(5) 对于某些规律性较强的器件，如数码管等，有时在图上采用了简化的表示方法。

在实际工程中，当采用计算机设计印制电路图时，有时将两种形式的印制电路板装配图都提供给客户，装配时可以相互对照着作参考用。

3. 印制电路板的翻绘方法与技巧

印制电路板的识读和翻绘需要对电路知识有较多的了解，熟悉一些重要的单元电路，同时还要掌握一些技巧，再通过反复训练，才能顺利完成。

对印制电路板的翻绘可以采用以下步骤来进行。

1）对元器件及其引脚进行编号

在印制电路板上，一般元器件都有编号，而元器件的引脚则没有编号，某些元器件，如二极管、三极管和集成电路等的各个引脚，它们是可以直接被分清的，而另一些元器件，如无源二端元件，像电阻等，它们的两个引脚则没有区别，为了进行电路板的翻绘，必须对这些元件进行引脚的编号，以加以区分。

对于不易区分的元器件或引脚，最好在印制电路图上或直接在印制电路板上用笔标明。

2）划分功能单元

功能单元被划分出来后，就可以在准备好的纸上用铅笔描述几个方框，每个方框表示一个功能单元，方框要画得比较大一点，以便将功能单元的电路图画在其中。如果电路板电路十分复杂或不易认清其功能单元，此时可以先不做这一步，待整个电路图都画出来后，再通过分析划分出功能单元。

3）找到每个功能单元电路中的关键元器件

完成功能单元的划分后，就需要对每个功能单元电路进行翻绘了。

在电路图中，一般是以功能单元电路中关键的核心元器件为中心进行安排的，因此找到关键元器件有利于电路图的翻绘。

关键元器件通常是指在某个功能单元电路中起关键作用的元器件，该元器件的体积不一定是最大的，价格也不一定是最贵的，如集成电路和三极管等。

4）列画出功能单元电路中的所有元器件

找到关键元器件后，可进一步观察关键元器件周围的元器件，找到属于该功能单元电路的所有元器件，并将它们绘制到纸上相应的功能单元电路方框中。

5）对照电路板进行连线

在印制电路板的导线面，找到某个功能单元电路的所有导线，并来回翻转以判断接在该导线上的元器件，注意此时应判断元器件的引脚。在导线上每找到一个元器件的引脚，就在纸上对它进行连接。

6）整理电路图

待印制电路板上所有的导线都按上面的要求进行绘图连接后，原则上电路的翻绘就基本完成了,但此时电路图还十分不规范,这不利于电路的分析,因此还需要对已画完的电路图进行整理,使之成为比较规范的、人人都能看懂的电路图。所谓的比较规范的电路图应达到:电路符号与元器件代号正确;元器件供电通路清晰;元器件分布均匀、美观等要求。

项目训练 18 电原理图与印制电路图之间的相互翻绘

工作任务书如表 4-1 所示,技能实训评价表如表 4-2 所示。

表 4-1 工作任务书

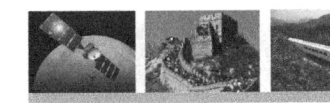

章节	第 4 章 电子工艺文件的识读		任务人	
课题	电原理图与印制电路图之间的相互翻绘		日期	
实践目标	知识目标	① 正确识读和使用电路图中常用的图形符号和文字符号 ② 熟悉电原理图绘制与印制电路图绘制的一般规则 ③ 了解电路接线图与印制电路板装配图		
	技能目标	① 会分析和解读电原理图 ② 掌握印制电路板翻绘成电原理图的方法		
实践内容	工具与器材	① 印制电路图或实样若干 ② 绘图用铅笔、橡皮和直尺等绘图工具 ③ A4 绘图纸若干		
	具体要求	① 根据印制电路板式样,测绘出相应的电原理图 ② 要求图形符号规范,画面整洁、美观,线条清晰 ③ 在电路图中,标出元器件的文字符号和参数,要求标注正确		
具体操作				
注意事项	① 元器件的布局要合理,疏密度要适中 ② 为了防止绘图过程中出现漏画、重画现象,应该边查边画边作记号 ③ 在画的过程中要对电路图中的元器件和连线的位置进行不断的调整、整理,使之成为比较标准的电路图			

表 4-2 技能实训评价表

评价项目:电原理图与印制电路图之间的相互翻绘				日期			
班级		姓名		学号		评分标准	
序号	项目	考核内容	配分	优	良	合格	不合格
1	图形符号	① 元器件图形符号的画法、文字代号的标注符合 GB4728《电气图用图型符号》标准 ② 元器件参数标注正确	15				
2	基本识图	① 绘制的电路图完整,文字说明正确 ② 供电电路清晰	25				

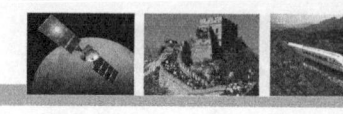

续表

3	合理布局	① 元器件排列、布局合理 ② 图面清晰、线条整齐	20		
4	连线正确	① 元器件之间的连线正确 ② 原理图画法符合规定的要求	25		
5	安全文明操作	① 工作台上工具排放整齐 ② 完毕后整理好工作台面 ③ 严格遵守安全操作规程	15		
	合计		100	自评（40%）	师评（60%）
教师签名					

4.2 电子工艺文件的基础

电子工艺文件（以下简称工艺文件）是指导工人操作，用于生产和管理等技术文件的总称，是根据电子产品的电路设计，结合本企业的实际情况编制而成的。电子工艺文件是实现产品加工、装配和检验的技术依据，也是生产管理的主要依据。在工厂中有句行话"工艺就是法律"，可见工艺文件在生产中的重要性。只有每一步生产都严格按照工艺文件的要求去做，才能生产出合格的产品。

在企业中，工艺文件是组织生产、指导操作、保证产品质量的重要手段和法规。为此，编制的工艺文件应该正确、完整、统一和清晰。

4.2.1 电子工艺的研究对象

随着技术的进步，现代电子产品的设计和工艺越来越复杂，现代化的大生产需要遵循复杂严密的技术文件——设计文件和工艺文件。

什么是设计文件和工艺文件呢？设计文件和工艺文件是电子产品加工过程中需要的两个主要技术文件。设计文件表述了电子产品的电路和结构原理、功能及质量指标；工艺文件则是电子产品加工过程中必须遵照执行的指导性文件。通俗地说，设计文件说明要做什么，工艺文件描述怎样去做。

1. 设计文件

设计文件是产品研究、开发、设计、试制与生产实践中积累而形成的一种技术资料，它规定了产品的组成、形式、结构尺寸、原理，以及在制造、验收、使用、维护和修理时所必须具备的技术数据和有关说明，是组织生产和使用产品的基本依据。

设计文件是用规定的"工程语言"描述电路设计的内容，表达设计思想，指导电子实践活动和传递信息的媒体，具有工程性图表和说明性图表的所有特点。所谓"工程性"，是

因为这些图表具有明显的"工程"属性：科学严谨、要求规范、管理严明、不得有丝毫马虎。所谓"说明性"，是指有些图表是用来进行技术交流、技术说明、教学和培训等的，因此必须通俗易懂，明了简洁，便于阅读、理解和应用。

设计文件一般包括电路图、功能说明书、元器件材料表、零件设计图（印制电路板也可以看作一个零件）、装配图、接线图、制版图、关键元器件清单和合格供应商名录等。

2．工艺文件

工艺文件用来指导产品的加工，如采用什么样的工艺流程（用工艺流程图或工序表来描述）、有多少条生产线、每条生产线多少个工人（设计多少个工位）、每个工人做什么工作（用作业指导书详细规定）、物料消耗和工时消耗（劳动定额）等，这些都在工艺文件中有详细的描述和规定。

根据电子产品的特点，工艺文件通常可分为工艺管理文件和工艺规程文件两大类。

1）工艺管理文件

工艺管理文件是指企业组织生产、进行生产技术准备工作的文件，它规定了产品的生产条件、工艺路线、工艺流程、工具设备、调试及检验仪器、工艺装置、材料消耗定额和工时消耗定额。

2）工艺规程文件

工艺规程文件是规定产品制造过程和操作方法的技术文件，它主要包括零件加工工艺、元件装配工艺、导线加工工艺、调试及检验工艺和各工艺的工时定额。

3．工艺文件的特点

（1）工艺文件是指将组织生产实现工艺过程的程序、方法、手段及标准用文字和图表的形式来表示，用来指导产品制造过程的一切生产活动，使之纳入规范有序的轨道。企业是否具备先进、科学、合理、齐全的工艺文件是企业能否安全、优质、高产、低消耗地制造产品的决定条件。

（2）工艺文件是带强制性的纪律性文件，不允许用口头形式来表达，必须采用规范的书面形式，而且任何人不得随意修改，违反工艺文件规定的行为属于违纪行为。凡是工艺部门编制的工艺计划、工艺标准、工艺方案和质量控制规程也属于工艺文件的范畴。

（3）工艺文件是企业工艺部门根据电子产品的设计，结合本企业的实际情况编制而成的，是实现产品加工、装配和检验的技术依据，也是生产管理的主要依据。只有每一工序生产都按照工艺文件的要求去做，才能生产出合格的产品。

4.2.2 编制工艺文件的基本原则

1．编制工艺文件的依据

（1）工艺规程编制的技术依据是全套设计文件、样机及各种工艺标准。
（2）工艺规程编制的工作量依据是计划日（月）产量及标准工时定额。

（3）工艺规程编制的适用性依据是现有的生产条件及经过努力可能达到的条件。

2. 编制工艺文件的原则

（1）工艺文件的编制必须以达到生产优质、高产、低耗及安全为基本出发点，对产品生产及检验的程序、内容、方法、要求和安全等事项做出明确具体的规定，既要有经济上的合理性和技术上的先进性，又要考虑企业的实际情况，具有适用性。

（2）应能保证达到产品设计文件所规定的技术要求，且内容必须与设计文件保持协调一致，尽量体现设计的意图，最大限度地保证设计质量的实现，并符合有关的专业技术标准。

（3）工艺文件的编制必须完整，满足齐套性要求。齐套性应视产品特点确定，一般可分为整机和元器件两种类型；表达形式应具有较大的灵活性及适用性，做到当产量发生变化时，能将文件需要重新编制的比例压缩到最小程度。

（4）要根据产品批量大小和复杂程度区别对待，要体现质量第一的思想，对质量的关键部位及薄弱环节应重点加以说明，并有预防措施。

（5）要考虑生产车间的组织形式、设备条件和工人的技术水平，尽量提高工艺规程的通用性，对一些通用的工艺要求应上升为通用工艺。

（6）应以图为主，对于未定型的产品，可不编制工艺文件；凡属工人应知应会的工艺规程内容，工艺文件中可以不再编入。

总之，编制工艺文件应以保证产品质量、稳定生产，以用最经济合理的工艺手段进行加工为基本原则。

4.2.3 工艺文件格式的标准化

工艺文件格式的统一对加强工艺管理很有意义。在统一过程中，要对原有的文件格式进行整顿，一方面将那些不适用或多余的内容淘汰，使工艺文件简化；另一方面可以补充必要的内容，使必备的项目不致遗漏。经过统一后的格式是经优化的格式，利于提高工作效率和质量，便于贯彻执行，同时也为逐步实现企业管理现代化打下基础。

标准化是企业制造产品的法规，是确保产品质量的前提，是实现科学管理、提高经济效益的基础，是信息传递、联合交流的纽带，是产品进入国际市场的重要保证。

我国电子制造企业依照的标准分为三级：国家标准（GB）、专业标准（ZB）和企业标准。

1. 国家标准

国家标准是由国家标准化机构制定、全国统一的标准，主要包括：重要的安全和环境保证标准；有关互换、配合、通用技术语言等方面的重要基础标准；通用的试验和检验方法标准；基本原材料标准；重要的工农业产品标准；通用零件、部件、元件、器件、构件、配件和工具、量具的标准；被采纳的国际标准。

如表4-3所示为部分国家标准示例，详细可参看www.biaozhun8.cn国家标准网站。

第4章 电子工艺文件的识读

表 4-3 部分国家标准示例

标准编号	标准名称	发布部门	实施日期	状态
GB/T 17626.4—2008	电快速瞬变脉冲群抗扰度试验	中华人民共和国家质量监督检验检疫总局、中国国家标准化管理委员会	2009-01-01	现行
GB/T 17626.5—2008	浪涌（冲击）抗扰度试验	中华人民共和国家质量监督检验检疫总局、中国国家标准化管理委员会	2009-01-01	现行
GB/T 17626.2—2006	静电放电抗扰度试验	中华人民共和国家质量监督检验检疫总局、中国国家标准化管理委员会	2007-09-01	现行

2．专业标准

专业标准也称行业标准，是由专业化标准机构或标准化组织（国务院主管部门）批准、发布，在全国各行业范围内执行的统一标准。专业标准不得与国家标准相抵触。

如表 4-4 所示为部分专业标准示例，详细可参看 csres.com 工标网站。

表 4-4 部分专业标准示例

标准编号	标准名称	发布部门	实施日期	状态
SJ/T 10001—1991	碱性蓄电池术语		1991-07-01	现行
SJ/T 10003—1991	TDA 型电源变压器		1991-07-01	废止
SJ/T 10015—1991	JU38 和 JU 型钟表用 32 kHz 音叉石英晶体	机械电子工业部	1991-07-01	废止
SJ/T 10015—2013	10～200 kHz 音叉石英晶体元件的测试方法和标准值	工业和信息化部	2013-12-01	现行
SJ/T 10345—1993	寿命试验用表简单线性无偏估计用表（正态分布）		1998-05-01	作废
SJ 20810—2002	印制板尺寸与公差	原信息产业部	2002-05-01	现行
SJ 20794—2007	RNK5084 型有可靠性指标的表面安装膜固定电阻网络详细规范		2007-01-01	现行

注：状态有四种，即现行、作废、废止和即将实施。

3．企业标准

企业标准是由企业或其上级有关机构批准和发布的标准。企业正式批量生产的一切产品，假如没有国家标准和专业标准的，必须制定企业标准。为提高产品的性能和质量，企业标准的指标一般都高于国家标准和专业标准。

如表 4-5 所示为部分企业标准示例。

表 4-5 部分企业标准示例

标准编号	标准名称	发布部门	实施日期	状态
Q/YXBM903—2013	智能数字显示仪	上海市 XXX 公司	2013-03-07	现行

4.3 电子工艺文件的编制与识读

工艺文件对产品的生产过程具有规范性与指导性。读懂工艺文件是生产电子产品的基础；编制一份好的工艺文件更是对产品生产过程的一种保障。

4.3.1 编写工艺文件的方法及要求

1. 工艺文件的编制方法

（1）要仔细分析设计文件的技术条件、技术说明、原理图、安装图、线扎图及有关零部件图的名号。将这些图中所表示的零部件的安装关系与焊接要求仔细弄清楚。

（2）根据实际情况确定生产方案，明确工艺流程和工艺路线。

（3）编制准备工序的工艺文件，如各种导线的加工，元器件的成型、浸锡、各种组合件的装接和印标记等。凡不适合直接在流水线上装配的元器件，可安排到准备工序里去做。

（4）编制总装流水线工序的工艺文件。先确定每个工序所需的工时，然后确定需要用几个工序。要仔细考虑流水线各工序的平衡度，安排要顺手，尽可能不要上下翻动机器，正反面都安装。安装与焊接要分开，以简化工人的操作。使用的装接工具盒材料应尽可能种类少，以减少辅助工序时间。

2. 工艺文件的编制要求

（1）工艺文件要做到正确、完整、有统一的格式。

（2）工艺文件应采用国家正式公布的简化汉字，字迹清楚，幅面统一整洁。

（3）工艺文件要依据产品的生产性质、产品的复杂程度、产品的组织形式进行编制。工艺文件内容要简要明确、通俗易懂、可操作。

（4）工艺文件的编制随产品的试制阶段进行。在产品试制阶段，主要是验证产品的设计，编制关键工艺，编制零件、部件、整件工艺及相关工艺文件。在产品生产阶段，主要是验证产品工艺过程、工艺装备的准确性和可行性，以及是否满足批量生产的要求。

（5）工艺文件采用的符号、术语和计量单位要符合国标和行业标准。

（6）工艺文件在产品定型时必须经过审核、会签和审批，并进行归档。工艺文件对产品的生产具有法律效益，任何人不得擅自改动。

3. 编写工艺文件的注意事项

（1）编制整机工艺文件时，要仔细分析设计文件的技术条件、技术说明原理图、安装图、接线图、线扎图及有关的零部件图等。要将这些图中的安装关系与焊接要求仔细弄清楚，必要时对照一下定型样机。

（2）编写时先考虑准备工序，如各种导线的加工处理、线把轧制、地线成型、器件焊接浸锡、各种组合件的焊接、电缆制作和印标记等，编制出准备工序的工艺文件。凡不适

合直接在流水线上装配的元器件，可安排在准备工序里去做。

（3）接下来考虑总装的流水线工序。先确定每个工序的工时，然后确定需要用几个工序（工时与工序的多少主要考虑日产量和生产周期）。要仔细考虑流水线各工序的平衡性，安排要顺手，最好是按局部分片分工，尽可能不要上下翻动机器，前后装焊。安装与焊接的工序要尽可能分开，使操作简化。无论是准备工序还是流水线各工序，所用的材料、器件、特殊工具和设备等，排列要有顺序。调试检验工序所用的仪表设备、技术指标和测试方法也要在工艺文件上反映出来。

4.3.2 电子工艺文件的内容及识读方法

1. 工艺文件的编制内容

在电子产品的生产过程中一般包含准备工序、流水线工序和调试检验工序，工艺文件应按照工序编制具体内容。

1）准备工序工艺文件的编制内容

（1）元器件的筛选。
（2）元器件引脚的成型和搪锡。
（3）线圈和变压器的绕制。
（4）导线的加工。
（5）线把的捆扎。
（5）地线成型。
（6）电缆制作。
（7）剪切套管。
（8）打印标记等。

2）流水线工序工艺文件的编制内容

（1）确定流水线上需要的工序数目。
（2）确定每个工序的工时。一般小型机每个工序的工时不超过 5 min，大型机不超过 30 min。
（3）工序顺序应合理、省时、省力、方便。
（4）安装和焊接工序应分开。

3）调试检验工序工艺文件的编制内容

（1）标明测试仪器、仪表的种类、等级标准及连接方法。
（2）标明各项技术指标的规定值及其测试条件和方法，明确规定该工序的检验项目和检验方法。

2. 工艺文件的识读方法

其格式具体包括以下几项。

1) 工艺文件封面

装配工艺文件

共××册
第××册
共××页

型　号：HX108-2 型

名　称：袖珍式调幅收音机

图　号：××

本册内容：元件加工、导线加工、组件加工、基板插件焊接组装、整机组装

批　准
×年×月×日

×××××××公司

2) 工艺文件目录

		工艺文件目录		产品名称或型号	产品图号
				HX108-2型调幅收音机	
	序号	文件代号	零部件、整件图号	零部件、整件名称	页数	备注
	0	1	2	3	4	5
	1	G1	工艺文件封面		1	
	2	G2	工艺文件目录		1	
使用性	3	G3	工艺路线表		1	
	4	G4	工艺流程图		1	
	5	G5	导线加工工艺		1	
旧底图总号	6	G6	组件加工工艺		1	
	7					
底图总号	更改标记	数量	文件名	签名	日期	签名	日期	第　页
				拟制				
				审核			共　页	
日期	签名						第册	第页

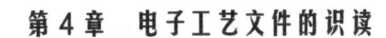

3）元器件工艺表

			元器件工艺表					产品名称或型号		产品图号	
								HX108-2型调幅收音机			
序号	编号	名称、型号、规格	L/mm				数量	设备	工时定额	备注	
			A端	B端	正端	负端					
0	1	2	3	4	5	6	7	8	9	10	11	12
1	R1	RT-1/8W-100kΩ	10	10				1			
2	R2	RT-1/8W-2kΩ	10	10				1			
3	R3										
4	R4										

简图：

（图示：223，9018，4.7μF，10mm）

底图总号	更改标记	数量	文件号	签名	日期	签名	日期	第 页
						拟制		
						审核		共 页
日期	签名							第 册 第 页

4）导线加工工艺表

					导线加工工艺表					产品名称或型号		产品图号	
										HX108-2型调幅收音机			
序号	编号	名称规格	颜色	数量	长度/mm					去向、焊接处		设备	工时定额	备注
					L全长	A端	B端	A剥头	B剥头	A端	B端			
0	1	2	3	4	5	6	7	8	9	10	11	12	13	14
1	1-1	塑料线 AVR1×12	红	1	50			5	5	PCB	正极垫片			
2	1-2	塑料线 AVR1×12	黑	1	50			5	5	PCB	负极弹簧			
3	1-3	塑料线 AVR1×12	白	1	50			5	5	PCB	喇叭（+）			
4	1-4	塑料线 AVR1×12	白	1	50			5	5	PCB	喇叭（-）			

底图总号	更改标记	数量	文件号	签名	日期	签名	日期	第 页
						拟制		
						审核		共 页
日期	签名							第 册 第 页

5）装配工艺过程

装配工艺过程						装配件名称	装配件图号	
序号	装入件及辅助材料		车间	工序号	工种	工序（工步）内容及要求	工装设备	工艺工时定额
	代号、名称、规格	数量						
0	1	2	3	4	5	6	7	8
1	负极弹簧					（1）导线焊在弹簧尾端 5mm 左右 （2）焊接部分应与弹簧尾端平行	电烙铁	
2	导线（黑）							
3	松香及焊锡丝					（1）导线焊牢固 （2）焊点光亮无毛刺		

使用性

旧底图总号

图示：

底图总号	更改标记	数量	文件号	签名	日期	签名	日期	第 页
						拟制		
						审核		共 页
日期	签名							第册 第页

6）工艺说明及简图

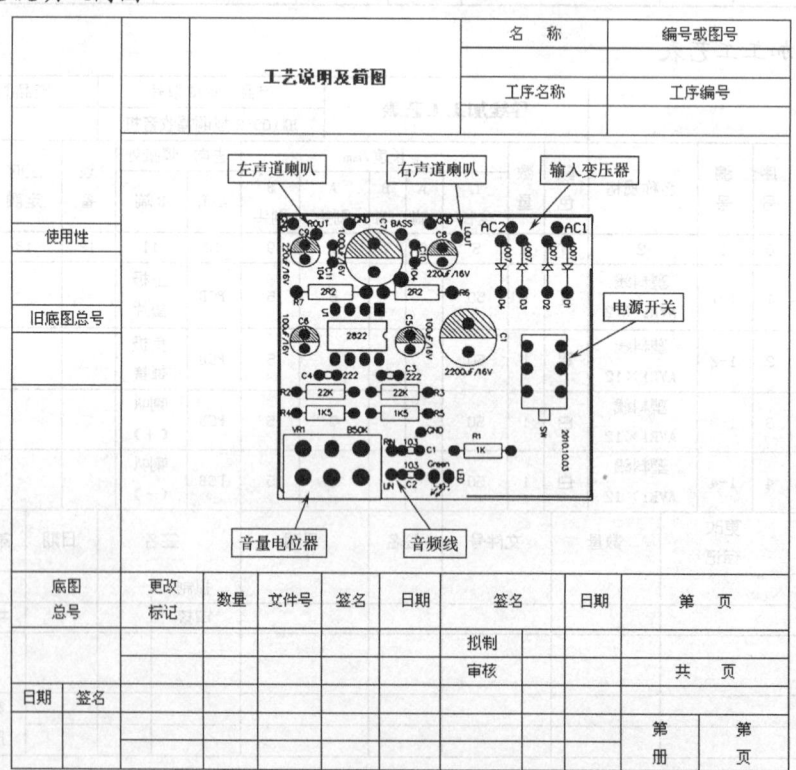

工艺说明及简图					名称	编号或图号
					工序名称	工序编号

使用性

旧底图总号

底图总号	更改标记	数量	文件号	签名	日期	签名	日期	第 页
						拟制		
						审核		共 页
日期	签名							第册 第页

7) 作业指导书

作 业 指 导 书

使用物料				产品名称	S753	工序名称	基板插件	工序编号	04
序号	位号	使用名称	数量					作业图	
1	R5	RT14-0.25W-470±5%	1						
2	R8	RT14-0.25W-470±5%	1						
3	C2	CC1-63V-0.022u	1						
4	C9	CC1-63V-0.022u	1						
5	C10	CC11-16V-4.7u	1						
6	C11	CC11-16V-4.7u	1						
7	Q4	三极管3DG201(S11)	1						
[操作要求] 1. 按使用零（部）件栏齐套. 2. 按栏件和作业指导书进行插件 3. 各元器件平整到位、无漏插、错插等不良现象.				××××电子有限公司					
							设 计		
							审 核		
							标准化		
				更改记号	数量	更改单号	签名	日期	批次

项目训练 19　根据某产品配套件编制工艺文件

工作任务书如表4-6所示，技能实训评价表如表4-7所示。

表4-6　工作任务书

章节	第4章　电子工艺文件的识读		任务人	
课题	根据某电子产品配套件编制工艺文件		日期	
实践目标	知识目标	① 掌握电子产品生产工艺文件的种类和格式 ② 掌握电子产品生产工艺文件的内容 ③ 了解工艺文件在电子产品生产中的指导作用 ④ 学习电子产品生产工艺文件的识读方法		
	技能目标	① 熟悉电子产品生产工艺文件的格式 ② 熟悉某电子产品装配工艺文件的内容 ③ 参照工艺文件的格式，能编写完整的工艺文件		
实践内容	工具与器材	① 某电子产品的相关配套件 ② 绘图用铅笔、橡皮和直尺等绘图工具 ③ A4绘图纸若干		
	具体要求	① 根据某电子产品的配套件编写工艺文件 ② 工艺文件要求规范、完整		
具体操作				
注意事项				

表 4-7 技能实训评价表

评价项目：根据某电子产品配套件编制工艺文件				日期			
班级		姓名		学号		评分标准	
序号	项目	考核内容	配分	优	良	合格	不合格
1	封面目录	① 格式符合 SJ/T 10320—1992 标准 ② 封面、目录等填写清晰	10				
2	元器件工艺表	① 内容编制完整，不遗漏 ② 画清楚元器件引出端成型示意图	20				
3	导线加工工艺表	① 导线颜色、长短表示清楚 ② 去向、连接点合理	20				
4	装配工艺过程卡	① 工序（步）内容表达清晰 ② 关键装入件要填写插件工艺规范	25				
5	工艺说明及简图	① 文字表达清楚，图形易看易懂 ② 格式符合规范	10				
6	安全文明操作	① 工作台上工具排放整齐 ② 完毕后整理好工作台面 ③ 严格遵守安全操作规程	15				
	合计		100	自评（40%）		师评（60%）	
教师签名							

第5章 电子产品的安装工艺

教学目标

类别	目标
知识要求	① 熟知电子产品安装的基本要求和工艺流程 ② 了解各类安装器件的标识及性能 ③ 理解电子产品的原理结构
技能要求	① 掌握各类电子元器件的安装技能 ② 熟悉常用安装工具的使用 ③ 能够按照工艺文件完成产品的安装
职业素质培养	① 养成良好的职业道德 ② 能读懂并能编制产品的安装工艺 ③ 培养良好的沟通能力及团队协作精神 ④ 养成细心和耐心的习惯
任务实施方案	① 编制一份电子产品的安装工艺 ② 按照工艺文件完成某产品的安装

电子整机产品是由许多电子元器件、电路板、零部件和机壳装配而成的。一个电子整机产品质量是否合格,其功能和各项技术指标能否达到设计规定的要求,与电子产品整机装配的工艺是否达到要求是有直接关系的。一件设计精良的产品可能因为装配不当而无法实现预定的技术指标,好的整机装配,就是以合理的结构安排、最简化的工艺,实现整机的技术指标,快速有效地制造出稳定可靠的产品。

5.1 安装技术

安装就是将电子零部件按照设计要求装接到规定的位置上。安装一般都离不开螺钉紧固,但也有些零部件仅需要简单的插接即可。安装质量不仅取决于工艺设计,很大程度上也依赖于操作人员的技术水平和装配技能。

5.1.1 安装技术基础

由于产品的不同,生产规模的大小也不一样,因而对产品安装也提出了不同的技术要求,但基本要求却是大体上一致的。

1. 必须保证使用安全

实际的电子产品千差万别,正确的安装是安全使用的基本保证。在电子产品的安装过程中,安全是头等大事。不良的装配不仅会影响产品性能,还会造成安全隐患。

2. 必须保证电气性能

电气连接的导通与绝缘、接触电阻和绝缘电阻都和产品的性能、质量紧密相关。

3. 不得损伤产品零部件

安装时操作不当极有可能损坏所安装的零件,而且还会殃及相邻的零部件。例如,安装瓷质套管时,紧固力过大造成套管碎裂失效;固定面板上的螺钉时,螺丝刀滑出划伤面板;安装集成电路时折断引脚等。

4. 保证足够的机械强度

产品安装过程中要考虑到有些零部件在运输、搬动中受机械振动作用而受损的情况。

5. 保证传热、电磁屏蔽符合要求

对某些要求散热的零部件,安装时必须考虑传热的问题。还有些电路易引发干扰,必须进行电磁屏蔽。

5.1.2 安装工具

在生活中常用的紧固工具有螺丝刀(一字头和十字头)、活动扳手和套管扳手等。在工

业生产中为了提高生产效率与达到水平良好的紧固,通常使用电动或气动的紧固工具。如表 5-1 所示为常用的紧固件工具。

表 5-1 常用的紧固工具

工具名称	工具实样	特点与作用
螺丝刀		螺丝刀按不同的头形可以分为一字、十字、米字、星形(电脑)、方头、六角头和 Y 形头部等,其中一字和十字是我们生活中最常用的
活动扳手		简称活扳手,是用来紧固和起松螺母的一种工具
两用扳手		两用扳手是死扳手中的一种,它的一端与单头呆扳手相同,另一端与梅花扳手相同,两端拧转相同规格的螺栓或螺母
电动螺丝刀		它具有安全低压供电,批头接地防静电,质量轻、体积小,速度控制(高速和低速),力矩准确度为±3%,推动/滑动开关还有自动报警信号等功能
气动螺丝刀		气动螺丝刀的优点在于工作速度快,安全性高,防静电,故障率低,寿命长,节能环保;其不足是杂音比电动的要大,扭力精度比电动的误差要大,且因要接气管所以操作不灵活

5.1.3 紧固安装

整机装配的主要内容之一就是机械安装,它是指用紧固件、胶黏剂将产品所需的元器件、零部件、整件等装接到规定部位。

按装接方式不同,机械安装分为可拆卸连接与不可拆卸连接两种。可拆卸连接是指进行拆卸时不损伤任何零件的安装方式,如螺钉连接和柱销连接等;不可拆卸连接是指进行拆卸时会损伤零件或材料的安装方法,如铆接和胶粘连接等。

1. 常用紧固件及选用

紧固件的种类有许多,这里仅介绍电子装配中常用的几种紧固件。常用螺钉按头部结构不同可分为圆柱头螺钉、半圆头螺钉、球面圆柱头螺钉、沉头螺钉、半沉头螺钉和垫圈头螺钉等,这些螺钉结构中大部分有一字槽与十字槽两种,由于十字槽具有对中性好、螺丝刀不容易滑出的优点,所以使用较为广泛。如表 5-2 所示为常用的紧固件及选用方法。

表 5-2 常用的紧固件及选用方法

名称	实物图	应用场合
十字圆头螺钉		对连接表面没有特殊要求时都可以选用圆柱或半圆头螺钉。其中圆柱头螺钉特别是球面圆柱头螺钉因槽口较深，螺丝刀用力拧紧时不容易拧坏槽口，所以比半圆头螺钉更适合于需较大紧固力的部位
十字沉头螺钉		当需要连接面平整时，应用沉头螺钉。当沉头孔合适时，可以使螺钉与平面保持同高，并且使连接较确切地定位。这种螺钉因为槽口较浅一般不能承受较大紧固力
半沉头螺钉		当螺钉需较大拧紧力且连接要求准确定位，但不要求螺钉与平面保持同高时，可选用半沉头螺钉
自攻螺钉		一般适用于薄铁板或塑料件的连接，它的特点是不需要在连接件上攻螺纹。显然这种螺钉不适用于经常拆卸或受较大拉力的连接，而适用于固定那些质量轻的部件
紧定螺钉		又叫顶丝，其使用不如上述螺钉普遍，根据结构和使用不难确定种类。这类螺钉不用加防松垫圈

2. 螺母及垫圈

螺母中以六角螺母使用得最为普及，无特殊要求时均可使用。垫圈主要用于螺钉防松。如表 5-3 所示为螺母及垫圈的外形。

表 5-3 螺母及垫圈的外形

名称	实物图	名称	实物图
六角螺母		圆螺母	
平垫圈		弹簧垫圈	

3. 紧固方法

在电子产品装配工作中，紧固和安装是紧密相连的，而且占有很大比例，随着制造业专业化、集成化进程的加快，这个比例还将增大。产品中所有的零部件都必须用螺钉螺母将其紧固在各自的位置上，以满足整机在机械、电气和其他方面性能指标的要求。为此，

必须合理选择紧固件的规格、紧固工具及操作方法。

（1）使用普通螺丝刀紧固：先用手指尖握住手柄拧紧螺钉，再用手掌紧握拧半圈左右。

（2）紧固有弹簧垫圈的螺钉：以弹簧垫圈刚好压平为准。

（3）没有配套螺丝刀：通过握刀手法控制力矩方法。

（4）紧固成组螺钉：采用对角轮流紧固的方法，其顺序如图 5-1 所示。先轮流将全部螺钉预紧（刚刚拧上劲为止），再按图示顺序紧固。

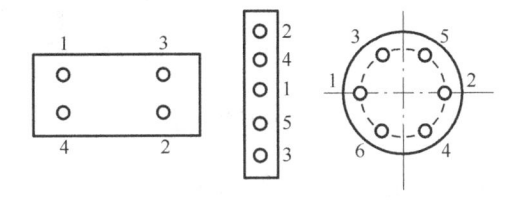

图 5-1 成组螺钉紧固顺序

4．螺钉防松动

（1）加装垫圈：弹簧垫圈使用最普遍且防松效果好，但这种垫圈经多次拆卸后防松效果会变差。因此应在调整完毕的最后工序时紧固它。平垫圈可防止拧紧螺钉时螺钉与连接件的相互作用，但不能起防松作用。波形垫圈防松效果稍差，但所需拧紧力较小且不会吃进金属表面，常用于螺纹尺寸较大、连接面不希望有伤痕的部位。

（2）使用双螺母：双螺母防松的关键是紧固时先紧固下螺母，之后用一个扳手固定下螺母，另一个扳手紧固上螺母，使上下螺母之间形成挤压而固定。双螺母防松效果良好，但受安装位置和方式的限制。

（3）使用防松漆：螺钉紧固后加点漆（一般由硝基磁漆和清漆配成）也可起到防松作用，但一般只限于 M3 以下的螺钉。

5.2 整机连接方式

整机连接的基本要求是：牢固可靠，有足够的机械强度；不损伤元器件、零部件或材料；不碰伤面板和机壳表面的涂敷层；不破坏元器件和整机的绝缘性；安装件的方向、位置和极性正确；产品的各项性能指标稳定。

除了焊接和螺纹连接之外，在电子整机装配过程中，还有压接、绕接和胶接等连接方式。这些连接中，有的是可拆卸的，有的是不可拆卸的。

5.2.1 压接的加工处理

在电气连接中，压接比导线直接连接具有特殊的优势：温度适应性强、耐高温也耐低温、连接机械强度高、无腐蚀、电气接触良好。

压接是使用专用工具，在常温下对导线和接线端子施加足够的压力，使导线和接线端

子产生塑性变形，从而达到可靠电气连接的方法。

1. 压接端子及工具

压接端子主要有如图 5-2 所示的几种类型。

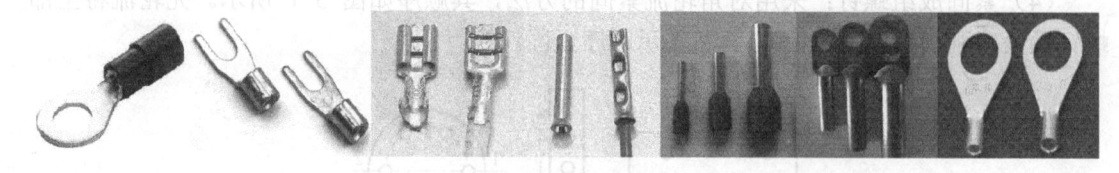

图 5-2　各种压接端子

压接工具有手动压接钳、气动式压接器和电动压接器等自动压接工具。常用的压接工具如图 5-3 所示。

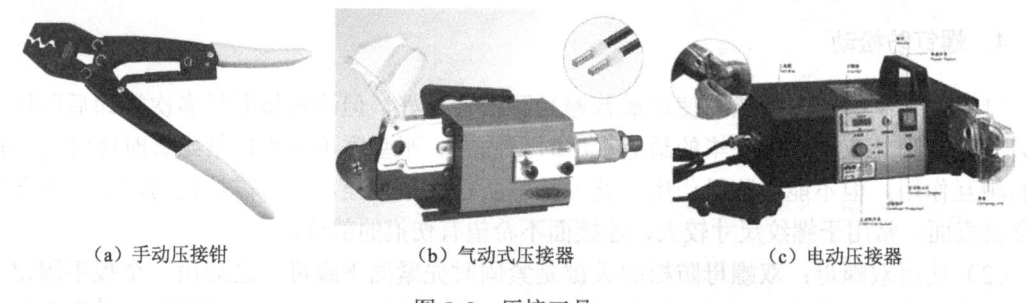

（a）手动压接钳　　　（b）气动式压接器　　　（c）电动压接器

图 5-3　压接工具

2. 压接的过程

手动压接的过程如图 5-4 所示。

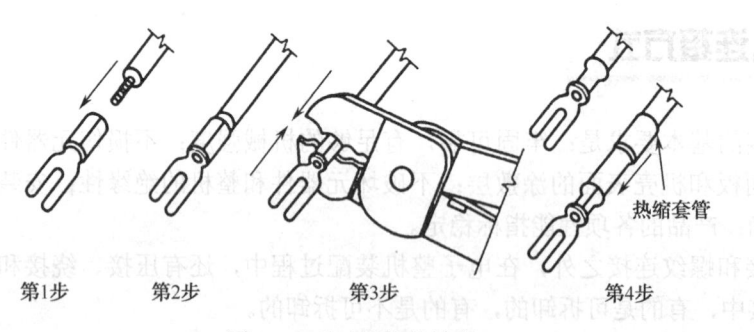

热缩套管

第1步　　　第2步　　　第3步　　　第4步

图 5-4　手动压接的过程

3. 压接技术的主要特点

（1）工艺简单，操作方便，无人员的限制。
（2）连接点的接触面积较大，使用寿命长。
（3）耐高温和低温，适应各种环境场合，且维修方便。

（4）成本低，无污染，无公害。

（5）缺点：压接点的接触电阻较大，因而压接处的电气损耗大；因施力不同而造成质量不够稳定。

5.2.2 绕接的加工处理

绕接是用绕接器，将一定长度的单股芯线高速地绕到带棱角的接线柱上，形成牢固的电气连接的方法。绕接属于压力连接。

1．绕接的过程

绕接时，导线以一定的压力与接线柱的棱边相互摩擦挤压，使两个金属接触面的氧化层被破坏，金属间的温度升高，从而使金属导线和接线柱之间紧密结合，形成连接的合金层。绕接点要求导线紧密排列，不得有重绕、断绕的现象。绕接的示意图如图 5-5 所示。

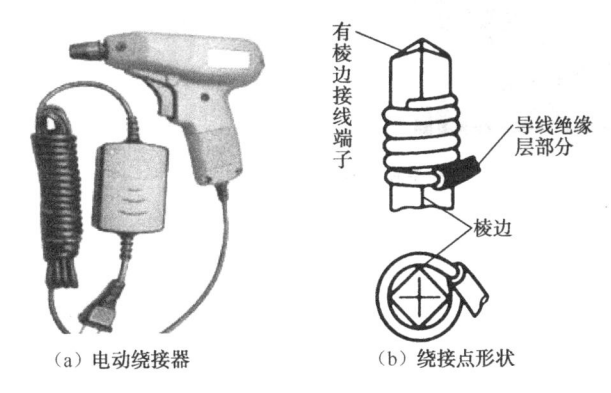

（a）电动绕接器　　（b）绕接点形状

图 5-5　绕接的示意图

2．绕接技术的主要特点

（1）接触电阻小，只有 1 mΩ。
（2）抗震能力比锡焊强，可靠性高，工作寿命长。
（3）不存在虚焊及焊剂腐蚀的问题，无污染。
（4）绕接无须加温，因而不会产生热损伤。
（5）操作简单，对操作者的技能要求低，易于熟练掌握，成本低。
（6）缺点，对接线柱有特殊要求，且走线方向受到限制；多股线不能绕接，单股线剥头比较长，又容易折断。

5.2.3 胶接的加工处理

胶接是用胶黏剂将零部件粘在一起的连接方法，属于不可拆卸的连接方式。胶接的优点是工艺简单，不需用专用的工艺设备，生产效率高，成本低。在电子产品的装联中，胶接广泛用于小型元器件的固定和不便于铆接、螺纹连接的零件的装配，以及防止螺纹松动和有气密性要求的场合。

胶接质量的好坏，主要取决于胶黏剂的性能。常用胶黏剂的性能特点和用途如下。

（1）聚丙烯酸脂胶（501、502 胶）：特点是渗透性好，粘接快，可粘接除了某些合成橡胶以外的几乎所有材料。但它有接头韧性差、不耐热等缺点。

（2）聚氯乙烯胶：用四氢呋喃作溶剂和聚氯乙烯材料配制而成的有毒、易燃的胶黏剂，用于塑料与金属、塑料与木材、塑料与塑料的胶接。其特点是固化快，不需加压、加热。

（3）222 厌氧性密封胶：是以甲基丙烯脂为主的胶黏剂，属于低强度胶，用于需拆卸零部件的锁紧和密封。其特点是渗透性好，定位固连速度快，有一定的胶接力和密封性，拆除后不影响胶接件原有的性能。

（4）环氧树脂胶（911、913 胶）：以环氧树脂为主，加入填充剂配制而成的胶黏剂。其特点是粘接范围广，具有耐热、耐碱、耐潮和耐冲击等优良性能。各种胶接实物图如图 5-6 所示。

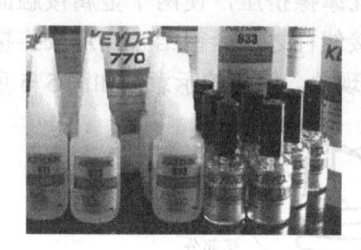

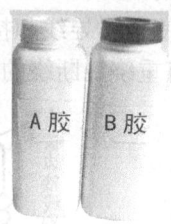

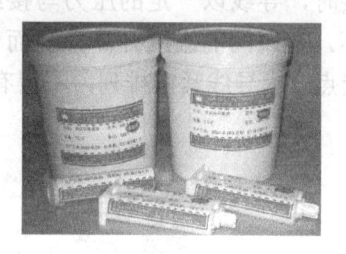

图 5-6　各种胶接实物图

5.2.4　热熔胶枪

1．热熔胶枪的使用

（1）热熔胶枪插上电源前，先检查电源线是否完好无损、支架是否具备；已使用过的胶枪是否有倒胶等现象。

（2）胶枪在使用前先预热 3～5 min，在不用时要直立于桌面（或地面）上。

（3）待胶条熔化后将胶枪喷嘴对准需要打胶的部位轻按扳机，让熔胶自然流出。

（4）使用完毕后把喷嘴向下，拔去电源插头。

2．使用热熔胶枪的注意事项

（1）切勿从进胶口拉出胶条。

（2）由于使用工程中热熔胶枪的温度极高，所以切不可用手接触枪嘴处及熔胶处。

（3）保持热熔胶条表面干净，防止杂质堵住枪嘴。

（4）胶枪在使用过程中若发现打不出胶，需检查胶枪是否发热。

3．热熔胶枪的维护

（1）若胶枪不能正常发热，原因可能是：

① 胶枪电源没有插好；

② 胶枪因短路而烧坏。

（2）若胶枪正常发热，则原因可能是：

① 枪嘴因有杂质而堵住出胶口，应及时清除；

② 胶枪倒胶而使胶条变粗，此时只需将胶条轻轻旋转一周并小心向后拉出一小部分，把胶条变粗部分剥掉，再继续使用。

如图 5-7 所示为热熔胶枪与胶条的示意图。

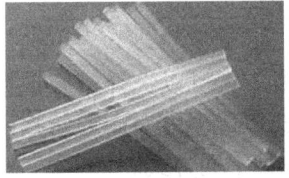

图 5-7　热熔胶枪与胶条的示意图

5.3　整机装配

整机装配是指根据我们编写的工艺文件，有规律、有技巧地完成产品中电路板的组装过程。

5.3.1　装配的内容和方法

1. 组装内容和级别

电子产品的组装就是按照工艺图纸，将各种电子元器件、机电元件和有关构件装在规定的位置上，以组成一件产品的过程。其主要内容包括产品单元的划分，元器件的布局，各种元器件、零部件和结构件的安装，整机总装等。在组装过程中，根据组装单元的尺寸大小、复杂程度和特点的不同，可将电子产品的组装分成不同的等级，称为电子产品的组装级。组装级共分为 4 级。

（1）元件级组装：是指通用电路元器件、分立元器件和集成电路等的装配，是装配级别中的最低级别。

（2）插件级组装：常用于组装和互连第一级元器件，如装有元器件的印制电路板或插件等。

（3）底板级组装：常用于安装和互连第二级组装的插件板或印制电路板等。

（4）系统级组装：是将插件级组装件，通过连接器、电线电缆等组装成具有一定功能的完整电子产品整机。

2. 组装的特点

电子产品是技术密集型产品，其组装过程在电气上是以印制电路板为主的电子元器件的电路连接，在结构上是以组成产品的钣金硬件和模型壳体通过紧固零件或其他方法，由内到外按一定顺序的安装。组装的主要特点有：

（1）组装工作包含多种技术要素，诸如元件筛选、引线成型、线材加工、焊接技术和质量检验等，因而要求操作者具有一定的技术素质；

（2）组装工作的好坏直接影响产品质量，操作人员必须经过严格的岗前技术培训，强化质量意识，熟练掌握操作技能，不断提高工艺技术水平；

（3）机械装配的作业质量通常难以用仪器、仪表进行定量分析，一般只能用目测、手感等直观方法判断，如录音机芯、调谐旋钮等的装配质量常凭手感进行鉴定。

3．组装方法

电子产品在组装过程中有许多方案可以选择，应根据其工作原理、结构特征和生产条件制定不同的组装方案，并从中选取最佳方案。通常按组装原理可将电子产品的组装分为功能法、组件法和功能组件法等几种不同方式。

（1）功能法：是将电子产品整机的一部分放在一个完整的结构部件内，去完成其中功能的方法。

（2）组件法：是制造出一些外形尺寸和安装尺寸都统一的部件的方法。

（3）功能组件法：兼顾功能法和组件法的特点，制造出既保证功能完整性，又有规范化结构尺寸的组件。

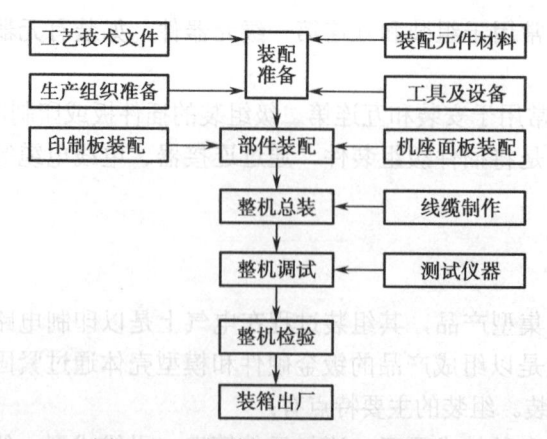

5.3.2 装配的工艺过程

装配的工艺过程分为整机装配的工艺过程、流水线作业法、整机装配车间的组织形式。

1．整机装配的工艺过程

电子产品的装配工艺在产品制造的整个过程中具有十分重要的意义，它将直接影响各项技术指标的实现或是否以最经济、最合理的方法实现。整机装配就是指用紧固件或黏合剂等将产品的元器件、零部件和线缆等按照设计图样的规定装接在指定的位置上。整个工艺过程分为装配准备、零件装配和整件装配 3 个阶段。因为产品的复杂程度、生产条件、技术要求和工人技能等实际情况的不同，所以整机装配的工艺和工序也要有所变化。在大批量生产中，中小型电子产品通常都是在流水线上进行作业，按照一道道工序完成的。一般整机装配的工艺过程如图 5-8 所示。

图 5-8 一般整机装配的工艺过程

在装配准备工作中，最为重要的是装配元件的分类，它是避免出错和保证产品质量的先决条件。

2．流水线作业法

流水线作业是指把整机的装联和调试等工作划分为若干个简单的操作项目，每位操作者完成各自负责的操作项目，并按规定顺序把机件传输到下一道工序，形成流水般不停的自首至尾逐步完成的整机生产作业。

流水线作业法有利于提高产品质量和生产效率，它根据不同产品类型来组织生产，每一位操作者必须在规定的时间内完成指定的作业任务，所操作的时间为流水节拍。流水节拍是工艺技术人员根据该产品每天在生产流水线上的产量与工作时间的比例来指定划分每一个工位操作任务的依据。流水线作业虽带有一定的强制性，但由于工作内容简单、动作单纯、便于记忆，所以能减少差错、提高工效、保证产品质量。

机械化自动流水作业线通常由传送机构、控制机构和必要的工艺装置组成，其传送方式有直线式和圆环式两种。如图5-9所示为某车间流水线一角。

图 5-9 某车间流水线一角

3．整机装配车间的组织形式

整机装配车间一般是按产品原则组建的，因此受产品的生产批量、技术要求及企业的设备场地、管理体制等情况影响而有所不同。以某车间整机装配为例，其组织形式如图5-10所示。

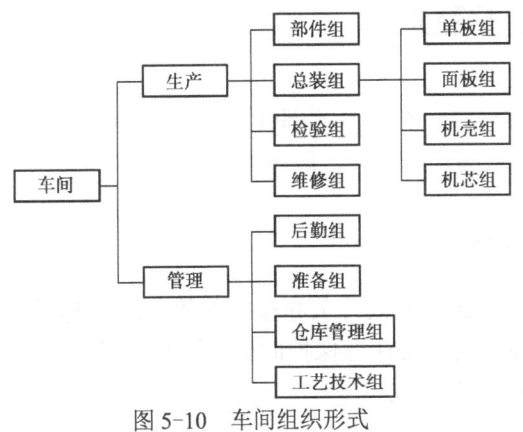

图 5-10 车间组织形式

5.3.3 某产品的生产流程卡案例

案例1：XXXX-2013生产流程卡

生产流程卡 Q/DZL321-01

产品型号		xxxx-2013	
工作令（部件生产批号）		1261111	
部件名称		工号	生产批号（日期）
1	显示板	111	1311009
2	主机板	222	1311016
3	电源板	333	1311023
4			
5			
6			
7			
8			
9			
10			
总装		操303	
初调		操305	
复调		操308	
产品编号		L1303705	
出厂检验		操411	
包装工号		操501	

上海xxx公司电子部品制造部

5.4 典型零部件装配技术

在电子产品的装配过程中，有许多零部件有其独特的、特殊的安装方法与要求，如面板、开关、插座、电位器、陶瓷绝缘架、散热器等。

5.4.1 面板零件安装

在仪器面板上安装电位器、波段开关和接插件等，通常都采用螺纹安装结构。在安装时要选用合适的防松垫圈，同时要注意保护面板，防止在紧固螺母时划伤面板。如图5-11所示为几种常见面板零件的安装方法。

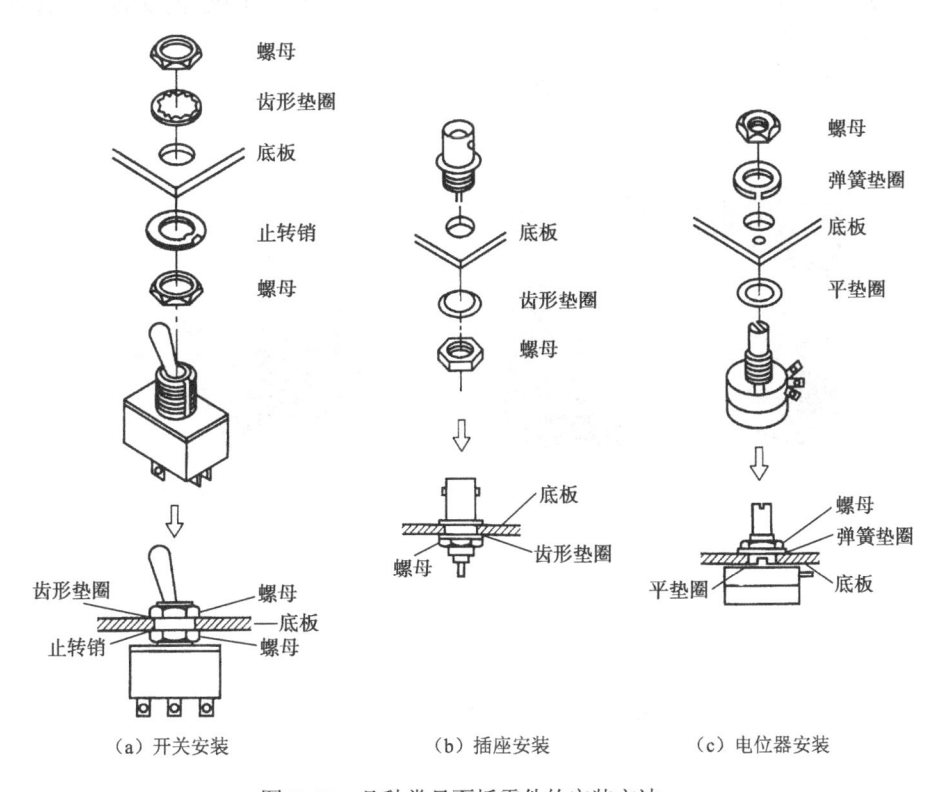

(a) 开关安装　　　　　　(b) 插座安装　　　　　　(c) 电位器安装

图 5-11　几种常见面板零件的安装方法

5.4.2　陶瓷件、胶木件、塑料件的安装

这类零件的特点是机械强度较低，容易在安装时损坏。因此要选择合适的衬垫并注意紧固力大小适宜。安装陶瓷件和胶木件时要在接触位置加软垫，如橡胶垫、纸垫和软铝垫等，绝不可使用弹簧垫圈。如图 5-12 所示为陶瓷绝缘架的安装，由于工作温度较高，所以可选用铝垫圈并用双螺母防松。塑料件较软，安装时容易变形，因此应在螺钉上加大外径垫圈，使用自攻螺钉时螺钉旋入深度应大于螺钉直径的 2 倍以上。

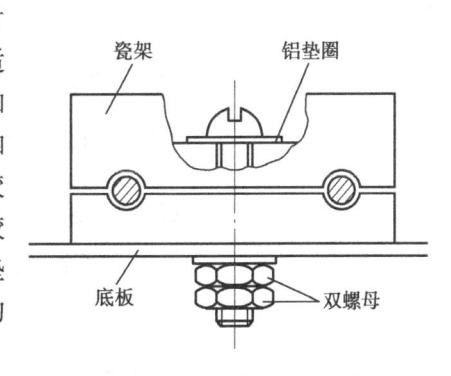

图 5-12　陶瓷绝缘架的安装

5.4.3　功率器件的安装

大功率器件类似于计算机的 CPU、LM7805、LM7824 和 LM2940 等器件。它们在工作时都会发热，需要依靠散热器将热量散发出去，而安装质量对传热效率影响很大，因此在安装时要注意以下几点：

（1）散热器与元器件的接触面要清洁平整，保证良好的接触面；

（2）在器件和散热器的接触面上加涂硅脂，如组装计算机时 CPU 的安装，如图 5-13 所示是涂上硅脂的芯片。

在用两个以上的螺钉紧固时，要采用对角线轮流紧固的方法，以防止贴合不良。如图 5-14 所示为计算机 CPU 散热器的安装。

图 5-13　涂上硅脂的芯片　　　　图 5-14　计算机 CPU 散热器的安装

如图 5-15 所示为功率器的安装。

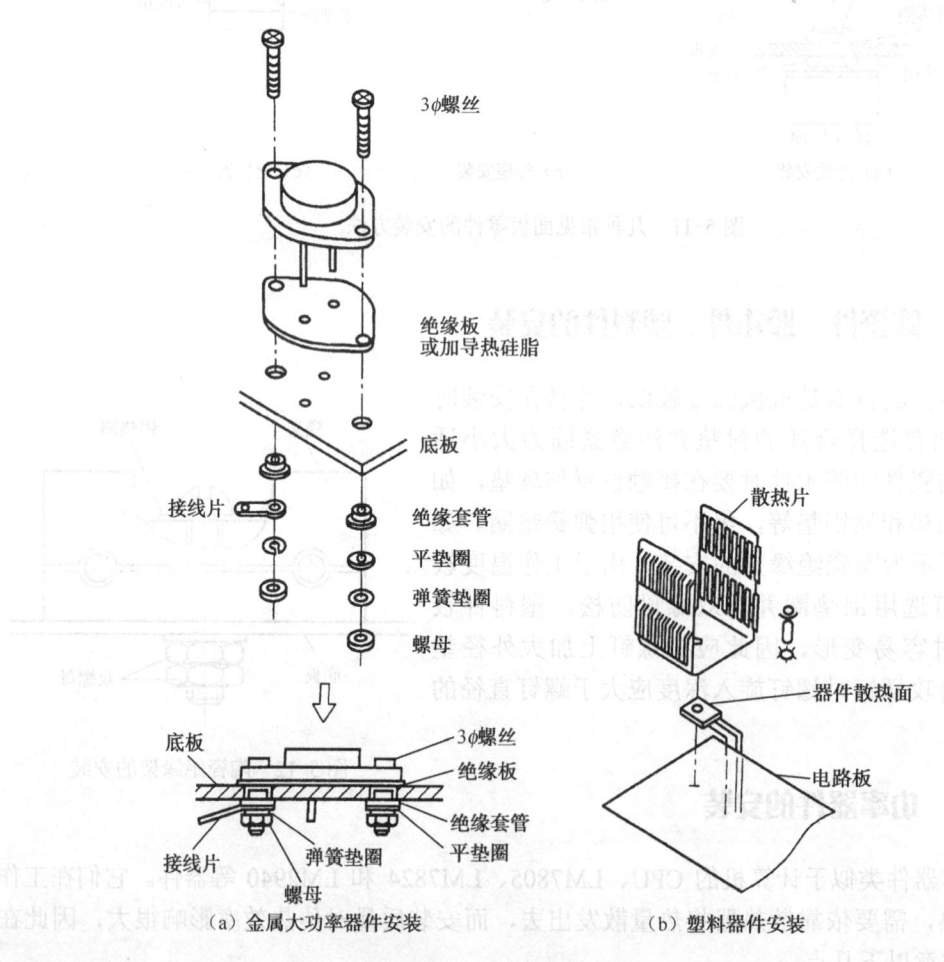

(a) 金属大功率器件安装　　　(b) 塑料器件安装

图 5-15　功率器的安装

5.4.4 扁平电缆线的安装

一般的扁平电缆线颜色多为灰色和灰白色,在一侧最边缘的线为红色或其他不同颜色,作为连接顺序的标志。扁平电缆线如图 5-16 所示。如图 5-17 所示是扁平电缆线在实际生产中的运用,主要是用于电路板之间的连接,一头焊电路板,一头插接电路板。

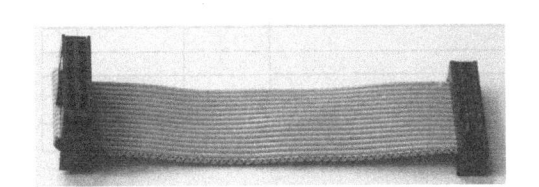

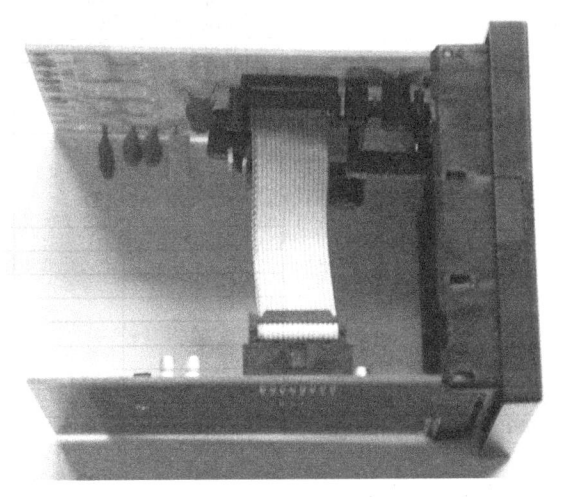

图 5-16 扁平电缆线　　　　图 5-17 扁平电缆线在实际生产中的运用

扁平电缆线的连接大都采用穿刺卡接方式或用插头连接,接头内有与扁平电缆尺寸相对应的 U 形连接簧片,在压力的作用下,簧片刺破电缆绝缘皮,将导线压入 U 形刀口,并紧紧挤压导线获得电气接触。扁平电缆线的制作过程如表 5-4 所示。

表 5-4 扁平电缆线的制作过程

步骤一	步骤二	步骤三	完成
材料准备	将导线插入连接头	用压线工具压线	

5.4.5 某产品的装配工艺卡案例

案例 2:XGM 调节仪的装配工艺卡

电子产品工艺及项目训练

上海XXXX公司	装配工艺卡	产品型号及名称	XGM调节仪	产品代号	SZ
		部（组）件名称	信号模块	部（组）件	SZ

示图：	零（部）件及辅助材料				零（部）件及辅助材料		
	序号	代号	名称及规格	数量	代码	名称及规格	数量
	1	SZ	控制印制板	1			
	2	GB000-01	螺钉M2*12	2			
	3	GB001-01	垫圈2	4			
	4	GB002-02	螺母M2	2			
	5	OCZ0	插座2CH-25-16	1			
车间	工序名称	工序号	工序内容及要求		设备	工装名称及编码	备注
五	装	1	将插座2CH-25-16按图用钳子弯成如图所示形状，将螺钉把插座固定，然后焊接。				

编制：	审核：	批准：	第 张
日期：	日期：	日期：	共 张

5.5 整机总装

整机总装是指将完成的各部件按工艺文件的要求进行电气连接，再装入产品外壳，最后整机功能验收合格后入库销售。

5.5.1 整机装配常用文件

1. 装配图

装配图是表示产品组成部分相互连接关系的图样。在装配图中，仅按直接装入的零、部、整件的装配结构进行绘制，要求完整、清楚地表示出产品的组成部分及其结构的总形状。

装配图一般包括下列内容：表明产品装配结构的各种视图；装配时需要检查的尺寸及其极限偏差；外形尺寸、安装尺寸，以及与其他产品连接的位置和尺寸；在装配过程中或装配后需要加工的说明；装配时需借助的配合或配制方法；其他必要的技术要求和说明。

2. 接线图

接线图是表示产品装接面上各元器件相对位置关系和接线实际位置的简图，和电原理图或逻辑图一起用于产品的接线、检查和维修等。接线图还应包括进行装接时必要的资料，如接线表和明细表等。

对于复杂的产品，若一个接线面不能清楚地表达全部接线关系，则可以将几个接线

面分别给出。绘制时，应以主接线面为基础，将其他接线面按一定的方向展开，在展开面旁要标注出展开方向。在某一个接线面上，如果有个别元器件的接线位置不能表达清楚，可采用辅助视图（剖视图、局部视图、向视图等）来说明，并在视图旁注明是何种辅助视图。

复杂的产品或模块，用的导线较多，走线复杂。因此为便于接线，使走线整齐美观，可将导线按规定和要求绘制成线扎装配图。

3．技术条件

技术条件是对产品质量、规格及其检验方法等所做的技术规定，是厂家与用户双方共同约定的技术依据。

技术条件一般包括概述、分类、外形尺寸、主要参数、技术要求、例行试验、交收试验、试验方法、包装、标志，以及储存和运输。对于产品的组成部分，如整件、部件、零件，一般不单独编写技术条件。

4．技术说明书

使用和研究产品时，一定要先熟悉技术说明书。它主要用于说明产品的用途、性能、组成、工作原理及使用维护方法等技术特性。

技术说明书一般包括概述、技术参数、工作原理、结构特征、安装及调试。

5．明细表

明细表是表格形式的设计文件，用于确定整机产品的组成部分内容和数量。

明细表包括成套设备明细表、整件明细表、成套件明细表，条目有"元件"、"整件"、"部件"、"零件"、"标准件"、"外购件"和"材料"等。

5.5.2 整机总装

整机总装是指各部件、组件在完成单元安装调试、检验合格的基础上，按照设计要求进行整机连装，组成一件完整的合格成品的整个过程。总装是电子产品生产中一个主要的生产环节。

1．总装的装配方式

从整机结构来分，有整机装配和组合装配两种方式。

对于整机装配来说，整机是一个独立的整体，它把零、部件通过各种连接方法安装在一起，组成一个不可分的具有独立工作功能的整体，如收音机和电视机等。

对于组合装配来说，整机则是若干个组合件的组合体，每个组合件具有一定的功能，而且随时可以拆卸，如大型控制台和插件式仪器等。

2．总装的流程

电子产品的整机总装工艺过程一般包括：

零、部件的配套准备→零、部件的装联→整机调试→总装检验→包装→入库或出厂。

3．整机装配的工艺原则

整机装配一般包括机械和电气两大部分，在流水线上要经过多道工序，采取不同的装接方式和安装顺序。安装顺序的合理与否将直接影响到整机的装配质量、生产效率和工人的劳动强度。整机安装的基本原则是先轻后重、先里后外、先低后高、先小后大，易碎后装及上道工序不得影响下道工序的安装。装配过程中应注意上、下道工序间的衔接，使操作者感到方便、省力和省时。

4．整机装配的基本要求

整机装配的基本要求是牢固可靠，不损伤元器件和零、部件，不碰伤面板、机壳表面的涂覆层，不破坏元器件的绝缘性能，安装的方向、位置和极性正确无误，以确保产品电性能的稳定并具有足够的机械强度。

5.5.3 某产品的整机装配工艺文件案例

电子产品的安装工艺文件是产品设计完成后，由工艺工程师根据产品设计师提供的产品资料及安装要求，并结合生产实际，编写的标准的、易懂的、规范的工艺文件。它是电子产品生产过程中非常重要的环节，一个设计精良的产品可能因为安装工艺不当而无法实现预定的技术指标，火箭升空可能由于一个螺钉的松动而导致失败，此类案例在生活工作中并不少见。因此，要想编写一份合格的电子产品安装工艺，首先编写者要对该电子产品的安装流程了然于胸。

下面以某公司的一款数字显示调节仪为例，介绍整机装配工艺文件的识读法。

案例3：XXXX-1000 数字调节仪装配工艺文件

文件编号：YL3.437.001

XXXX-1000 数字调节仪装配工艺

编制＿＿＿＿＿＿
审核＿＿＿＿＿＿
批准＿＿＿＿＿＿
日期＿＿＿＿＿＿

序号	代号	名称	数量	附注
1	YL8.567.001	XTMD-100 电源板	1	
2	YL0.015.001	XTMD-100 电源板元器件安装明细表	1	

续表

序号	代号	名称	数量	附注
3	YL8.567.002	XTMD-100 输入板	1	
4	YL0.015.002	XTMD-100 输入板元器件安装明细表	2	
5	YL8.567.003	XTMD-100 显示板	1	
6	YL0.015.003	XTMD-100 显示板元器件安装明细表	1	
7	YL3.437.001	XTMD-100 智能数字显示调节仪总装	1	

设计		标准化		XXXX-1000 智能数字显示调节仪总装目录	YL3.437.001
审核		校对			共 张
日期					第 张
					上海*****公司

续表

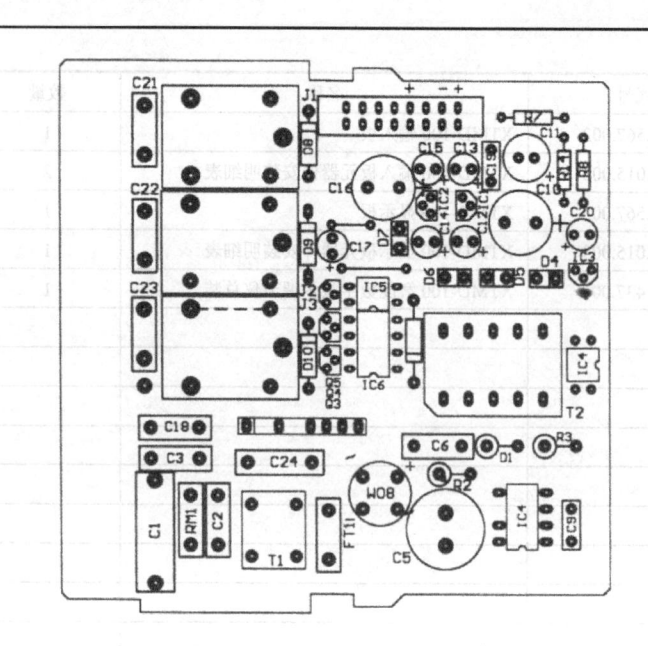

工艺说明：①所有直插式器件按水平安装方式安装，如下图所示：

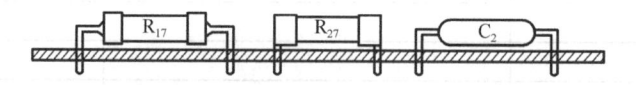

② 焊点均匀饱满有光泽，无拉丝、搭锡、假焊、漏焊；
③ 集成电路器件安装方向正确。

工艺流程图：

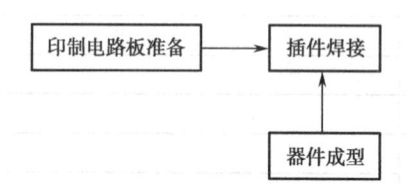

印制电路板准备 → 插件焊接 ← 器件成型

设计		工艺		XXXX-1000 电源板安装图	YL8.567.001	
制图		标准化			共	张
描图		审核			第	张
校对		日期			上海*****公司	

序号	代号	名称	数量		附注
1	C_1	CBB 电容器	1	0.1 μF/630 V	
2	C_2、C_3	高压瓷片电容	2	2 200 pF/2 kV	
3	C_{18}、C_{19}、C_{24}	高压瓷片电容	3	1 000 pF/1 kV	
4	C_{21}～C_{23}	高压瓷片电容	3	4 700 pF/1 kV	
5	FT1	保险丝	1	1 A/250 V	

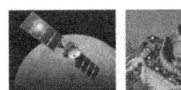

续表

序号	代号	名称	数量		附注
6	C_6	CBB 电容	1	0.01 μF/630 V	
7	C_9	CBB 电容	1	0.01 μF/63 V	
8	RM1	压敏电阻	1	470 V	
9	$VD_8 \sim VD_{10}$	整流二极管	3	IN4001	
10	$VD_4 \sim VD_7$	快恢复二极管	4	FR101	
11	VD_1	快恢复二极管	1	FR107	
12	R_7、R_8	金属膜电阻器	2	4.7 kΩ	
13	R_3	金属膜电阻器	1	5.1 Ω	
14	C_{20}	铝电解电容器	1	10 μF/16 V	
15	C_{16}	铝电解电容器	1	100 μF/35 V	
16	C_5	铝电解电容器	1	10 μF/400 V	
17	C_{13}、C_{15}、C_{17}	铝电解电容器	3	47 μF/16 V	
18	C_{12}、C_{14}	铝电解电容器	2	100 μF/16 V	
19	C_{11}	铝电解电容器	1	220 μF/16 V	
20	C_{10}	铝电解电容器	1	470 μF/16 V	
21	IC_1	三端稳压器	1	78L05	
22	IC_2	三端稳压器	1	79L05	
23	R_2	金属膜电阻器	1	100 kΩ/1 W	
24	R_{14}	金属膜电阻器	1	100 μΩ	
25	$VT_3 \sim VT_5$	NPN 三极管	3	C1815	
26	Q_1	反高压调整管	1	C3150	
27	IC_3	精密基准电源	1	TL431	
28	IC_4、IC_5	光电耦合器	2	LTP521-1	
29	IC_6	光电耦合器	1	LTP521-2	
30	T_2	高频变压器	1	T010721	
31	$J_1 \sim J_3$	继电器	3	4123-2C-24V	
32	T_1	高频振流圈	1		
33	W08	整流桥	1	1A/800V	
34	XTMD-100PS1	电源板	1		XTMD
35	XF-100PS1	电源板	1		

设计		工艺		XXXX-1000 电源板元器件安装明细表	YL0.015.001	
制图		标准化			共	张
描图		审核			第	张
校对		日期			上海*****公司	

续表

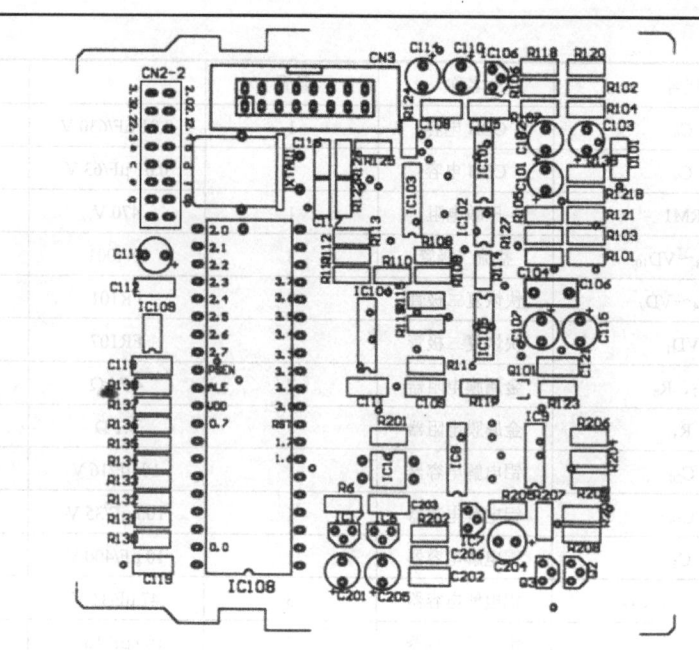

工艺说明：① 在大批量生产时，贴片器件需 SMT 自动焊接；
② 所有直插式器件按水平安装方式安装。如下图所示。

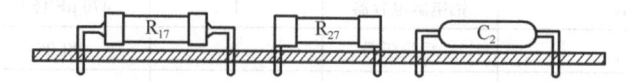

③ 焊点均匀饱满有光泽，无拉丝、搭锡、假焊、漏焊；
④ 集成电路器件安装方向正确。

工艺流程图：

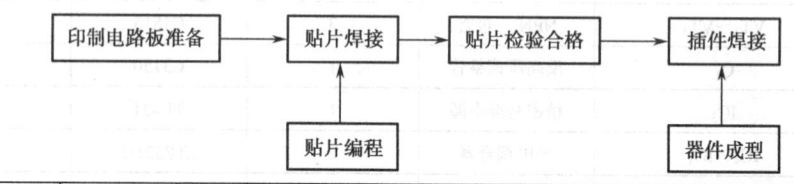

印制电路板准备 → 贴片焊接 → 贴片检验合格 → 插件焊接

贴片编程 → （贴片焊接）

器件成型 → （插件焊接）

设计		工艺		XXXX-1000 输入板安装图		YL8.567.002	
制图		标准化				共　　张	
描图		审核				第　　张	
校对		日期				上海*****公司	

序号	代号	名称	数量	附注
1	C_{110}、C_{113}～C_{115}	铝电解电容器	4	10 μF/16 V
2	C_{101}～C_{103}、C_{107}、C_{205}、C_{204}	铝电解电容器	6	10 μF/25 V
3	C_{201}	铝电解电容器	1	10 μF/35 V
4	C_{116}、C_{117}	贴面陶瓷电容器	2	24 pF

续表

续表

序号	代号	名称	数量		附注
5	C_{104}、C_{105}、C_{108}、C_{109}、C_{111}、C_{112}、C_{118}、C_{119}、C_{121}、C_{202}、C_{203}、C_{206}	贴面陶瓷电容器	12	0.1 μF	
6	C_{106}	CBB22 电容器	1	0.22 μF/50 V	
7	R_{121}、R_{121B}、R_{130}~R_{137}、R_{208B}	贴面 1206 电阻器	11	100 Ω	
8	R_{208}	贴面 1206 电阻器	1	510 Ω	
9	R_{118}	贴面 1206 电阻器	1	1 kΩ	
10	R_6、R_{202}、R_{111}~R_{113}、R_{124}~R_{126}	贴面 1206 电阻器	8	2 kΩ	
11	R_{101}、R_{103}、R_{104}、R_{110}、R_{117}、R_{123}、R_{138}、R_{139}、R_{201}、R_{207}	贴面 1206 电阻器	10	4.7 kΩ	
12	R_{109}、R_{114}、R_{115}、R_{203}、R_{204}	贴面 1206 电阻器	5	10 kΩ	
13	R_{120}、R_{205}	贴面 1206 电阻器	2	20 kΩ	
14	R_{108}	贴面 1206 电阻器	1	100 kΩ	
15	R_{105}、R_{107}、R_{116}、R_{119}、R_{206}	贴面 1206 电阻器	5	200 kΩ	
16	R_{106}、R_{122}、R_{127}	贴面 1206 电阻器	3	1 MΩ	
17	R_{102}	贴面 1206 电阻器	1	20 MΩ	

设计		工艺		XXXX-1000 输入板元器件安装明细表	YL0.015.002	
制图		标准化			共	张
描图		审核			第	张
校对		日期			上海*****公司	

序号	代号	名称	数量		附注
18	XTAL1	晶体振荡器	1	4.000M	
19	IC_6	三端稳压器	1	78L08	
20	IC_{17}	三端稳压器	1	79L08	
21	CN3	16 芯双排脚插座	1	IDC16	
22	IC_{108}	CPC	1	89C52	
23	Q_{101}	贴面 NPN 三极管	1	9013	
24	VT_2、VT_3	NPN 三极管	2	C1815	
25	VD_{101}	开关二极管	1	IN4148	
26	IC_8、IC_{101}	贴面八选一模拟开关	2	CD4051	
27	IC_{103}、IC_{104}	贴面双四选二模拟开关	2	CD4052	

续表

序号	代号	名称	数量		附注
28	CN2-2	16芯双排弯脚插座	1	IDC16	
29	IC_9	高阻输入四运算放大器	1	LM324	
30	IC_{105}	高阻输入四运算放大器	1	LF347	
31	IC_{106}	精密基准源	1	LM336-2.5	
32	IC_7	精密基准源	1	LM336-5.0	
33	IC_{102}	贴面高精度运算放大器	1	OP07C	
34	IC_{16}	光电耦合器	1	LTP521-1	
35	IC_{109}	外围监控电路	1	X25045	
36	XTMD-100C	输入板	1		XTMD
37	XTMF-100C	输入板	1		
38	XF(H)-100C	输入板	1		

设计		工艺			YL0.015.002	
制图		标准化		XXXX-1000输入板元器件安装明细表	共　　张	
描图		审核			第　　张	
校对		日期			上海*****公司	

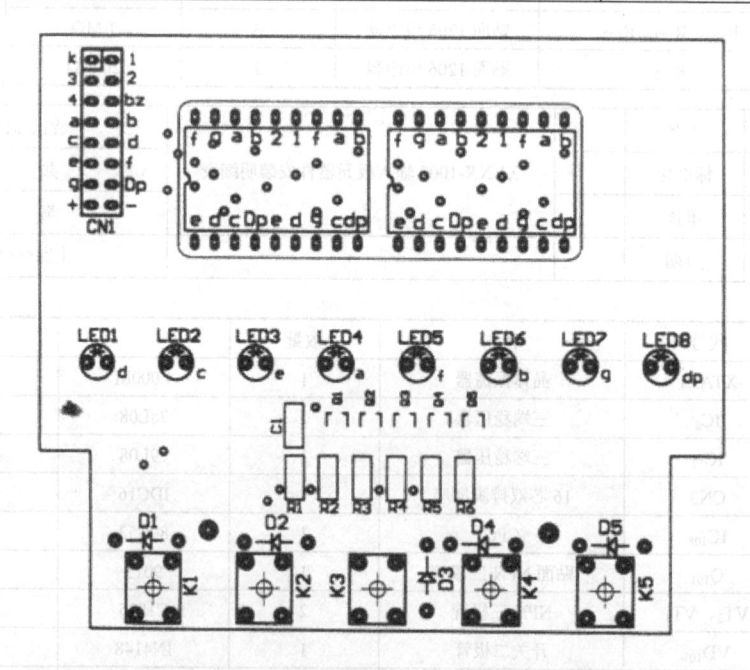

工艺说明：① 在大批量生产时，贴片器件需SMT自动焊接；
② 所有直插式器件按水平安装方式安装。如下图所示：

续表

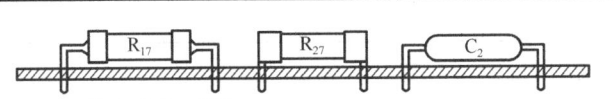

③ 焊点均匀饱满有光泽，无拉丝、搭锡、假焊、漏焊；
④ 集成电路器件安装方向正确。

工艺流程图：

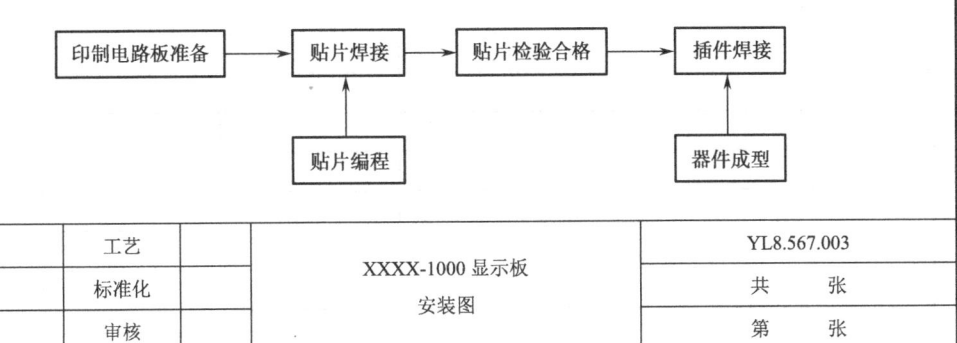

印制电路板准备 → 贴片焊接 → 贴片检验合格 → 插件焊接
                      ↑   ↓
                   贴片编程   器件成型

设计		工艺		XXXX-1000 显示板 安装图	YL8.567.003	
制图		标准化			共 张	
描图		审核			第 张	
校对		日期			上海*****公司	

序号	代号	名称	数量	附注	
1	XD-100F1	显示板	1		
2	$K_1 \sim K_4$	按键	4	6×6×9	
3	$VT_1 \sim VT_5$	贴面 PNP 三极管	5	9012	
4	$R_1 \sim R_6$	贴面 1206 电阻器	6	4.7 kΩ	
5	$VD_1 \sim VD_4$	开关二极管	4	IN4148	
6	LED1	发光二极管	1	$\phi 3$	绿色
7	LED7	发光二极管	1	$\phi 3$	色
8	LED2、LED3	发光二极管	2	$\phi 3$	红色
9	CN1	16 芯双排插座	1	IDC16	黄色
10	$L_1 \sim L_2$	0.5 英寸双字数码管	2	TOD5202CE	红色

续表

序号	代号	名称	数量	附注

设计		工艺		XXXX-1000 显示板元器件安装明细表	YL0.015.003	
制图		标准化			共	张
描图		审核			第	张
校对		日期			上海*****公司	

序号	代号	名称	数量	附注
10	YL8.567.001	XTMD-100 电源板	1	
9	YL8.567.002	XTMD-100 输入板	1	
8	YL8.567.003	XTMD-100 显示板	1	
7	YL3.060.147	贴膜面板	1	
6	8737	插片	16	
5	GB848-85	垫片	16	
4	GB845-85	螺钉	16	
3	9665	外壳	1	
2	9665	前盖	1	
1	YL8.867.018	接线标签	1	

续表

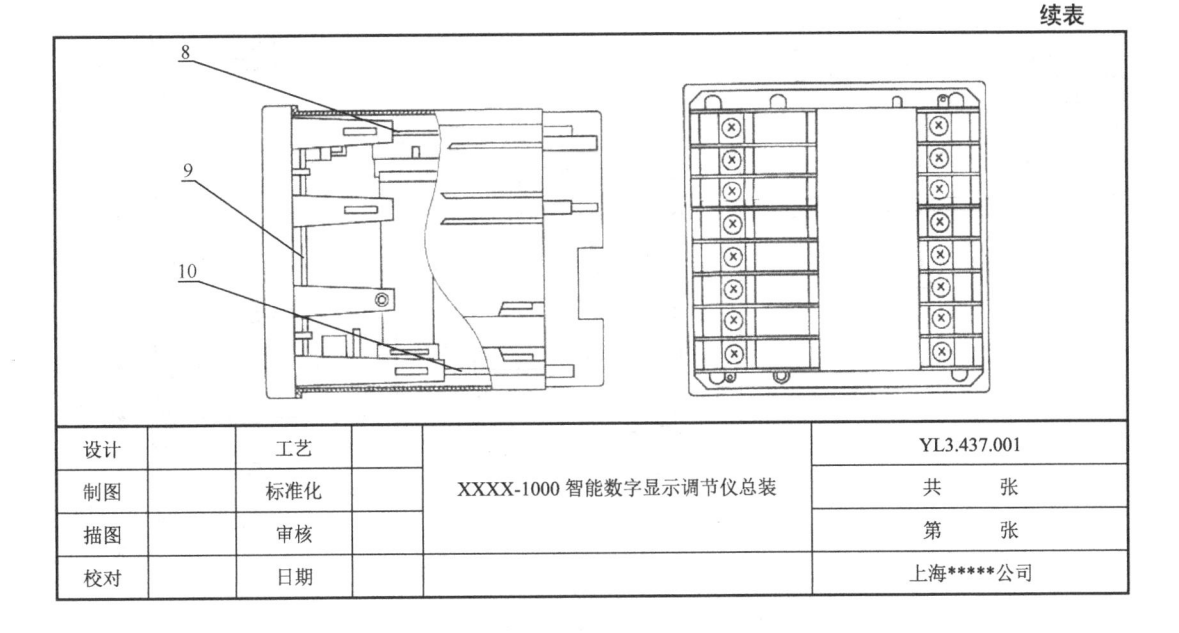

设计		工艺		XXXX-1000智能数字显示调节仪总装	YL3.437.001
制图		标准化			共　　张
描图		审核			第　　张
校对		日期			上海*****公司

项目训练 20　光控走马灯电路的组装

1．实训目的

（1）能看懂电原理图，并会分析其功能。
（2）能熟悉电子产品的组装过程。

2．实训要求

（1）对元器件进行检测，判断其质量好坏。
（2）按照工艺要求，在印制电路板上正确安装。
（3）焊接点应可靠，要求光滑、均匀，无虚假焊、漏焊、焊盘脱落、桥焊、毛刺等缺陷。
（4）按要求能检测其电路，实现光控和走马功能。

3．光控走马灯电原理图

光控走马灯电原理图如图 5-18 所示。

4．实训步骤

1）准备工作
（1）熟悉印制电路板。
印制电路板的正反面如图 5-19 所示。

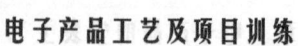

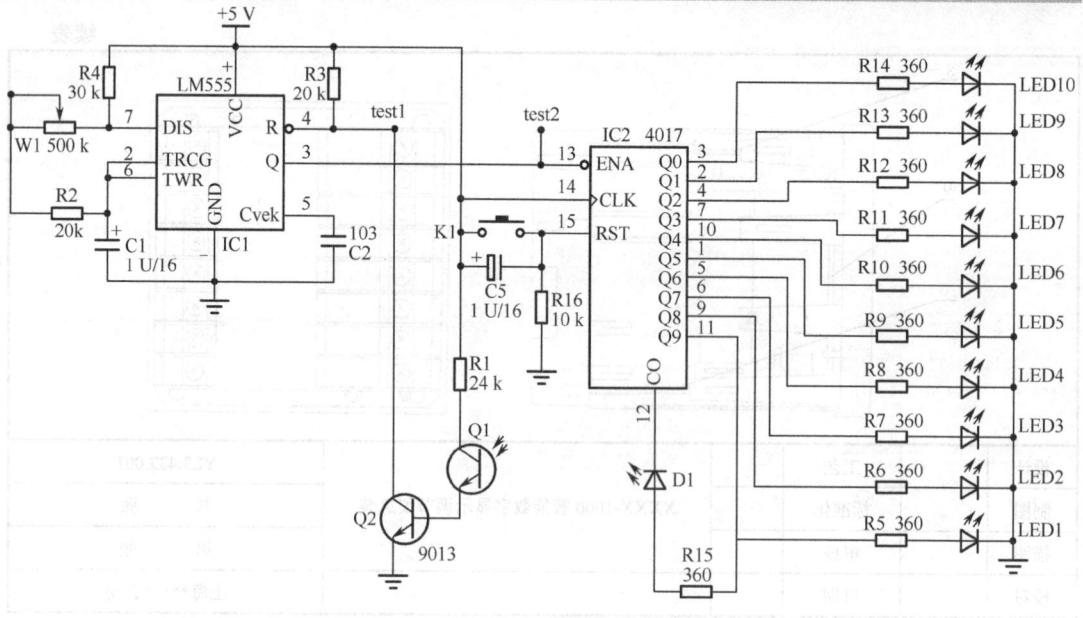

图 5-18　光控走马灯电原理图

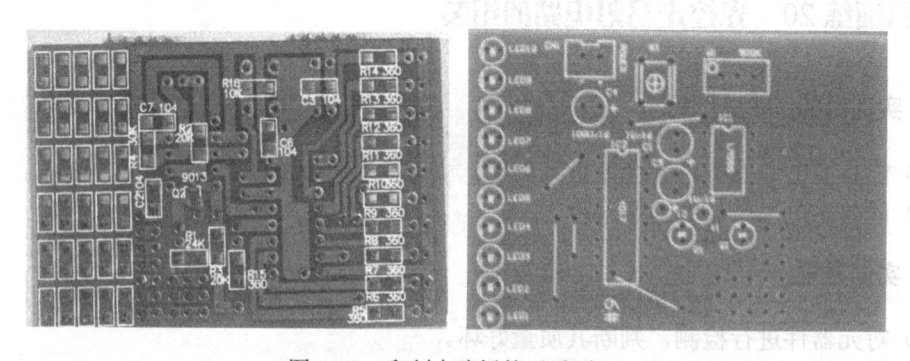

图 5-19　印制电路板的正反面

（2）清点各个元器件。安装用贴片和分立元器件如图 5-20 所示。

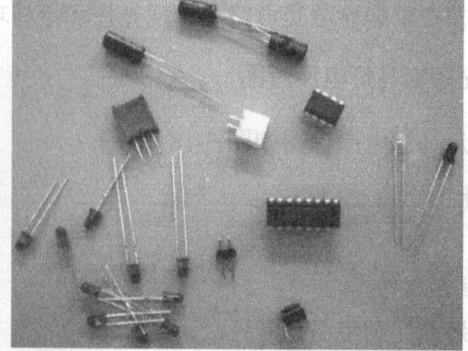

图 5-20　安装用贴片和分立元器件

(3) 用数字万用表对各个元器件进行检测。
(4) 元器件清单。
光控走马灯电路元器件清单如表 5-5 所示。

表 5-5 光控走马灯电路元器件清单

序号	符号	名称	型号规格	单位	数量	备注
1	R1	SMT 电阻	1206-24 kΩ	只	1	
2	R2、R3	SMT 电阻	1206-20 kΩ	只	2	
3	R4	SMT 电阻	1206-30 kΩ	只	1	
4	R5～R15	SMT 电阻	1206-360 Ω	只	11	
5	R16	SMT 电阻	1206-10 kΩ	只	1	
6	C1	铝电解电容器	CD11-16V-1 μF	只	1	
7	C2	SMT 电容器	1206-0.01 μF	只	1	
8	C3、C6、C7	SMT 电容器	1206-0.1 μF	只	2	
9	C4	铝电解电容器	CD11-16V-100 μF	只	1	
10	C5	铝电解电容器	CD11-16V-1 μF	只	1	
11	W1	金属玻璃釉电位器	3296-500 kΩ	只	1	
12	LED1～LED10	半导体发光二极管	LED702	只	10	
13	Q1	红外接收管		只	1	
14	D1	红外发射管		只	1	
15	Q2	SMT 三极管	9013	只	1	
16	IC1	时基集成电路	CC7555	块	1	
17	IC2	十进制计数器	CD4017B	块	1	
18	K1	按钮开关		只	1	
19	t1、t2	测试插针		只	2	
20	CN1	电源接插件	2 芯 XHB2B	套	1	

2) 装配过程
(1) 先练习 SMT 元器件的焊接，如图 5-21 所示。

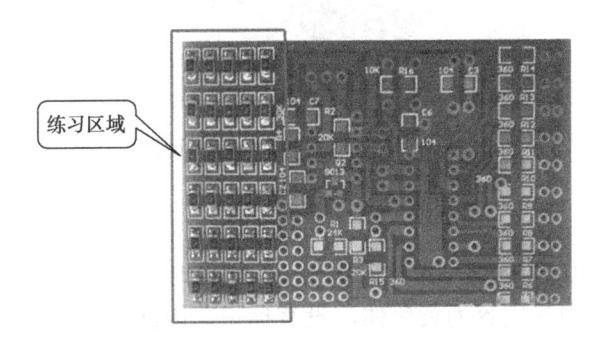

图 5-21 练习 SMT 元器件的焊接

（2）根据印制电路板的要求先焊接反面的 SMT 元器件，如图 5-22 所示。

图 5-22　印制电路板反面的 SMT 元器件

（3）再焊接正面的 6 条跨接线，如图 5-23 所示。

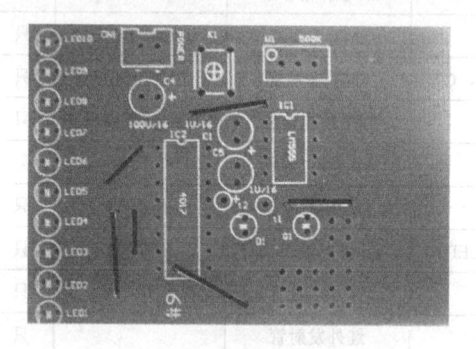

图 5-23　印制电路板正面的跨接线

（4）最后焊接分立元器件，如图 5-24 所示。

图 5-24　印制电路板正面的分立元器件

3）装配注意事项

（1）SMT 元器件中电阻的大小用数码法表示，焊接时需把有标识的放在上面。

（2）SMT 元器件中的电容为黄色体，没有标识，因此焊接前要确定容量后再焊接上去，不能搞错。

（3）在装配红外发射管和接收管时，一定要先整形，让它们面对面，如图 5-25 所示。

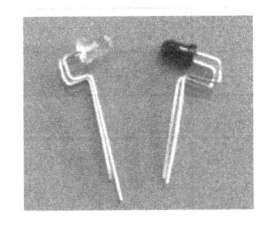

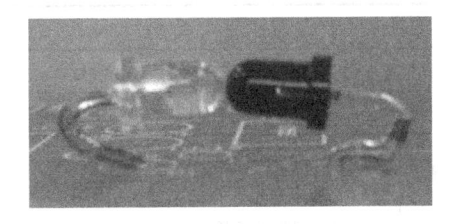

图 5-25　红外发射管和接收管的整形与安装

4）调试过程
（1）在 CN1 处加 5 V 电源电压，发光二极管会轮流点亮，直至最后一盏灯停住。
（2）按下 K1 按钮，电路复位，又会从 LED1 开始重新轮流点亮。
（3）挡住 Q1 红外接收管，发光二极管仍会轮流点亮，并使之反复循环，形成"走马灯"。
（4）调节电位器，使得发光二极管的走马形式控制在每盏灯有 1 s 时间。
工作任务书如表 5-6 所示，技能实训评价表如表 5-7 所示。

表 5-6　工作任务书

章节	第 5 章电子产品的安装工艺		任务人	
课题	光控走马灯电路		日期	
实践目标	知识目标	（1）能理解光控走马灯电路的工作原理及主要技术指标 （2）能够识读该电路图、装配图和印制电路板图 （3）能熟悉电子产品的组装过程		
	技能目标	（1）掌握 SMT 元器件的焊接技术 （2）按照工艺要求，在印制电路板上正确安装 （3）按要求能检测其电路，实现光控和走马功能 （4）正确选择各种调试仪器，熟练整机的调试技巧		
实践内容	工具与器材	（1）该光控走马灯电路的组装散件一套 （2）电烙铁、焊锡丝等焊接工具及常用五金工具若干 （3）检测、调试用简单仪器仪表配置		
	具体要求	（1）检测组装光控走马灯电路的元器件质量好坏 （2）看懂并按照装配图进行安装 （3）正确选择调试仪器仪表，进行检测和调整 （4）出现故障要自己进行维修		
具体操作				
注意事项	① SMT 电容比较脆，容易断裂，因此操作时动作要轻拿轻放 ② 在装配红外发射管和接收管时，一定要先整形并按照要求进行安装，不然不能实现光控功能 ③ 注意发光二极管与电解电容的正负极性			

表 5-7 技能实训评价表

评价项目：光控走马灯电路				日期			
班级		姓名	学号	评分标准			
序号	项目	考核内容	配分	优	良	合格	不合格
1	元器件质量检查	（1）熟练正确读出电阻的色环 （2）会用万用表判断电容、二极管、三极管等元器件的质量	10				
2	元器件成型及插装	（1）正确使用常用电子装接工具 （2）按导线加工表对导线进行加工 （3）按元件工艺表对元器件引线成型	10				
3	印制电路板的焊接	（1）元器件插装的高度尺寸、标志方向符合工艺规定要求 （2）焊接点大小均匀、有光泽、无毛刺、无假焊搭焊现象 （3）无错装、漏装现象 （4）印制导线不能断裂，焊盘不能翘起	20				
4	SMT 手工焊接技术	（1）掌握贴装 SMC、SMD 元件焊接要领 （2）贴装 SMC、SMD 元件操作规范 （3）无搭锡、假焊、虚焊、漏焊、"立碑"、塌落等缺陷	15				
5	整机技术指标的调试	（1）正确测量指定集成电路引脚及三极管的直流电压、整机电流 （2）按要求能检测其电路，实现光控和走马功能 （3）整机性能稳定良好	20				
6	故障维修	（1）出现故障会借助仪器仪表进行排查 （2）设计维修方案，进行排除故障	10				
7	安全文明操作	（1）工作台上工具排放整齐 （2）完毕后整理好工作台面 （3）严格遵守安全操作规程	15				
合计			100	自评（40%）		师评（60%）	
教师签名							

第6章 电子产品的调试工艺

教学目标

类　别	目　　标
知识要求	① 掌握一般电子电路的调试方法 ② 熟知电子产品的生产调试过程与调试方案设计 ③ 了解电子产品在生产阶段中的调试过程 ④ 熟悉电子产品的技术条件及相关指标
技能要求	① 能根据电子产品的原理图及相关资料对整机进行分析检测 ② 能正确使用常用仪器仪表进行元器件的检测与调试 ③ 学会电子产品的静态、动态调试内容与方法 ④ 正确选择各种调试仪器设备,熟练整机的调试技巧
职业素质培养	① 能遵守电子产品的安全操作规范,养成良好的职业道德 ② 具有质量、成本、安全和环保意识 ③ 培养良好的沟通能力及团队协作精神 ④ 养成细心和耐心的习惯
任务实施方案	① 识读某产品的调试工艺卡 ② 识读某产品的故障维修工艺卡 ③ 按照工艺文件完成某产品的安装与调试

6.1 电子产品的调试设备与调试方案

电子产品的调试设备与调试方案，是产品出厂质量的保障。调试设备可以是各类标准的仪器，如万用表、示波器、信号发生器、可调稳压源等，也可以根据产品检测需求，自制调试设备。调试方案是对产品设计之初，产品技术指标的检测方法。

6.1.1 电子产品调试设备的配置

经过整机总装之后的电子产品虽然已经把所需的元器件和零部件按照图纸的要求连接在一起了，但由于每个元器件的参数具有一定的离散型，机械零部件加工时有一定的公差，以及装配过程中产生的各种分布参数等影响，所以这时的产品还不能立即正常工作，在安装完成后一般必须进行调试，才能正常工作。在调试过程中，往往会出现各种电路故障，必须经过检测，查出故障并进行排除。因此，调试和检测是保证电子产品正常工作的基本环节，也是对电子技术工作者的基本要求。

1. 选配原则

（1）测量仪器的工作误差应远小于被测参数所要求的误差，一般要求仪器误差小于被测参数所要求误差的 1/10。

（2）仪器的测量范围和灵敏度应符合被测量的数值范围要求。

（3）调试仪器的量程选择，应满足测量准确度的要求。

（4）测试仪器输入、输出阻抗的选择，应符合被测电路的要求。

（5）仪器的输出功率应大于被测电路的最大功率，一般应大于一倍以上。

（6）测试仪器的测量频率范围（或频率响应），应符合被测电量的频率范围（或频率响应）。

2. 配置方案

根据工作性质和产品要求的不同，调试用仪器的配置方案有以下几种。

1）最低配置

（1）万用表：主要用于静态测试，如测量晶体管的静态工作点、集成电路外引线的直流电压和数字电路的高、低电平等。

（2）信号发生器：根据工作性质选择频率及挡次。测试模拟电路时需要输入正弦波信号，测试数字电路时需要提供脉冲信号。普通 1 Hz～1 MHz 的低频函数（正弦波、方波、三角波）信号发生器可满足一般测试需要。

（3）示波器：主要用于观察波形，也可粗略测量正弦波和脉冲波的多项参数，如频率、幅度、脉宽和前后沿等。普通（20 Hz～40 MHz）的双踪示波器可完成一般的测试工作。

（4）可调稳压源：至少双路 0～24V 或 0～32V 可调，电流为 1～3A，稳压、稳流可自

第 6 章　电子产品的调试工艺

动转换。

如表 6-1 所示为最低配置仪器仪表的实物图。

表 6-1　最低配置仪器仪表的实物图

名　称	实　物　图	名　称	实　物　图
万用表		示波器	
信号发生器		可调稳压源	

2）标准配置

除上述 4 种基本仪器外，再加上频率计数器和晶体管特性图示仪等，即可完成大部分电子测试工作。如果再配备几台专用的仪器，即可完成主要调试检测工作。

如表 6-2 所示为标准配置仪器仪表的实物图。

表 6-2　标准配置仪器仪表的实物图

名　称	实　物　图
频率计数器	
晶体管特性图示仪	

225

续表

名 称	实 物 图
扫频仪	

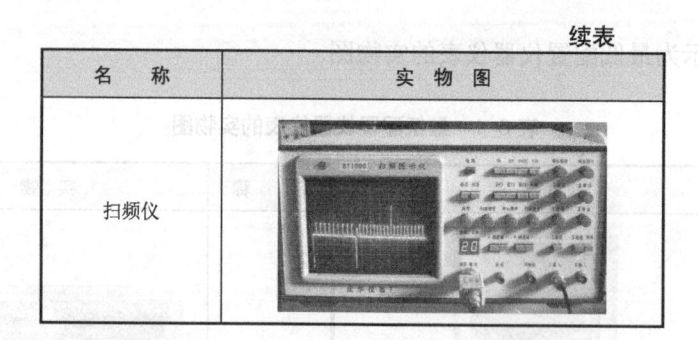

3）产品项目调试检测仪器

对于特定的产品，又可分为两种情况。

（1）小批量多品种：一般以通用或专用仪器组合，再加上少量自制接口和辅助电路构成。这种组合适用广，但效率不高。

（2）大批量生产：应以专用和自制设备为主，强调高效率和操作简单。如图 6-1 所示为某产品的自制调试设备。

图 6-1 某产品的自制调试设备

6.1.2 调试工作的内容

电子产品的调试工作包括调整和测试两个部分。调整主要是指对电路参数的调整，即对整机内可调元器件及与电气指标有关的调谐系统和机械传动部分进行调整，使之达到预定的功能和性能要求。测试是在调整的基础上，对整机的各项技术指标进行系统测试，使电子产品的各项技术指标符合规定的要求。

1. 调试内容

（1）明确电子产品调试的目的和要求。
（2）正确合理地选择和使用测试仪器仪表。
（3）按照调试工艺对电子产品进行调整和测试。
（4）运用电路和元器件的基础理论知识去分析和排除调试中出现的故障。
（5）对调试数据进行分析和处理。
（6）编写调试工作报告，提出改进意见。

2. 对调试者的技能要求

（1）懂得被调试产品整机电路的工作原理，了解其性能指标的要求和测试条件。
（2）熟悉各种仪表的性能指标及其使用环境，并能熟练地操作使用。
（3）必须修读过有关仪表、仪器的原理及其使用课程。
（4）懂得电路多个项目的测量和调试方法，并能进行数据处理。
（5）懂得总结调试过程常见的故障，并能设法排除。
（6）严格遵守安全操作规程。

6.2 电子产品的调试过程与方案

调试是对装配技术的总检查，装配质量越高，调试的直通率就越高，各种装配缺陷和错误都会在调试中暴露。调试又是对设计工作的检验，凡是在设计时考虑不周或存在工艺缺陷的地方，都可以通过调试来发现，并为改进和完善产品质量提供依据。

简单的小型整机，调试工作简便，一般在装配完成之后可直接进行整机调试。而复杂的整机，调试工作较为繁重，通常先对单元板或分机进行调试，达到要求后，进行总装，最后进行整机总调。

调试工作一般在装配车间进行，严格按照调试工艺文件进行调试。比较复杂的大型产品，根据设计要求，可在生产厂进行部分调试工作或粗调，然后在安装场地或试验基地，按照技术的要求进行最后的安装及全面的调试工作。

6.2.1 调试前的准备工作

1. 技术文件的准备

技术文件是产品调试工作的依据。调试之前应准备好下列文件：产品技术条件和技术说明书、电原理图、印制板装配图、主要元器件功能接线图和调试工艺文件等。调试人员应仔细阅读调试说明及调试工艺文件，熟悉整机的工作原理、技术条件及有关指标，了解各参数的调试方法和步骤。

2. 调试场地的准备

调试场地应整齐、清洁、按要求布置，要避免高频、高压和强磁场干扰。调试高频电路应在屏蔽室内进行。调试高压或有危险的电路时，应在调试场地铺设绝缘胶垫并在调试现场挂出警示标志。调试人员应按安全操作规程做好准备，调试用的图纸、文件和工具盒备件等都应放在适当的位置上。

3. 仪器仪表的准备

按照技术条件的规定，准备好调试所需的各类仪器及辅助设备。调试过程中使用的仪器仪表应经过计量并在有效期之内，且在使用前仍需进行检查，看其是否符合技术文件规定的要求，尤其是能否满足测试精度的需要。调试前，仪器应整齐地放置在工作台或专用的仪器车上，放置应符合调试工作的要求。

4. 被调试产品的准备

产品装配完毕并经检查符合要求后，方可送交调试。根据产品的不同，有的可直接进行整机调试；有的则需要先进行分机调试，然后再进行总装总调。调试人员在工作前应检查产品的工序卡，查看是否有工序遗漏或签署不完整，有无检查合格证等现象，以及产品可调元器件是否连接牢靠等。此外，在通电前，应检查设备的各电源输入端有无短路现象。

6.2.2 调试工艺过程

由于电子电路设计上的近似性、元器件性能上的离散性和装配工艺上的局限性，装配完成的整机一般都要进行不同程度的调试，因此在电子产品的生产过程中，调试是一个非常重要的环节。调试工艺水平在很大程度上决定了整机的技术质量。

电子产品调试包括三个工作阶段的内容：研制阶段的调试、调试工艺方案设计和生产阶段的调试。研制阶段的调试除了对电路设计方案进行试验和调整外，还给后阶段的调试工艺方案设计和生产阶段调试提供了确切和标准的数据。只有根据研制阶段的调试步骤、方法和过程，找出重点、难点和关键点，才能设计出合理、科学、高质、高效的调试工艺方案，这有利于后阶段生产过程的调试。

1. 研制阶段的调试

研制阶段的调试步骤与生产阶段的调试步骤大致相同，但是研制阶段的调试由于参考数据很少，所以电路不成熟，需要调整的元器件较多，给调试带来了一定困难。在调试过程中还要确定哪些元器件需要更改参数，哪些元器件需要用可调元器件来代替，并且要确定调试的具体内容、步骤、方法、测试点及使用的仪器。这些都是在研制阶段需要做的工作。

2. 调试工艺方案的设计

正确地拟定调试方案，直接关系到产品的调试质量，也关系到各级电路和机械结构能否达到最佳的工作状态或达到预定的各项性能指标。由于电路设计的近似性、元器件的离

散性和装配工艺的局限性,所以装配完的电子设备一般要进行不同程度的调整。

1)制定调试方案的一般原则

(1)首先必须熟悉整机的工作原理、技术条件及有关指标。如果不了解技术条件及有关指标,则调试方案的确定就无从下手。在调试说明中,一般均有需调试电路的主要技术指标。

(2)简单小型整机在装配完毕之后,可直接进行整机调试;复杂的整机,一般应先对单元板分机等分别进行调试,达到指标要求后经总装,再进行整机总调。

(3)一般的电子设备可以在正常气候下进行调试,有特殊规定的除外。对无线电接收机部分电路进行调试时,一般应在屏蔽室内进行,以防止外界信号的干扰及整机本身对其他机器的影响。调试其他部分时也应避免强的干扰信号侵入,要尽量避开磁场的影响。

(4)要考虑现有的设备及条件,使调试方法的步骤合理可行,使操作者安全方便。

(5)应编写好调试说明书及调试工艺文件。调试说明书及调试工艺文件要详细描述调试后要达到的性能指标、调试的具体方法、仪器和仪表连接示意图、调试所需的条件,以及调试所需的工具和仪器清单等。

2)调试工艺方案的内容

(1)确定调试工位:每一工位的调试项目,以及每个项目的调试步骤和要求。

(2)合理地安排调试工艺流程:一般调试工艺流程的安排原则是先外后内;先调结构部分,后调电气部分;先调独立项目,后调存在相互影响的项目;先调基本指标,后调对质量影响较大的指标。整个调试过程是循序渐进的过程。

(3)合理地安排好调试工序之间的衔接:在工厂流水作业式生产中对调试工序之间的衔接要求很高。衔接不好,整条生产线会出现混乱甚至瘫痪现象。为了避免出现重复或调乱可调元器件的现象,要求调试人员除了完成本工序的调试任务外,不得调整与本工序无关的部分,调试完后还要做好标记,并要协调好各个调试工序的进度。

(4)调试手段选择:要建造一个优良的调试环境,尽量减少如电磁场、噪声、湿度和温度等环境因素的影响;根据每个调试工序的内容和特性要求,配置好一套合适精度的仪器,并选择出一个合适、快捷的调试操作方法。

(5)调试工艺文件编制:主要包括调试卡、操作规程和质量分析表的编制。

3. 生产阶段的调试

1)通电前的检查

在通电前应先检查底板插件是否正确、焊接是否有虚焊和短路现象、各仪器连接及工作状态是否正确。只有通过这样的检查才能有效地减少元器件的损坏,提高调试效率。首次调试时,还要检查各仪器能否正常工作,验证其精确度。

2)测量电源电压

若调试单元是外加电源,则先测量其供电电压是否适合。若是自身底板供电的,应先断开负载,检测其在空载和接入假负载时电压是否正常,若电压正常,再接通原电路。

3）接通电源进行观察

对电路通电，但暂不加入信号，也不急于调试。首先观察有无异常现象，如冒烟、有异味和元件发烫等，若真有异常现象，应立即关断电路的电源，再次检查底板。

4）单元电路测试与调整

测试是指在安装后对电路的参数及工作状态进行测量。调整是指在测试的基础上对电路的参数进行修正，使之满足设计要求。

5）整机性能测试与调整

由于使用了分块调试方法，所以有较多调试内容已在分块调试中完成了，整机调试只需测试整机性能技术指标是否与设计相符，若有不符合再做出适当调整。

6）产品老化与环境试验

对产品在一定的时间、温度和环境下进行老化和试验，以得到合格产品。

6.2.3 某产品的调试工艺卡案例

案例1 某产品的调试工艺卡设计

某产品的调试工艺卡

一、xxxx 小板调试

（1）JP3，JP7 短路。

（2）按住调试设备的 AD 按钮，调节 0%～100% 挡位，设备右上显示器的显示范围：正区 1.26～1.98 V；负区 1.26～0.54 V。

二、xxxxCPU 板调试

（1）xxxxCPU 板测 5V、1.25V、3.3V 电压。

（2）xxxxCPU 板写程序。

（3）短路基板上的 JP5。

（4）xxxxCPU 板调试。

选择电脑上 xxxx 的调试图标。

A. 选地址如图 1 所示。

图1

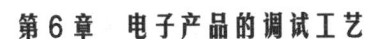

B. 基板特征化如图 2 所示。

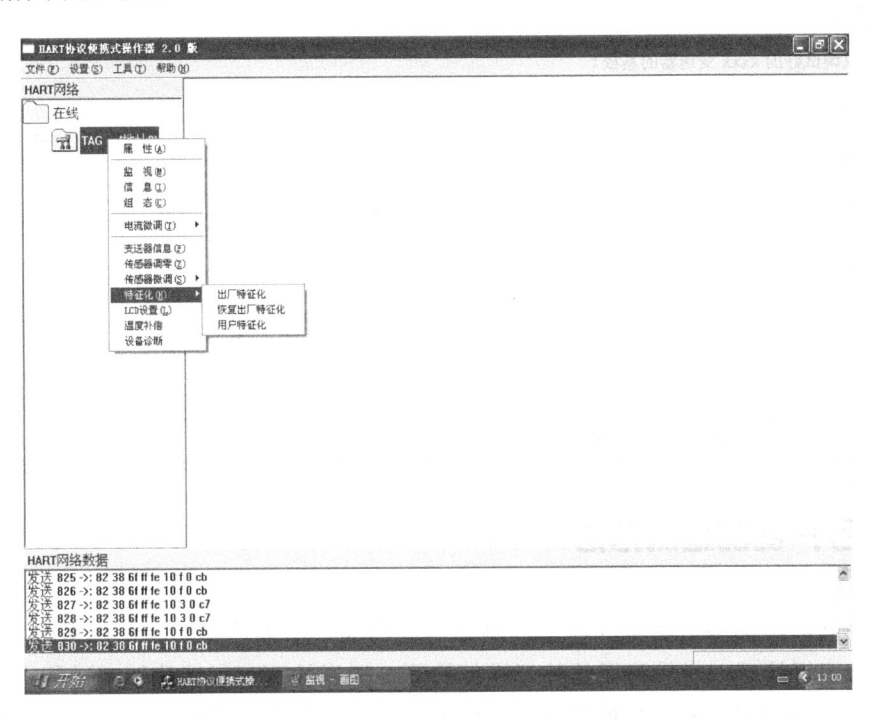

图 2

选择出厂特征化，按照提示完成所有调试步骤。

C. 电流微调：（微调值=显示电压/0.25）。

D. LCD 设置（L）：进入 LCD 设置后，单击"发送"按钮，然后退出。

E. 监视：如图 3 所示。

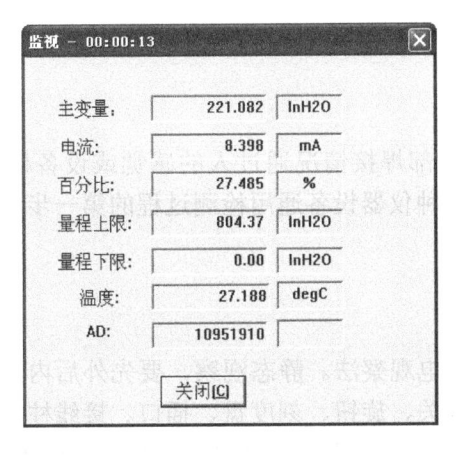

图 3

F. 查看输出液晶显示头与数码显示头：液晶显示头显示"欢迎使用上海 XXXXXXXXX 股份有限公司………"字样。数码显示头轮流显示"主变量"、"电流"、"百分比"、"温度"，其值与监视值一致。

续表

G. 完成 C26 短路。				
三、调试结束				
请整齐摆放调试好的 xxxx 变送器的基板！				
编制：	审核：	批准：	日期：	

6.3 电子产品的检测方法

电子产品的检测分电路板的前期检测与后期检测。前期检测是指电路板经过 SMT、波峰焊和手工焊接后，对线路板的外观进行检测。通过检测可以消除加工过程中虚焊、漏焊和假焊等焊接问题，方法有观察法、测量电阻法。后期检测是指利用设备通过测量电压法、信号注入法、波形观察法和替代法等，对有问题的部件或整机进行检查，查出问题并解决。

检测电子产品的关键在于采用合适的检测方法，以便发现、查找、判断故障的具体部位及其原因，这样就可以对产品进行维修。检测故障的方法有很多，下面介绍的是最基本的检测方法。

6.3.1 观察法

观察法是指对产品的外部焊接情况通过人的感觉或设备检测的过程。这是一种最简单、最安全的方法，也是各种仪器设备通用检测过程的第一步。观察法又可分为静态观察法和动态观察法两种。

1．静态观察法

静态观察法又称为不通电观察法。静态观察，要先外后内，循序渐进。在不通电的情况下，仪器设备面板上的开关、旋钮、刻度盘、插口、接线柱、探测器、指示电表、显示装置、电源插线和熔丝管插塞等都可以用观察法来判断有无故障。

对于仪器的内部元器件、零部件、插座、电路连线、电源变压器和排气风扇等，也可以用观察法来判断有无故障。观察元器件有无烧焦、变色、漏液、发霉、击穿、松脱、开焊和短路等现象，一经发现，应立即予以排除，这样通常就能修复设备。

2. 动态观察法

动态观察法也称通电观察法，即在设备通电的情况下凭感官的感觉对故障部位及原因进行判断，这是查找故障的重要检测方法。

通电观察法特别适用于检查元器件跳火、冒烟、有异味和烧熔丝等故障。为了防止故障的扩大，以及便于反复观察，通常要采用逐步加压法来进行通电观察。

电子产品的生产一般分为 SMT 贴片焊接—直插式器件的波峰焊接—整机组装。进行 SMT 贴片回流焊后，如图 6-2 所示，就要对贴片的产品进行检测了。可以通过肉眼来观察产品上的贴片元器件是否有虚焊、漏焊、错焊等问题。

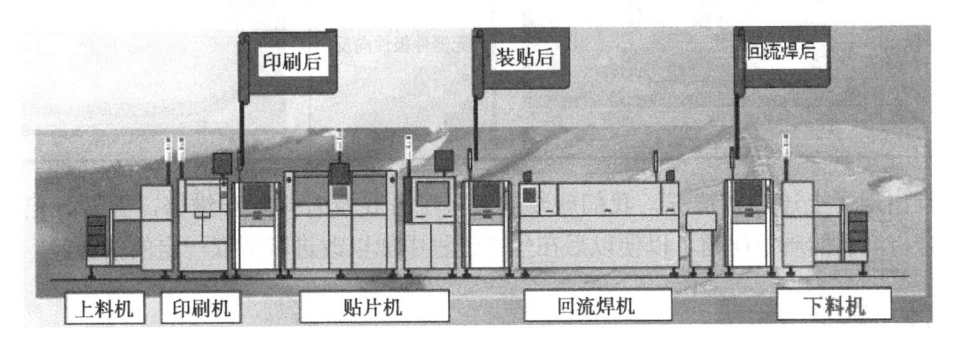

图 6-2 SMT 贴片回流焊示意图

但是在大批量生产条件下，靠人工的检测是不可靠的，因此一般都采用 AOI 光学检测仪进行检测。SMT 中应用 AOI 技术的形式多种多样，但其基本原理是相同的，即用光学手段获取被测物的图形，一般通过一个传感器（摄像机）获得检测物的照明图像并数字化，然后以某种方法进行比较、分析、检验和判断，相当于将人工检测自动化和智能化。一般贴片过程中会出现的问题有如表 6-3 所示的几种情况。

表 6-3 贴片过程中出现的问题

出现的问题	问题实图	出现的问题	问题实图
元器件漏焊		元器件假焊	
元器件短路		IC 脚翘起	

续表

出现的问题	问题实图	出现的问题	问题实图
元器件侧立		元器件移位	
元器件少焊		元器件极性向反	

一旦出现了上述几种情况，我们就要通过人工方式及时排除和维修，并做好记录，便于总结分析产品的质量问题，以便以后在生产过程中加以改进和采取一定的措施。

6.3.2 测量电阻法

观察法是通过人的感官或光学检测仪对电子产品的外部进行检测的，而测量电阻法则是通过测量电子元器件或电路内部的阻抗等来判断故障的方法。它能够检测电子产品是否有虚焊、漏焊、短路、开路及元器件好坏等。这一步的检测主要是在波峰焊接结束时进行的，利用了专门的检测设备——PTI 在线检测仪。对于半成品电子的检测，如果利用 AOI 与 PTI 同时检测基本能排除生产中的焊接问题，从而提高产品的一次合格率。

对于成品的维修，也可以利用测量电阻法来寻找电子产品产生问题的原因。在不通电的情况下，利用万用表的电阻挡对电子产品进行检查，这是确定范围和确定元器件是否损坏的重要方法。

维修电子产品时，首先采用测量电阻法。产品电路中的晶体管、场效应管、电解电容、电阻器、开关，以及印制的铜箔、连线都可以用测量电阻法进行判断，判断的最直接的依据就是与好的产品的测量参数进行对比。

如图 6-3 所示是某产品的供电电路，将 220 V 交流电转变为两路 12 V 直流电输出。在上电调试产品时，首先要利用测量电阻法测量 220 V 输入与 12 V 输出是否有短路现象，以防止供电电源短路对整个产品造成损坏。可选用万用表的欧姆×1 挡，直接测 220 V 和 U1 的引脚 1、2，以及 U2 的引脚 2、3 之间的电阻。

采用测量电阻法时，可以用万用表的 R×1 挡检测通路电阻，必要时应将被测点用小刀刮干净后再进行检测，以防止因接触电阻过大造成错误判断。

采用测量电阻法时应注意以下情况。

（1）不能在仪器设备接入电源的情况下检测各种电阻。

（2）检测电容时应先对电容进行放电，然后脱开电容的一端再进行检测。

（3）测量电阻元件时，在电阻和其他电路连通的情况下，应脱开被测电阻的一端，然

后再进行检测。

（4）对于电解电容和晶体管的检测，应注意测试表笔的极性，不能搞错。

（5）万用表电阻挡的挡位选择要适当，否则不但检测结果不正确，甚至会损坏被测元器件。

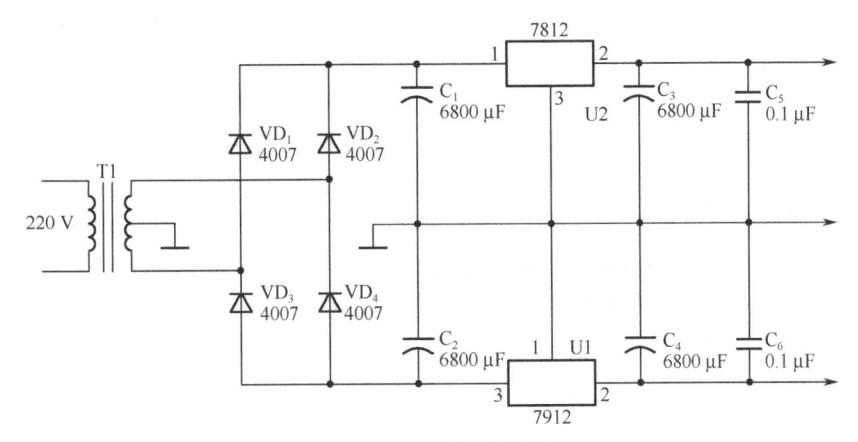

图 6-3 某产品的供电电路

6.3.3 测量电压法

测量电压法是指用万用表的电压挡测量被修仪器的各部分电路电压、元器件的工作电压并与设备正常运行时的电压值进行比较，以判断故障所在部位的检测方法。

通过前面两种方法基本能排除电子产品焊接产生的问题及小部分由元器件损坏带来的问题。利用测量电压法，可以进一步排查问题。

利用万用表的电压挡，对照电路图，检测交流供电电源与内部的直流电源电压。在如图 6-3 所示的电路中，上电后 U1 的引脚 1、2 及 U2 的引脚 2、3 两端的输出电压应该为 12 V，我们可以通过测量电压法用万用表的电压挡（注意电压挡量程的选择，太小无法测出，太大不够精确）直接检测实物中的 12V 电压是否正常。

检查电子设备的交流供电电源电压和内部的直流电源电压是否正常，是分析故障原因的基础，因此在检修电子仪器设备时，应先测量电源电压，这时往往能发现问题，查出故障。

对于已确定电路故障的部位，也需要进一步测量其电路中的晶体管、集成电路等各引脚的工作电压，或测量电路中主要节点的电压，看数据是否正常，这也有利于发现故障和分析故障原因。因此，在修理产品时，当有仪器设备的技术说明书、电路工作电压数据表、电子元器件引脚的对地电压值、电路上重要节点的电压值等维修资料时，应先采用测量电压法进行检测。

对于电路中电流的测量，也可以采用测量被测电流所流过电阻器的两端电压，然后借助欧姆定律进行间接推算。

6.3.4 波形观察法

在测量产品的电阻与直流电压都正常的情况下，可以用波形观察法来检测电路板的交流信号是否异常。通过示波器观察信号通路各点的波形，以此来判断电路中的各元器件是

否损坏和变质是最直观、最有效的故障检测方法。

我们可以用示波器来检测电路板上检测点的交流信号波形，此时，可以与好电路板的同检测点的波形进行对比，观察待检产品是否有交流信号输出，输出形状、幅度和周期是否相同，并以此来判断电路中的各元器件是否损坏。波形观察法能够检测电路的动态是否正常。

扫频仪是一种将信号发生器与示波器相结合的测试仪器，用扫频仪可直接观测到被测电路的频率特性曲线，是调整电路使其频率特性符合规定要求的常用仪器。用扫频仪来观察频率特性也可以归属为波形观察法。扫频仪除了可检测电路的频率特性外，还可以测量电路的增益，是视频电子产品维修中常用的仪器。

应用波形观察法要注意：

（1）对电路高压和大幅度脉冲部位一定要注意不能超过示波器的允许电压范围，必要时可采用高压探头或对电路观测点采用分压取样等措施；

（2）示波器接入电路时本身的输入阻抗对电路也有一定的影响，特别是在测试脉冲电路时，要采用有补偿作用的 10∶1 探头，否则观测的波形与实际不符。

6.3.5 信号注入法

信号注入法是将一定频率和幅度的信号逐级输入被检测的电路中，或注入仪器设备到可能存在故障的有关电路中，然后利用自身的指示器或外接示波器、电压表等测出输出的波形或数据，从而判断各级电路是否正常的一种检测方法。在检测中哪一级没有通过信号，则故障就在该级单元电路中。

对于本身不带信号产生电路或信号产生电路有故障的信号处理电器，采用信号注入法是有效的检测方法。

用信号注入法检测故障时有以下两种检测方法。

一种方法是顺向注入法，它将信号从电路的输入端输入，然后用示波器、电压表逐级进行检测，测量出各级电路的输出波形和输出电压，从而判断出故障部位。

另一种方法是逆向注入法，它将信号从后级逐级往前输入，示波器、电压表接在输出端，从而查出故障部位。

在检测故障的过程中，有时只用一种方法不能解决问题，要根据具体情况采用不同的检测方法。无论采用哪种方法，都应遵循以下顺序原则：先外后内、先粗后细、先易后难、先常见后稀少。

6.3.6 替代法

替代法是指对可疑的元器件、部件、插板和插件等用同类型的部件通过替换来查找故障的检测方法。通过前面五种方法的检测后，对一些确定有问题或可疑的元器件、部件和插件，可利用替代法来直接排除问题或缩小排除问题的范围。采用替代法时，要注意断开仪器的电源，然后用同类型的部件或元器件进行替代。

在检修电子仪器设备时，如果怀疑某个元器件有问题但又不能通过检测给出明确的判断，就可以使用与被怀疑元器件同型号的元器件暂时替代有疑问的元器件，若设备的故障现象消失，则说明被替代元器件有问题。

若替换的是某一个部件或某一块电路板，则需要再进一步检查，以确定故障的原因和元器件。替代法对于缩小检测范围和确定元器件的好坏很有效果，特别是对结构复杂的电子仪器设备进行检查时最为有效。

随着电子仪器设备所用元器件的集成度增大，智能化仪器设备迅速增多，使用替代法进行检查越来越具有重要的地位。在进行具体操作时，要断开有疑问的有源元器件，使用好的元器件来替代，然后开机观察仪器的反应。对于开路有疑问的电阻和电容等元器件，可使用好的元器件直接在板上进行并联焊接，以确定该元器件的好坏。

在替代元器件时，要有很熟练的拆焊技术，因为替代法既是确定某个元器件损坏后再替代的方法，也是缩小产品问题范围的方法，所以我们在拆下被替代元器件或模块时，要尽量避免它们的损坏，以便于拆下元器件的再利用。很多元器件，特别是芯片或模块，它们的成本都很高。

在进行元器件替代后，若故障现象仍存在，则说明被替代的元器件或单元部件没有问题，这也是确定某个元器件或某个部件正常的一种方法。

替代法比较适用于电容器失效及参数下降、晶体管性能变坏、电阻器变值及电感线圈 Q 值下降等故障的排除。

6.3.7 某产品的检测报告案例

案例 2 某产品的检测报告

××××B 压力变送器检测报告

产品编号： 1306001G～1306300G
软件编号： 7.0

电路板各性能测试全部通过，盖"合格"章，出厂！			
NO.	测试项目	要求	备注
1	供电	xxxxBCPU 板 5 V、1.25 V、3.3 V 电压供电正常	√
2	通信	产品与上位机软件及 xxxxB 检测板通信正常	√
3	产品特征化	产品输入 0%，25%，50%，75%，100% 5 个模拟信号值时，显示的"输入电压值"、"AD 值"、"温度"符合要求	√
4	电流微调	4mA 时电流显示 1V，20mA 时电流显示 5 V	√
5	监视	上位机软件监视画面中各参数值符合要求	√
6	液晶显示	数码显示头轮流显示"主变量"、"电流"、"百分比"、"温度"，其值与监视值一致	√
结论	合格		

日期：####年##月##日   测试员：####

6.4 电子产品的调整方法

晶体管和集成电路等有源器件都必须在一定的静态工作点（静态电压）上工作，才能表现出更好的动态特性，因此在动态调试与整机调试之前必须要对各功能电路的静态工作点进行测量与调整，使其符合设计要求，这样才可以大大降低动态调试与整机调试时的故障率，提高调试效率。

6.4.1 电子产品静态调整

静态调整一般指在没有外加信号的条件下测试电路各点的电位，将测出的数据与设计数据相比较，若超出规定的范围，则应分析其原因，并进行适当调整。

测量静态工作点就是测量各级直流工作电压和电流。测量电流时，要将电流表串入电路中，需要改动电路板的连接，很不方便；而测量电压时，只要将电压表并联在电路两端即可，因此一般情况下测量静态工作点都是测量直流电压。

1. 供电电源静态电压调试

合适的电源电压是各级电路静态工作点是否正常的前提，若电源电压偏高或偏低都不能测量出准确的静态工作点。若电源电压可能有较大起伏，则最好先不要接入电路，应测量其空载和接入假负载时的电压，待电源电压输出正常后再接入电路。

2. 晶体管静态工作点的调整

调整晶体管的静态工作点就是调整它的偏置电阻，使它的集电极电流达到电路设计要求的数值。调整一般是从最后一级开始，逐级往前进行的。调试时要注意静态工作点的调整应在无信号输入时进行，特别是变频级。为避免产生误差，可采取临时短路振荡的措施。各级调整完毕后，接通所有各级的集电极电流检测点，即可用电流表检测整机静态电流。

如图 6-4 所示为单管放大电路的静态测试，要使其正常工作，必须先调整静态工作点，即先将信号输入端短接，然后接通直流电源 12V，测量晶体管各极对地电压，判断晶体管工作的状态（放大、饱和、截止），若满足不了要求，则可对偏置进行适当的调整。

测量晶体管集电极静态电流也可判别其工作状态，测量集电极静态电流有以下两种方法。

一种是直接测量法：把晶体管的集电极引脚断开，然后串入万用表，用电流挡测量其电流。

另一种是间接测量法：通过测量晶体管集电极电阻或发射极电阻的电压，然后根据欧姆定律 $I=U/R$，计算出集电极静态电流。

图 6-4 所示电路就采用了间接测量方法，即先用万用表测量 U_{ce} 电压，调整偏置电阻（电位器），使其达到要求的数值，然后再加入交流信号进行其他参数的测试。

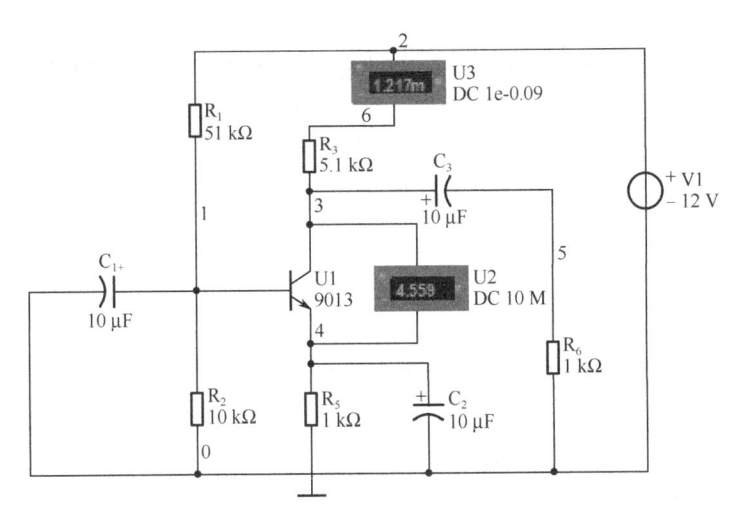

图 6-4 单管放大电路的静态测试

3. 集成电路静态的调整

由于集成电路本身的特点，其静态工作点与晶体管不同，一般情况下，集成电路各脚对地电压反映了其内部工作状态是否正常，因此只要测量各脚的对地电压值，再与正常数值进行比较，就可判断其静态工作点是否正常。

有时还需要对整个集成块的功耗进行测试，除判断其能否正常工作外，还能避免造成电路元器件的损坏。此时需要测量其静态工作电流，测量时可断开集成电路供电引脚的铜皮，串入万用表，使用电流挡来测量电流值，计算出所耗散功率。若集成块用双电源供电（即正负电源），则应分别进行测量，得出总的耗散功率。

6.4.2 电子产品动态调试

动态调试一般指在加入信号（或自身产生信号）后，测量晶体管、集成电路等的动态工作电压，以及有关波形、频率、相位、电路放大倍数等，并通过调整相应的可调元器件，使其多项指标符合设计要求。若经过动、静态调试后仍不能达到原设计要求，则应深入分析其测量数据，并进行修正。电子产品的动态调试是保证电路各项参数、性能和指标符合要求的重要步骤。

1. 测试电路的动态工作电压

可测试晶体管 b、e、c 极和集成电路各引脚对地的动态工作电压，动态工作电压与静态工作电压同样是判断电路是否正常工作的重要依据。例如，有些振荡电路，当电路起振时测量 U_{be} 直流电压，万用表指针会出现反偏现象，利用这一点可判断振荡电路是否起振。

2. 波形的观察与测试

波形的测试与调整是电子产品调试工作的一项重要内容。各种整机电路中都有波形产生、变换和传输的电路。通过对波形的观测来判断电路工作是否正常，已成为测试与维修

中的主要方法。

利用示波器进行调试的基本方法，是通过观测各级电路的输入端和输出端或某些点的信号波形，来确定各级电路工作是否正常。若电路对信号的变换处理不符合技术要求，则要通过调整电路元器件的参数，使其达到预定的技术要求。

如图 6-5 所示为单管放大电路的动态测试，加入交流信号后，用示波器同时观察输入/输出波形。

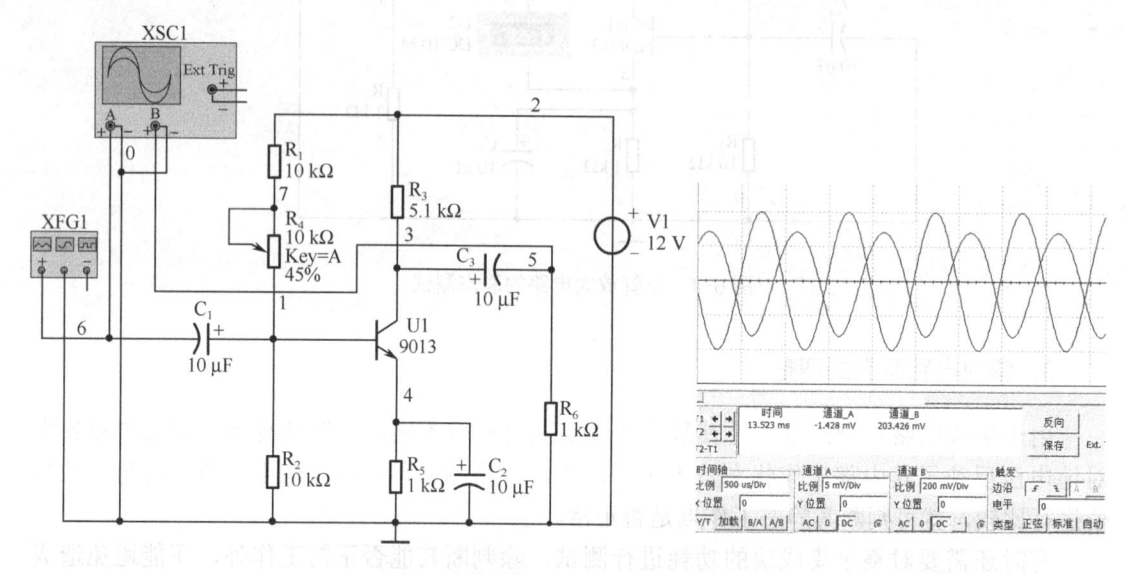

图 6-5 单管放大电路的动态测试

这里需要注意的是，电路在调整过程中，相互之间是有影响的。例如，在调整静态电流时，中点电位可能会发生变化，这就需要反复调整，以求达到最佳状态。

示波器不仅可以观察各种波形，而且还可以测试波形的各项参数，如幅度、周期、频率、相位、脉冲信号的前后沿时间、脉冲宽度，以及进行调幅信号的调制等。

用示波器观测波形时，示波器的上限频率应高于测试波形的频率。对于脉冲波形，示波器的上升时间还必须满足一定的要求。

3. 频率特性的测试与调整

频率特性的测试是整机测试中的一项主要内容，如收音机中频放大器频率特性测试的结果能反映收音机选择性的好坏，电视机接收图像质量的好坏主要取决于高频调谐器及中放通道的频率特性。所谓频率特性是指一个电路对于不同频率、相同幅度的输入信号（通常是电压）在输出端产生的响应。

测试电路频率特性的方法一般有两种：一种是点频法（又称插点法），另一种是扫频法。

6.5 电子产品的故障检测

采用适当的方法，查找、判断和确定故障的具体部位及其原因是电子产品故障检测的

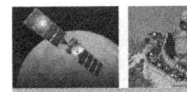

关键。总体来说，电子产品的故障不外乎是由于元器件、连接线路和装配工艺三方面的因素引起的。

6.5.1 引起故障的原因分析

常见的故障大致有如下几种。

（1）元器件筛选检查不严格或由于使用不当、超负荷而导致失效。

（2）由于环境潮湿，导致印制板或元器件受潮、发霉、绝缘能力降低甚至损坏。

（3）电路设计不善，允许元器件参数的变动范围过窄，以至于元器件的参数稍有变化，电路就不能正常工作。

（4）焊接工艺不善，虚焊、假焊造成焊点不良；连接导线接错、漏焊或由于机械损伤、化学腐蚀而断路。

（5）开关或接插件接触不良；可调元件的调整端接触不良，造成开路或噪声增加。

（6）由于电路板排布不当或组装不当，元器件相碰而短路，焊接连接导线时剥皮过长或因热后缩，与其他元器件或机壳相碰引起短路。

以上列举的都是电子产品的一些常见故障。也就是说，这些是电子产品的薄弱环节，是查找故障时的重点怀疑对象。但是电子产品的任何部分发生故障都会导致它不能正常工作。因此应该按照一定程序，采取逐步缩小范围的方法，根据电路原理进行分段检测，使故障局限在某一部分之中再进行详细的查测，最后加以排除。

6.5.2 排除故障的一般程序

排除故障的一般程序可以概括为三个过程：

（1）调查研究是排除故障的第一步，应该仔细摸清情况，掌握第一手资料；

（2）对产品进行有计划的检查，并做详细记录，根据记录进行分析和判断；

（3）查出故障原因，修复损坏的元器件和线路，最后再对电路进行一次全面的调整和测定。

6.5.3 排除故障的几种方法

有经验的调试维修技术工人归纳出以下几种比较具体的排除故障的方法。对于某一产品的调试检修而言，要根据需要选择、灵活组合使用这些方法。

1. 直观法

直观法就是不依靠电气测量，凭人的感觉器官（如手、眼、耳、鼻）的直接感觉，对故障进行判断的方法。这种方法简便，并能很快地发现故障的部位。

用这种方法可以直接检查有无断线、脱焊、电阻烧坏、导线短接等故障。在安全的前提下可以用手触摸晶体管、变压器等，检查有无过热现象；可以嗅到电子产品有无烧焦气味；可以听出是否有不正常的摩擦声、高压打火声和碰撞声等。

2. 万用表法

万用表是查找、判断故障的最常用仪表，常采用电阻法、电压法和电流法等进行判断。它方便实用，便于携带。

3. 替代法

替代法是利用性能良好的备份器件和部件（或利用同类型正常机器的相同器件、部件）来替代仪器可能产生故障的部分，来确定产生故障部位的一种方法。

替换的直接目的在于缩小故障范围，这种方法检查方便，不需要特殊的测量仪器，特别是生产厂家给用户上门维修服务时简便可行。

4. 波形观测法

波形观测法是通过示波器观测被检查电路在交流工作状态下各测量点的波形，以判断电路中各元器件是否损坏的方法。

用这种方法需要将信号源的标准信号送入被测电路的输入端（振荡电路除外），以观察各级波形的变化。这种方法在检查多级放大器的增益下降、波形失真，振荡电路和开关电路时应用很广泛。

5. 比较法

比较法是指使用同型优质的产品，与被检修的机器做比较，找出故障部位的方法。

检修时可将两者的对应点进行比较，在比较中发现问题，找出故障所在。也可将有改变的器件、部件插到正常机器中去，若工作依然正常，说明这部分没有问题。若把正常机器的部件插到有故障的仪器中去，故障就排除了，则说明故障就出在这一部件上。

比较法与替代法没有原则的区别，只是比较的范围不同，两者可配合起来进行检查，这样可以对故障了解得更加充分，并可以发现一些其他方法难以发现的故障原因。常用的比较法有整机比较、调整比较、旁路比较及排除比较四种。

6. 短路法

短路法是指把电路中的交流信号对地短路，或是对某一部分电路短路，从中发现故障所在的检测方法。短路法在检查干扰、噪声和波纹等故障时，比其他方法简便。

例如，在某点短路时，故障现象消失或明显减小，可以说明故障在短路点之前，因为短路使故障电路产生的影响不能再传到下一组或输出端。如果故障现象未消失，就说明故障在短路点之后，移动短路点位置，可以进一步判断故障的部位。

短路法有两种，一种是交流短路法，另一种是直流短路法，常用的是交流短路法。

交流短路法：交流短路法是用一个相对某一频率短路的电容来短路电路中的某一部分或某一元器件，从中查找故障的方法。此方法适用于检查有噪声、交流声、杂音及有阻断故障的电路。

直流短路法：直流短路法是用一根短路线直接短路某一段电路，进而从中查找故障的

方法。此方法多用于检查振荡电路、自动控制电路是否正常工作。

这里必须注意：如果要短接的两点之间存在直流电位差，就不能直接短路，必须用一个电容器跨接在这两点，起交流短路作用。

7. 分割法（也称开路法）

分割法是将电路中被怀疑的电路和元器件进行开路处理，让其与整机电路脱离，然后观察故障是否还存在，从而确定故障部位所在的检查方法。

分割法主要用于整机电流过大的短路性故障排除。这种方法对于检查短路、高压和击穿等一类有可能进一步烧坏元器件的故障有一定的控制作用，是比较好的一种方法。

6.5.4 某产品的维修工艺卡案例

对产品进行维修后，我们要善于总结某一产品的维修问题和对应的解决方案，通过维修经验的积累，编制一份产品维修工艺。这样在下次碰到相同问题时，就可以优先查找以前的维修资料，快速解决问题，还有利于对一线操作者及新员工的培训推广。

如下案例为通过对某电子产品部件的维修总结，编制的一张维修工艺卡。

案例3 某产品故障维修工艺卡设计

某产品故障维修工艺卡

××××× 常见故障处理方法

调试步骤	常见故障		产生故障的原因	处理方法	图中对应的颜色
一 给9536下载程序	下载时，产品无电源	1	BT589坏	换BT589	图1
		2	R147虚焊	补焊	图1
	下载程序失败	1	六芯插针虚焊或搭锡	补焊	图2
		2	芯片9536虚焊	补焊	图2
二 给89C52下载程序	下载程序失败	1	绿圈处某个电阻可能虚焊	补焊	图1
		2	绿圈处某个引脚虚焊或搭锡	补焊	图2
三 调试	COM灯不亮	1	紫圈处C103虚焊	补焊	
		2	89C52坏（用指针表测89C52的TXD、RXD端与好的做比较）	换89C52	
	四个绿灯（LED2、3、4、5）中如有个别不亮	1	灯对应的电阻虚焊	补焊	图1
		2	灯坏	换灯	
	通道没反应	1	对应的T101、T102、T103、T104损坏		图1
	调试时，继电器不响，电脑调试有反应	1	继电器虚焊		图2
	调试时，继电器响，电脑调试无反应	1	断线		图2

| 编制： | 审核： | 批准： | 时间： |

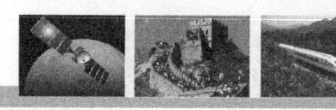

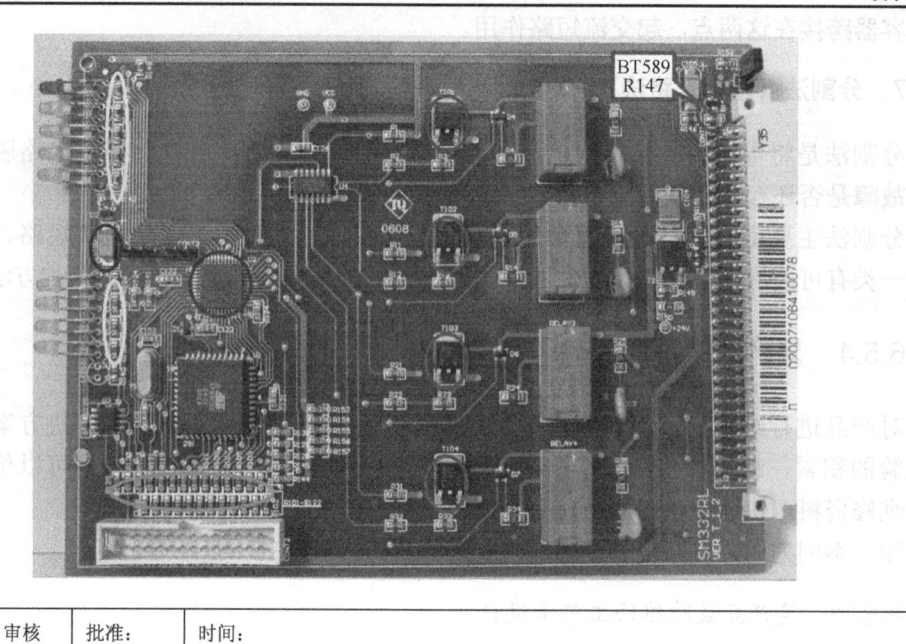

项目训练 21　DT832 型 3 位半数字万用表的组装

DT832 型 3 位半数字万用表实物图如图 6-6 所示。

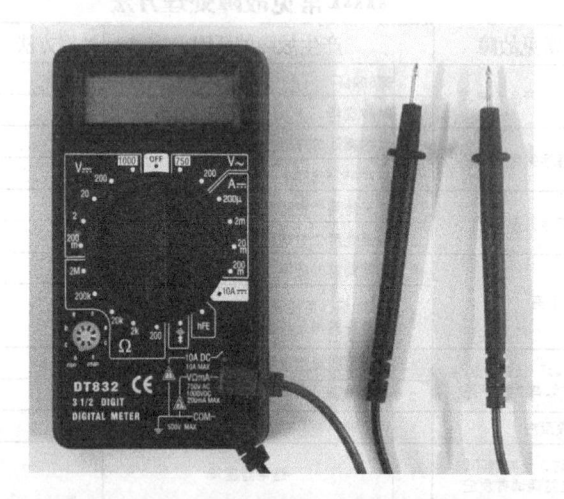

图 6-6　DT832 型 3 位半数字万用表实物图

1. 实训目的

（1）能了解数字万用表的特点及装配工艺过程。
（2）能描述数字万用表的测量范围及过程。

(3) 熟练掌握数字万用表的组装与整机装配过程。

2. 实训要求

(1) 能看懂说明书，设计装配流程，并按此进行装配。
(2) 焊接点应可靠，要求光滑、均匀，无虚假焊、漏焊、焊盘脱落、桥焊、毛刺等缺陷。
(3) 正确安装液晶屏组件与拨动转盘组件。
(4) 学会根据数字万用表的技术指标校准与检测其主要参数。
(5) 根据说明书及装配过程编写一份比较完整的工艺文件。

3. 实训步骤

1) DT832 型 3 位半数字万用表的一般特性

显示：3 1/2 位 LCD，最大显示 1999。

极性：自动负极性显示。

超量程：仅最高位显示"1"。

工作环境：温度为 0~40 ℃，相对湿度≤75%。

电池：9V（6F22）。

低电压指示：当电池电压不足时，显示器会显示提醒。

2) DT832 型 3 位半数字万用表的技术指标

直流电压：各量程均优于±（1%+2 个字）。

直流电流：各量程均优于±（2%+2 个字）。

10 A 测量：小于 10 s。

交流电压：各量程均优于±（1.3%+10 个字）。

电阻：各量程均优于±（1%+2 个字）。

二极管：测试电压约 28 V，电流约 1 mA 显示。

电路通断测试：被测电路两端电阻低于约 50 Ω时蜂鸣器发声。

三极管：测试时 V_{ce} 约为 2.8 V，I_b 约为 10 μA。

3) 准备工作及要求

(1) 清点套件

要求：打开套件包，按照装箱的元器件清单清点所有备件。认清各个元器件、配件、结构件；清点数量、检查液晶屏、机壳、面板是否有划伤并记录在工作记录单中。如图 6-7 所示为套件内容。

① 电阻纸板卡清单。

电阻纸板卡清单如表 6-4 所示。

② 袋装部分元器件清单。

袋装部分元器件清单如表 6-5 所示。

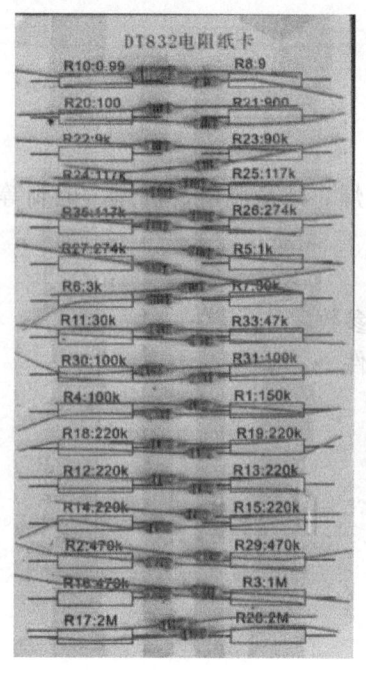

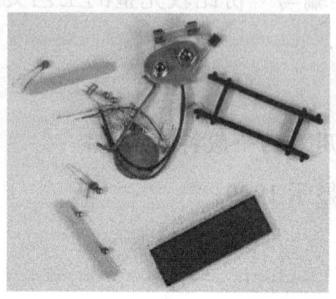

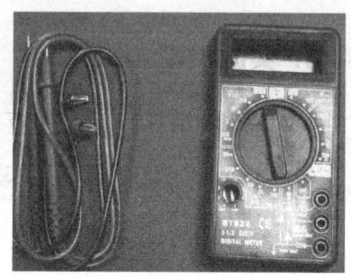

图 6-7 套件内容

表 6-4 电阻纸板卡清单

安装位置	标称值	色环	安装位置	标称值	色环
R1	150 K±5%		R18	220 K±5%	
R2	470 K±5%		R19	220 K±5%	
R3	1 M±5%		R20	100±0.3%	
R4	100 K±5%		R21	900±0.3%	
R5	1 K±1%		R22	9 K±0.3%	
R6	3 K±1%		R23	90 K±0.3%	
R7	30 K±1%		R24	117 K±0.3%	
R8	9±0.5%		R25	117 K±0.3%	
R10	0.99±0.5%		R26	274 K±0.3%	
R11	30 K±5%		R27	274 K±0.3%	
R12	220 K±5%		R28	2 M±5%	
R13	220 K±5%		R29	470 K±5%	
R14	220 K±5%		R30	100 K±5%	
R15	220 K±5%		R31	100 K±5%	
R16	470 K±5%		R33	47 K±5%	
R17	2 M±5%		R35	117 K±0.3%	

表6-5 袋装部分元器件清单

安装位置	标称值	备注	安装位置	标称值	备注
C1	100 pF	瓷片电容	D2	IN4148	二极管
C2	100 pF	独石电容	D3	IN4007	二极管
C3	100 pF	独石电容	Q1	9013	三极管
C4	100 pF	独石电容	VR1	201	三极管
C5	100 pF	聚酯电容	R9	0.01 Ω	电阻
C6	1 nF	瓷片电容	/	/	/

③ 袋装部分组件清单。

袋装部分组件清单如表6-6所示。

表6-6 袋装部分组件清单

名称	规格	数量	名称	规格	数量
保险丝管、座	0.5 A	1套	电池扣		1个
HEF座		1个	滚珠		2个
V形触片	3 mm	6个	定位弹簧	2.9×4.6	2个
蜂鸣器		1个	接地弹簧	4×14	1个
蜂鸣器连线		1根	自攻螺丝	2×10	2个
导电胶条		2条	自攻螺丝	2×8	3个

④ 机壳部分清单。

机壳部分清单如表6-7所示。

表6-7 机壳部分清单

名称	数量（备注）	名称	数量（备注）
面板壳	1个	线路板	1块
底板壳	1个	表笔	1副
液晶片	1片	IC：7106（全检）	1个（已装入线路板）
液晶片支架	1个	贴片：358	1个（已装入线路板）
旋钮	1个	9V电池	1节
屏蔽纸	1张（已贴入底板壳）	/	/

4）装配过程及要求

要求：装配过程的基本原则是先低后高、先小后大，先轻后重、先里后外，以及上道工序不得影响下道工序的安装顺序。

（1）DT832 型 3 位半数字万用表安装流程如图 6-8 所示。

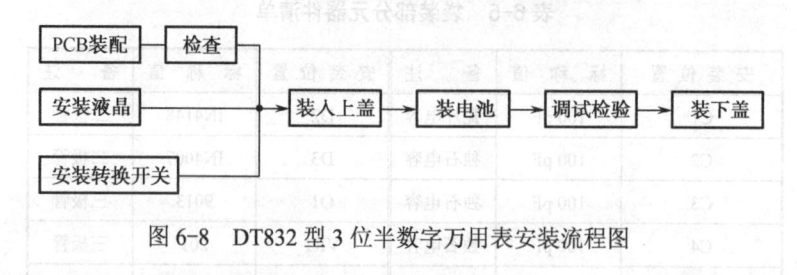

图 6-8　DT832 型 3 位半数字万用表安装流程图

（2）PCB 上的元器件安装顺序可以设计为如图 6-9 所示（可以根据具体的情况自行另设计安装顺序）。

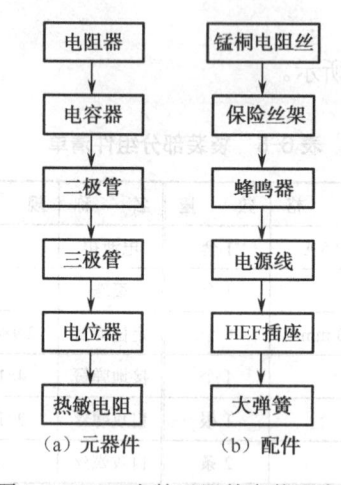

(a) 元器件：电阻器→电容器→二极管→三极管→电位器→热敏电阻

(b) 配件：锰铜电阻丝→保险丝架→蜂鸣器→电源线→HEF 插座→大弹簧

图 6-9　PCB 上的元器件安装顺序

（3）安装要点示意图及说明。主要零部件的安装要点示意图及说明如表 6-8 所示。

表 6-8　安装要点示意图及说明

名　称	示　意　图	说　明
电路板	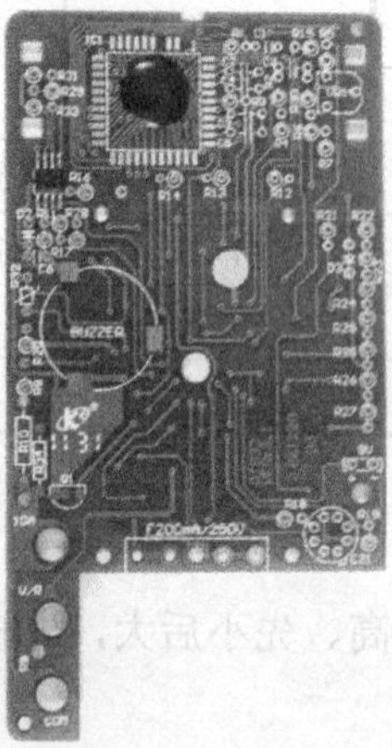	此电路板为双面板，A 面是焊接面，中间环形印制导线是功能、量程转换开关电路，需小心保护，不得划伤或污染

续表

名 称	示 意 图	说 明
电阻器		孔距>8 mm（如 R10 等，丝印图画上电阻符号的）的采用卧式安装；孔距<5 mm 的应立式安装（例如板上丝印图画"○"的 R31、R29、R33 电阻）。特别注意 R11、R17 和 R28 的安装方向
电容器		电容采用立式安装。C1 与 C6 的容量不要搞错，C2、C3、C4 是独石电容（小的），C5 是聚酯电容
二极管、三极管		安装二极管时要注意极性，有标识的一端为负极，应对准箭头所指方向。安装三极管时要注意三极管的半圆体对准印制电路板的半圆符号
电位器、热敏电阻		热敏电阻应该根据引线整形高度（定位口）插装在电路板上
锰铜电阻丝		锰铜丝插脚端有一个凸口，安装时应正好以这样的高度安装在电路板上，不能硬压到底，影响散热
保险丝架		保险丝架焊盘比较大，焊接时应全部包围住焊盘，增加强度，注意预焊和焊接时间

续表

名　称	示　意　图	说　明
蜂鸣器		蜂鸣器靠振动发声音，三个固定焊点不能焊得太死，略微留点空隙。导线应穿过电路板焊接
电源线		电池线由反面穿到正面再插入焊孔、在反面焊接。红线接"+"，黑线接"—"
HEF 插座		HEF 插座应装在反面，注意插座凸口与正面电路板的符号凸口对准，使定位凸点与外壳对准
大弹簧		使后盖压紧印制电路板的定位弹簧，焊接时先在电路板上点锡，再把弹簧焊接上去

（4）液晶屏组件的安装。液晶屏组件的安装示意图与说明如表 6-9 所示。

表 6-9　液晶屏组件的安装示意图与说明

名　称	示　意　图	说　明
液晶支架		液晶屏支架有五个弹夹口，与印制电路板组合时夹住板子用
液晶片		液晶片的镜面为正面，用来显示字符，白色面为背面，在两个透明条上可见条状的引线为引出电极

第6章 电子产品的调试工艺

续表

名 称	示 意 图	说 明
导电胶条		通过导电胶条与印制板上镀金的印制导线实现电气连接
液晶屏组合安装		将液晶屏放入面壳窗口内,白面向上,方向标记在右方;放入液晶屏支架,平面向下;用镊子把导电胶条放入支架两横槽中,注意保持导电胶条的清洁
导电胶条与电路板的连接		印制板上镀金的印制导线不能有污垢和锡丝,要保持清洁
液晶屏组件与电路板的连接		将液晶屏组合件通过支架上的五个弹夹口,夹住印制电路板,使导电胶条与印制板上的镀金导线部分紧贴在一起,具有良好的接触,不能拱起来

(5) 拨动转盘组件的安装。拨动转盘组件的安装示意图与说明如表6-10所示。

表6-10 拨动转盘组件的安装示意图与说明

名 称	示 意 图	说 明
V型簧片		V型簧片比较单薄,易变形,用力要轻
V型簧片安装		安装V型簧片时要对准位置并夹在槽口内,不能脱落

续表

名　称	示　意　图	说　明
滚珠、小弹簧		滚珠、小弹簧比较容易滚落，要注意保管好
滚珠、小弹簧安装		装完簧片把旋钮翻面，先将两个小弹簧放入旋钮孔内，再将滚珠蘸少许凡士林放在小弹簧上面位置

（6）外壳组装。外壳组装的示意图与说明如表 6-11 所示。

表 6-11　外壳组装的示意图与说明

名　称	示　意　图	说　明
旋钮安装		将装好弹簧的旋钮按照旋钮方向对准 OFF 方向放入表壳
固定电路板		将印制电路板对准位置装入表壳，并用三个螺钉紧固，其中一个螺钉在两个保险架中间
保险管和电池安装		装上保险管和电池，转动旋钮，液晶屏应正常显示

第6章 电子产品的调试工艺

续表

名　称	示　意　图	说　明
屏蔽膜的安装		将屏蔽膜上的保护纸揭去，露出不干胶面，贴到后盖内。盖上后盖，即完成安装。接下来可以进行校准、检测
安装完毕		

5）校准与检测

数字万用表的功能和性能指标由集成电路和选择外围元器件得到保证，只要安装无误，仅做简单调整即可达到设计指标。

（1）校准和检测原理

以集成电路 7106 为核心构成的数字万用表的基本量程为 200 mV，其他量程和功能均通过相应转换电路转为基本量程。因此校准时只需对参考电压 100 mV 进行校准即可保证基本精度。其他功能及量程的精确度由相应元器件的精度和正确安装来保证。

（2）基本检查

校准与检测前先要观察面板，显示功能基本正常，再可进入调试。如表 6-12 所示为组装完后检查面板的显示功能。

表 6-12　面板显示功能的检查

名　称	示　意　图	说　明
转盘的灵活性		顺时针、逆时针旋转流畅

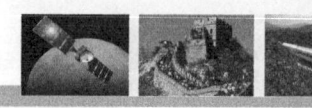

续表

名　称	示　意　图	说　明
电压、电流挡		量程放在直流电压或直流电流的任一挡级，显示屏应显示为"0"，属正常情况
大电流10A挡		红表笔接在10A插孔，显示屏也应显示为"0"，属于正常情况
电阻挡		量程放在电阻挡的任一挡级，显示屏应显示为"1"，属于正常情况
蜂鸣器		短接两表笔，蜂鸣器应发出声音，并显示屏应显示为"0"，属于正常情况

（3）校准

将表笔插入面板上的孔内，测量集成电路第35引脚和第36引脚之间的基准电压（具体操作时可将表笔接到电阻R16和R26的引线上测量），调节万用表内的电位器VR1，使万用表显示为100 mV即可。

（4）检测

将转换开关置于2 V电压挡，此时，用待调整万用表和另一个更高级的数字万用表（已校准后的或4位半以上的数字万用表）测量同一个电压值（如测量一节电池的电压），观察使两块表显示的数字一致即可。不一致时可以适当调节表内的电位器VR1。

第6章 电子产品的调试工艺

6）常见故障分析

（1）焊接质量

观察焊接点有否虚假焊（肉眼很难观察）、是否拆卸过元器件（容易铜箔断裂）。

（2）装配问题

V形触片接触点（压到位）、拨动转盘（弹簧、定位滚珠）。

（3）液晶显示

液晶片方向、导电胶对准、压紧电路板。

（4）电阻装错

阻值容易读错的有：R10和R8；R21、R22和R23。安装位置容易搞错的有：R11、R17和R28；R31、R29和R33。

工作任务书如表6-13所示，技能实训评价表如表6-14所示。

表6-13 工作任务书

章节	第5章 电子产品的安装工艺		任务人	
课题	数字万用表的组装		日期	
实践目标	知识目标	（1）能理解数字万用表的工作原理及主要技术指标 （2）掌握数字万用表的正确使用 （3）能够识读数字万用表电路图、装配图和印制电路板图		
	技能目标	（1）能够熟练组装数字万用表 （2）掌握正确和规范的接线工艺 （3）会使用数字万用表对电子元器件进行测量		
实践内容	工具与器材	（1）数字万用表的组装散件一套 （2）电烙铁、焊锡丝等焊接工具及常用五金工具若干 （3）测量用电子元器件若干		
	要求	（1）检测组装数字万用表的散件元器件质量好坏 （2）看懂并按照装配图进行安装 （3）安装后能检测电子元器件参数		
具体操作				
注意事项				

表 6-14 技能实训评价表

评价项目：数字万用表的组装				日期			
班级		姓名		学号		评分标准	
序号	项目	考核内容	配分	优	良	合格	不合格
1	元器件质量检查	（1）熟练正确读出电阻的色环 （2）会用万用表判断电容、二极管、三极管等元器件的质量	10				
2	元器件成型及插装	（1）正确使用常用电子装接工具 （2）按导线加工表对导线加工 （3）按元件工艺表对元器件引线成型	10				
3	印制电路板的焊接	（1）元器件插装的高度尺寸、标志方向符合工艺规定要求 （2）焊接点大小均匀、有光泽、无毛刺、无假焊搭焊现象 （3）无错装、漏装现象 （4）印制导线不能断裂，焊盘不能翘起	20				
4	机械零件及辅助零件装配	（1）机械和电气连接正确 （2）零部件装配完整，不能错装和缺装 （3）紧固件规格、型号选用正确 （4）不损伤导线、塑料件、外壳	15				
5	整机装配	（1）装配无误、外壳无损伤 （2）装配后能正常使用 （3）整机性能稳定良好	20				
6	故障维修	（1）出现故障会借助仪器仪表进行排查 （2）设计维修方案，进行排除故障	10				
7	安全文明操作	（1）工作台上工具排放整齐 （2）完毕后整理好工作台面 （3）严格遵守安全操作规程	15				
	合计		100	自评（40%）		师评（60%）	

教师签名